改訂4版

三段式

建設業法令集

編著／建設業法研究会

大成出版社

凡　例

一、上段は、建設業法（昭和二十四年法律第百号）の全文を平成二十年法律第二十八号までの改正を加えて登載した。

二、中段は、建設業法施行令（昭和三十一年政令第二百七十三号）の全文を平成二十年政令第百八十六号までの改正を加えて登載した。

三、下段は、建設業法施行規則（昭和二十四年建設省令第十四号）の全文を平成二十年国土交通省令第九十七号までの改正を加えて登載した。

四、上段・中段・下段とも、相互に関連した条文を対比できるように配慮するとともに、条文の末尾に改正経緯及び注釈を付記した。

五、法別表及び建設省令様式は前号の例によらず巻末にそれぞれ一括登載した。

改訂4版〈三段式〉建設業法令集　目次

建設業法―三段対照式―

○建設業法〔上段〕……（昭和二四年五月二四日法律第一〇〇号）……一

○建設業法施行令〔中段〕……（昭和三一年八月二九日政令第二七三号）……一

○建設業法施行規則〔下段〕……（昭和二四年七月二八日建設省令第一四号）……一

○建設業法別表……四二一

○建設業法施行規則様式……四二三

○建設業法

〔昭和二十四年五月二十四日法律第百号〕

改正

昭和二六年六月一日法律第一七八号
同二六年六月八日同第二一一号
同二七年六月一二日同第一八四号
同二八年八月一七日同第二二三号
同三一年六月二日同第一二五号
同三五年五月二日同第七四号
同三六年五月一六日同第八六号
同三六年六月一七日同第一四五号
同三七年九月一五日同第一六一号
同四二年六月一二日同第三六号
同四六年四月一日同第三一号
同五〇年一二月二六日同第九〇号
同五三年五月二三日同第五五号
同五八年一二月一〇日同第八三号
同六二年六月六日同第六九号
平成五年一一月一二日同第八九号
同六年六月二九日同第六三号
同七年五月一二日同第九一号
同八年六月二六日同第一一〇号
同一〇年六月一二日同第一〇一号
同一一年七月一六日同第八七号
同一一年七月一六日同第一〇二号
同一一年一二月三日同第一四六号
同一一年一二月八日同第一五一号
同一一年一二月二二日同第一六〇号
同一二年五月一九日同第七一号
同一二年一一月二七日同第一二六号
同一二年一一月二七日同第一二七号
同一三年一二月五日同第一三八号
同一四年五月二九日同第四五号
同一四年一二月一三日同第一五二号
同一五年六月一八日同第九六号
同一五年八月一日同第一三八号
同一六年六月二日同第七六号

○建設業法施行令

〔昭和三十一年八月二十九日政令第二百七十三号〕

改正

昭和三五年六月二八日政令第一八二号
同三五年九月一〇日同第二五二号
同三六年一〇月三一日同第三三六号
同三六年一一月一日同第三三九号
同三七年七月三一日同第三一四号
同三七年九月二九日同第三九一号
同四〇年三月三〇日同第六三号
同四四年八月二五日同第二三一号
同四五年四月二一日同第八二号
同四六年一二月二七日同第三八〇号
同四七年六月一二日同第二一九号
同四七年八月一九日同第三一八号
同四七年一二月八日同第四二〇号
同四七年一二月二一日同第四三七号
同四九年九月一八日同第三二七号
同五〇年一月九日同第二号
同五〇年四月二二日同第一三〇号
同五二年六月八日同第一九四号
同五三年三月二二日同第三八号
同五三年五月二三日同第一九八号
同五六年三月三一日同第五八号
同五八年七月二九日同第一七四号
同五九年四月二七日同第一二〇号
同五九年六月二一日同第二〇九号
同六〇年三月五日同第二四号
同六〇年三月一五日同第三一号
同六〇年一二月二一日同第三一七号
同六一年三月二八日同第五〇号
同六一年六月六日同第二〇三号
同六一年一一月二六日同第三五二号
同六二年三月二〇日同第五四号
同六二年八月四日同第二七〇号
同六三年五月二〇日同第一四八号
平成元年三月二八日同第七二号

○建設業法施行規則

〔昭和二十四年七月二十八日建設省令第十四号〕

改正

昭和二五年四月七日建設省令第九号
同二六年二月六日同第二号
同二六年七月二一日同第二二号
同二七年四月二五日同第一三号
同二八年八月一七日同第一九号
同三一年八月二九日同第二八号
同三三年一二月八日同第三一号
同三六年一〇月三一日同第二九号
同三七年二月九日同第二号
同三九年九月一〇日同第二三号
同四二年八月一日同第二〇号
同四七年一月一八日同第一号
同五〇年四月二五日同第一一号
同五四年三月三〇日同第五号
同五六年九月二八日同第一二号
同五七年九月二〇日同第一二号
同五八年一二月一〇日同第一八号
同五九年四月二七日同第六号
同五九年六月一日同第一〇号
同六二年一月二八日同第一号
同六三年六月六日同第一〇号
同六三年一一月三〇日同第二四号
平成元年三月二七日同第三号
同元年四月一日同第九号
同三年六月二〇日同第一一号
同五年四月二六日同第五号
同六年二月二三日同第四号
同六年六月八日同第一六号
同六年九月二九日同第二八号
同六年一二月一六日同第三三号
同七年六月一三日同第一六号
同八年七月二五日同第一〇号
同九年三月二六日同第四号
同九年一二月五日同第二一号

平成一六年一二月一日同第一四七号
同一七年七月二六日法律第八七号
同一八年六月二日同第五〇号
同一八年六月二一日同第九二号
同一八年一二月二〇日同第一一四号
同一九年五月三〇日同第六六号
同二〇年五月二日同第二八号

平成三年三月一三日政令第二五号
同六年三月二四日同第六九号
同六年七月二七日同第二五一号
同六年九月一九日同第三〇三号
同六年一二月一四日同第三九一号
同九年三月二六日同第七四号
同一〇年一〇月三〇日同第三五一号
同一一年一一月一〇日同第三五二号
同一一年一一月一七日同第三六七号
同一二年三月二九日同第一二二号
同一二年六月七日同第三一二号
同一三年一月四日同第四号
同一三年三月二二日同第五六号
同一四年一二月一八日同第三八六号
同一五年一月三一日同第二八号
同一五年八月二九日同第三七五号
同一五年一二月一〇日同第四九六号
同一五年一二月二五日同第五四二号
同一六年三月二四日同第五四号
同一六年三月二四日同第五九号
同一七年五月二五日同第一八二号
同一七年六月一七日同第二一四号
同一七年九月三〇日同第三一四号
同一八年二月一日同第一四号
同一八年九月二二日同第三一〇号
同一八年九月二六日同第三二〇号
同一九年三月一六日同第四七号
同一九年三月一六日同第四九号
同二〇年五月二三日同第一八六号

平成一〇年六月一八日建設省令第二七号
同一〇年九月三〇日同第三六号
同一一年三月三〇日同第五号
同一一年七月一日同第三七号
同一二年一月三一日同第一〇号
同一二年一一月二〇日同第四一号
同一二年一二月四日同第四六号
同一三年三月二六日国土交通省令第四二号
同一三年三月三〇日同第七二号
同一三年三月三〇日同第七六号
同一三年三月三〇日同第七七号
同一三年一一月三〇日同第一四二号
同一四年三月二九日同第三一号
同一四年三月二九日同第三二号
同一四年六月二八日同第八一号
同一四年八月一二日同第九三号
同一四年一〇月一日同第一〇六号
同一五年二月二〇日同第一四号
同一五年三月二〇日同第二六号
同一五年五月一三日同第六五号
同一五年五月二九日同第七一号
同一五年七月二五日同第八六号
同一五年一〇月一日同第一〇九号
同一五年一〇月六日同第一一〇号
同一六年一月二九日同第一号
同一六年三月一六日同第一七号
同一六年三月三一日同第三四号
同一六年四月九日同第五六号
同一六年六月三〇日同第七四号
同一六年一二月一五日同第一〇三号
同一七年二月七日同第一二号
同一七年三月二八日同第二一号
同一七年六月一日同第六六号
同一七年九月二一日同第九〇号
同一七年九月三〇日同第九九号
同一七年一二月一六日同第一一三号
同一八年四月二八日同第六〇号
同一八年七月七日同第七六号
同一九年三月三〇日同第二七号
同一九年六月一九日同第六七号
同二〇年一月三一日同第三号
同二〇年三月二四日同第一〇号
同二〇年九月三〇日同第八〇号
同二〇年一〇月八日同第八四号
同二〇年一二月一日同第九七号

建設業法をここに公布する。

建設業法

目次

目次…一部改正〔昭六二法六九・平六法六三・一一法八七・一一法一〇二・一一法一六〇・一五法九六・一八法一一四〕

第一章　総則

（目的）

第一条　この法律は、建設業を営む者の資質の向上、建設工事の請負契約の適正化等を図ることによつて、建設工事の適正な施工を確保し、発注者を保護するとともに、建設業の健全な発達を促進し、もつて公共の福祉の増進に寄与することを目的とする。

本条…全部改正〔昭四六法三一〕

（定義）

第二条　この法律において「建設工事」とは、土木建築に関する工事で別表第一の上欄に掲げるものをいう。

2　この法律において「建設業」とは、元請、下請その他いかなる名義をもつてするかを問わず、建設工事の完成を請け負う営業をいう。

3　この法律において「建設業者」とは、第三条第一項の許可を受けて建設業を営む者をいう。

4　この法律において「下請契約」とは、建設工事を他の者から請け負つた建設業を営む者と他の建設業を営む者との間で当該建設工事の全部又は一部について締結される請負契約をいう。

5　この法律において「発注者」とは、建設工事（他の者から請け負つたものを除く。）の注文者をいい、「元請負人」とは、下請契約における注文者で建設業者であるものをいい、「下請負人」とは、下請契約における請負人をいう。

一・二項…一部改正〔昭三六法八六〕、一―三項…一部改正・四・五項…追加〔昭四六法三一〕、一項…一部改正〔平一五法九六〕

第二章　建設業の許可

章名…追加〔昭四六法三一〕

第一節　通則

節名…追加〔昭四六法三一〕

（建設業の許可）

第三条　建設業を営もうとする者は、次に掲げる区分により、この章で定めるところにより、二以上の都道府

（支店に準ずる営業所）

第一条　建設業法（以下「法」という。）第三条第一項の政令で定める支店に

県の区域内に営業所（本店又は支店若しくは政令で定めるこれに準ずるものをいう。以下同じ。）を設けて営業をしようとする場合にあつては国土交通大臣の、一の都道府県の区域内にのみ営業所を設けて営業をしようとする場合にあつては当該営業所の所在地を管轄する都道府県知事の許可を受けなければならない。ただし、政令で定める軽微な建設工事のみを請け負うことを営業とする者は、この限りでない。

一　建設業を営もうとする者であつて、次号に掲げる者以外のもの

準ずる営業所は、常時建設工事の請負契約を締結する事務所とする。

本条…追加〔昭四六政三八〇〕

（法第三条第一項ただし書の軽微な建設工事）

第一条の二　法第三条第一項ただし書の政令で定める軽微な建設工事は、工事一件の請負代金の額が建築一式工事にあつては千五百万円に満たない工事又は延べ面積が百五十平方メートルに満たない木造住宅工事、建築一式工事以外の建設工事にあつては五百万円に満たない工事とする。

2　前項の請負代金の額は、同一の建設業を営む者が工事の完成を二以上の契約に分割して請け負うときは、各契約の請負代金の額の合計額とする。ただし、正当な理由に基いて契約を分割したときは、この限りでない。

二　建設業を営もうとする者であつて、その営業にあたつて、その者が発注者から直接請け負う一件の建設工事につき、その工事の全部又は一部を、下請代金の額（その工事に係る下請契約が二以上あるときは、下請代金の額の総額）が政令で定める金額以上となる下請契約を締結して施工しようとするもの

2　前項の許可は、別表第一の上欄に掲げる建設工事の種類ごとに、それぞれ同表の下欄に掲げる建設業に分けて与えるものとする。

3　第一項の許可は、五年ごとにその更新を受けなけれ

法＜三条＞　施行令＜二条＞　施行規則＜五条＞

3　注文者が材料を提供する場合においては、その市場価格又は市場価格及び運送賃を当該請負契約の請負代金の額に加えたものを第一項の請負代金の額とする。

見出…全部改正・一項…一部改正・旧一条…繰下〔昭四六政三八〇〕、一項…一部改正〔昭四九政三二七・五二政一九四・五九政一二〇・平六政三九一〕

（法第三条第一項第二号の金額）

第二条　法第三条第一項第二号の政令で定める金額は、三千万円とする。ただし、同項の許可を受けようとする建設業が建築工事業である場合においては、四千五百万円とする。

本条…全部改正〔昭四六政三八〇〕、一部改正〔昭五九政一二〇・六三政一四八・平六政三九一〕

（許可の更新の申請）

ば、その期間の経過によつて、その効力を失う。

4　前項の更新の申請があつた場合において、同項の期間（以下「許可の有効期間」という。）の満了の日までにその申請に対する処分がされないときは、従前の許可は、許可の有効期間の満了後もその処分がされるまでの間は、なおその効力を有する。

5　前項の場合において、許可の更新がされたときは、その許可の有効期間は、従前の許可の有効期間の満了の日の翌日から起算するものとする。

6　第一項第一号に掲げる者に係る同項の許可（第三項の許可の更新を含む。以下「一般建設業の許可」という。）を受けた者が、当該許可に係る建設業について、第一項第二号に掲げる者に係る同項の許可（第三項の許可の更新を含む。以下「特定建設業の許可」という。）

第五条　法第三条第三項の規定により、許可の更新を受けようとする者は、有効期間満了の日前三十日までに許可申請書を提出しなければならない。

本条…一部改正〔昭二六建令二〕、一部改正・旧六条…繰上〔昭三六建令二九〕、一部改正〔昭三九建令二三〕、全部改正〔昭四七建令一〕

を受けたときは、その者に対する当該建設業に係る一般建設業の許可は、その効力を失う。

本条…一部改正〔昭二八法二一三〕、全部改正〔昭四六法三一〕、三項…一部改正・四・五項…追加・旧四項…一部改正し六項に繰下〔平六法六三〕、一項…一部改正〔平一一法一六〇〕、二項…一部改正〔平一五法九六〕

注　一項の「政令で定める」＝施行令一条
一項ただし書の「政令で定める軽微な建設工事」＝施行令一条の二
一項二号の「政令で定める金額」＝施行令二条
三項の「許可の更新の申請」＝施行規則五条
「許可の取消し」＝二九条
一・三項の「罰則」＝四七条・五三条

（許可の条件）

第三条の二　国土交通大臣又は都道府県知事は、前条第一項の許可に条件を付し、及びこれを変更することができる。

2　前項の条件は、建設工事の適正な施工の確保及び発注者の保護を図るため必要な最小限度のものに限り、かつ、当該許可を受ける者に不当な義務を課することとならないものでなければならない。

本条…追加〔平六法六三〕、一項…一部改正〔平一一法一六〇〕

注　「許可の取消し」＝二九条二項

（附帯工事）

第四条　建設業者は、許可を受けた建設業に係る建設工事を請け負う場合においては、当該建設工事に附帯する他の建設業に係る建設工事を請け負うことができる。

本条…全部改正〔昭四六法三一〕

注　「附帯工事の施工」＝二六条の二

第二節　一般建設業の許可

節名…追加〔昭四六法三一〕

（許可の申請）

第五条　一般建設業の許可（第八条第二号及び第三号を除き、以下この節において「許可」という。）を受けようとする者は、国土交通省令で定めるところにより、二以上の都道府県の区域内に営業所を設けて営業をしようとする場合にあつては国土交通大臣に、一の都道府県の区域内にのみ営業所を設けて営業をしようとする場合にあつては当該営業所の所在地を管轄する都道府県知事に、次に掲げる事項を記載した許可申請書を提出しなければならない。

一　商号又は名称

二　営業所の名称及び所在地

三　法人である場合においては、その資本金額（出資

（許可申請書の提出）

第六条　法第五条の規定により国土交通大臣に提出すべき許可申請書及びその添付書類は、その主たる営業所の所在地を管轄する都道府県知事を経由しなければならない。

二項…一部改正・旧七条…繰上〔昭三六建令二九〕、本条…全部改正〔昭四七建令一・平一二建令一〇〕、一部改正〔平一二建令四一〕

（提出すべき書類の部数）

第七条　法第五条の規定により提出すべき許可申請書及びその添付書類の部数は、次のとおりとする。

総額を含む。以下同じ。）及び役員の氏名
四　個人である場合においては、その者の氏名及び支配人があるときは、その者の氏名
五　許可を受けようとする建設業
六　他に営業を行つている場合においては、その営業の種類

本条…一部改正〔昭二六法二一一・二八法二一三・三六法八六〕、見出・本条…一部改正・旧六条…繰上〔昭四六法三一〕、本条…一部改正〔平六法六三・一一法一六〇〕

注　「国土交通省令で定めるところ」＝施行規則二条・六条・七条
「罰則」＝五〇条・五三条

（許可申請書の添付書類）

第六条　前条の許可申請書には、国土交通省令の定めるところにより、次に掲げる書類を添付しなければならない。

一　工事経歴書

一　国土交通大臣の許可を受けようとする者にあつては、正本一通及び営業所のある都道府県の数と同一部数のその写し
二　都道府県知事の許可を受けようとする者にあつては、当該都道府県知事の定める数

本条…追加〔昭三六建令二九〕、全部改正〔昭四七建令一〕、一部改正〔昭五四建令五・平六建令一六・一二建令四一〕

（許可申請書及び添付書類の様式）

第二条　法第五条の許可申請書及び法第六条第一項の許可申請書の添付書類のうち同条第一項第一号から第四号までに掲げるものの様式は、次に掲げるものとする。

一　許可申請書　　別記様式第一号
二　法第六条第一項第一号に掲げる書面　　別記様式第二号
三　法第六条第一項第二号に掲げる

二　直前三年の各事業年度における工事施工金額を記載した書面

三　使用人数を記載した書面

四　許可を受けようとする者（法人である場合においては当該法人、その役員及び政令で定める使用人、個人である場合においてはその者及び政令で定める使用人）及び法定代理人が第八条各号に掲げる欠格要件に該当しない者であることを誓約する書面

五　次条第一号及び第二号に掲げる基準を満たしてい

（使用人）

第三条　法第六条第一項第四号（法第十七条において準用する場合を含む。）、法第七条第三号、法第八条第四号、第十号及び第十一号（これらの規定を法第十七条において準用する場合を含む。）、法第二十八条第一項第三号並びに法第二十九条の四の政令で定める使用人は、支配人及び支店又は第一条に規定する営業所の代表者（支配人である者を除く。）であるものとする。

本条…一部改正〔昭三六政三三六〕、全部改正〔昭四六政三八〇〕、一部改正〔平六政三〇三・三九一・一九政四九〕

書面　別記様式第三号

四　法第六条第一項第三号に掲げる書面　別記様式第四号

五　削除

六　法第六条第一項第四号に掲げる書面　別記様式第六号

本条…一部改正〔昭三一建令二八・三六建令二九〕、全部改正〔昭四七建令一〕、一部改正〔昭五八建令一八〕、見出・本条…一部改正〔平六建令二八〕、本条…一部改正…〔平一〇建令二七・二〇国交令三〕

（法第六条第一項第五号の書面）

ることを証する書面

第三条　法第六条第一項第五号の書面のうち法第七条第一号に掲げる基準を満たしていることを証する書面は、別記様式第七号による証明書及び第一号又は第二号に掲げる証明書その他当該事項を証するに足りる書面とする。

一　経営業務の管理責任者としての経験を有することを証する別記様式第七号による使用者の証明書

二　法第七条第一号ロの規定により能力を有すると認定された者であることを証する証明書

2　法第六条第一項第五号の書面のうち法第七条第二号に掲げる基準を満たしていることを証する書面は、別記様式第八号による証明書及び第一号、第二号又は第三号に掲げる証明書その他当該事項を証するに足りる書面とする。

一　学校を卒業したこと及び学科を

六　前各号に掲げる書面以外の書類で国土交通省令で定めるもの

修めたことを証する学校の証明書
二　実務の経験を証する別記様式第九号による使用者の証明書
三　法第七条第二号ハの規定により知識及び技術又は技能を有すると認定された者であることを証する証明書

3　許可の更新を申請する者は、前項の規定にかかわらず、法第七条第二号に掲げる基準を満たしていることを証する書面のうち別記様式第八号による証明書以外の書面の提出を省略することができる。

一・二項…一部改正〔昭二六建令二〕、一項…追加・旧一項…一部改正し二項に繰下・旧二項…三項に繰下・旧四条…繰上〔昭三六建令二九〕、本条…全部改正〔昭四七建令一〕、三項…追加〔昭六二建令一〕、見出・一—三項…一部改正〔平六建令二八〕

（法第六条第一項第六号の書類）

第四条　法第六条第一項第六号の国土交通省令で定める書類は、次に掲げるものとする。
一　別記様式第十一号による建設業法施行令（以下「令」という。）第三条に規定する使用人の一覧表
二　別記様式第十一号の二による法第七条第二号ハに該当する者、法第十五条第二号イに該当する者及び同号ハの規定により国土交通大臣が同号イに掲げる者と同等以上の能力を有するものと認定した者の一覧表
三　別記様式第十二号による許可申請者（法人である場合においてはその役員をいい、営業に関し成年者と同一の行為能力を有しない未成年者である場合においてはその法定代理人を含む。以下この条において同じ。）の略歴書
四　別記様式第十三号による令第三条に規定する使用人（当該使用人に許可申請者が含まれる場合に

は、当該許可申請者を除く。）の略歴書

五　許可申請者及び令第三条に規定する使用人が、成年被後見人及び被保佐人に該当しない旨の登記事項証明書（後見登記等に関する法律（平成十一年法律第百五十二号）第十条第一項に規定する登記事項証明書をいう。）

六　許可申請者及び令第三条に規定する使用人が、民法の一部を改正する法律（平成十一年法律第百四十九号）附則第三条第一項又は第二項の規定により成年被後見人又は被保佐人とみなされる者に該当せず、また、破産者で復権を得ないものに該当しない旨の市町村の長の証明書

七　法人である場合においては、定款

八　法人である場合においては、別記様式第十四号による総株主の議決権の百分の五以上を有する株主又は出資の総額の百分の五以上に相当する出資をしている者の氏名

又は名称、住所及びその有する株式の数又はその者のなした出資の価額を記載した書面

九　株式会社（会社法の施行に伴う関係法律の整備等に関する法律（平成十七年法律第八十七号）第三条第二項に規定する特例有限会社を除く。以下同じ。）以外の法人又は小会社（資本金の額が一億円以下であり、かつ、最終事業年度に係る貸借対照表の負債の部に計上した額の合計額が二百億円以上でない株式会社をいう。以下同じ。）である場合においては別記様式第十五号から第十七号の二までによる直前一年の各事業年度の貸借対照表、損益計算書、株主資本等変動計算書及び注記表、株式会社（小会社を除く。）である場合においてはこれらの書類及び別記様式第十七号の三による附属明細表

十　個人である場合においては、別記様式第十八号及び第十九号による直前一年の各事業年度の貸借対

照表及び損益計算書

十一　商業登記がなされている場合においては、登記事項証明書

十二　別記様式第二十号による営業の沿革を記載した書面

十三　法第二十七条の三十七に規定する建設業者団体に所属する場合においては、別記様式第二十号の二による当該建設業者団体の名称及び当該建設業者団体に所属した年月日を記載した書面

十四　国土交通大臣の許可を申請する者については、法人にあつては法人税、個人にあつては所得税のそれぞれ直前一年の各年度における納付すべき額及び納付済額を証する書面

十五　都道府県知事の許可を申請する者については、事業税の直前一年の各年度における納付すべき額及び納付済額を証する書面

十六　別記様式第二十号の三による主要取引金融機関名を記載した書面

2　一般建設業の許可を申請する者

（一般建設業の許可の更新を申請する者を除く。）が、特定建設業の許可又は当該申請に係る建設業以外の建設業の一般建設業の許可を受けているときは、前項の規定にかかわらず、同項第二号及び第七号から第十六号までに掲げる書類の提出を省略することができる。ただし、法第九条第一項各号の一に該当して新たに一般建設業の許可を申請する場合は、この限りでない。

3　許可の更新を申請する者は、第一項の規定にかかわらず、同項第二号、第七号から第十一号まで及び第十三号から第十六号までに掲げる書類の提出を省略することができる。ただし、同項第七号、第八号、第十一号、第十三号及び第十六号に掲げる書類については、その記載事項に変更がない場合に限る。

旧五条…繰上〔昭三六建令二九〕、本条…全部改正〔昭四七建令一〕、一項…一部改正〔昭五〇建令一〕、一項…一部改正・二項…追加・旧二項…一部改正し三項に繰下〔昭六二建令一〕、一項…一部改正〔昭六三建令一〇・二四〕、三項…一部改正

2　許可の更新を受けようとする者は、前項の規定にかかわらず、同項第一号から第三号までに掲げる書類を添付することを要しない。

〔平元建令九〕、見出・一項…一部改正〔平六建令二八〕、二項…一部改正〔平六建令三三・七建令一六〕、一項…一部改正〔平一〇建令二七・一二建令一〇・四一・一三国交令一四二・一五国交令八六・一六国交令一・一二・二一・一七国交令一一三・一八国交令六〇・七六〕、一～三項…一部改正〔平二〇国交令三〕

（使用人の変更の届出）

第八条　建設業者は、新たに令第三条に規定する使用人になつた者がある場合には、二週間以内に、当該使用人に係る法第六条第一項第四号及び第四条第四号から第六号までに掲げる書面を添付した別記様式第二十二号の二による変更届出書により、国土交通大臣又は都道府県知事にその旨を届け出なければならない。

一項…一部改正〔昭二六建令二〕、一・二項…一部改正〔昭三六建令二九〕、一項…一部改正〔昭三九建令二三〕、本条…全部改正〔昭四七建令一〕、一部改正〔昭六二建令一・平六建令二八・一二建令四一・二〇国交令三〕

本条…一部改正〔昭二八法二一三・三六法八六〕、見出・本条…一部改正・旧七条…繰上〔昭四六法三一〕、本条…一部改正〔昭五八法八三〕、見出・一項…一部改正・二項…追加〔平六法六三〕、一項…一部改正〔平一一法一六〇・一七法八七〕

注　一項の「国土交通省令の定めるところ」＝施行規則二条・三条
　一項四号の「政令で定める使用人」＝施行令三条
　一項六号の「国土交通省令で定めるもの」＝施行規則四条
　一項の「罰則」＝五〇条・五三条

（許可の基準）

第七条　国土交通大臣又は都道府県知事は、許可を受けようとする者が次に掲げる基準に適合していると認めるときでなければ、許可をしてはならない。

一　法人である場合においてはその役員（業務を執行する社員、取締役、執行役又はこれらに準ずる者をいう。以下同じ。）のうち常勤であるものの一人が、個人である場合においてはその者又はその支配人のうち一人が次のいずれかに該当する者であること。

イ　許可を受けようとする建設業に関し五年以上経営業務の管理責任者としての経験を有する者

ロ　国土交通大臣がイに掲げる者と同等以上の能力を有するものと認定した者

（氏名の変更の届出）

第七条の二　建設業者は、法第七条第一号イ若しくはロに該当する者として証明された者又は営業所に置く同条第二号イ、ロ若しくはハに該当する者として証明された者が氏名を変更したときは、二週間以内に、国土交通大臣又は都道府県知事にその旨を届け出なければならない。

2　国土交通大臣又は都道府県知事

二　その営業所ごとに、次のいずれかに該当する者で専任のものを置く者であること。

イ　許可を受けようとする建設業に係る建設工事に関し学校教育法（昭和二十二年法律第二十六号）による高等学校（旧中等学校令（昭和十八年勅令第三十六号）による実業学校を含む。以下同じ。）若しくは中等教育学校を卒業した後五年以上又は同法による大学（旧大学令（大正七年勅令第三百八十八号）による大学を含む。以下同じ。）若しくは高等専門学校（旧専門学校令（明治三十六年勅

は、前項の氏名の変更に係る本人確認情報（住民基本台帳法（昭和四十二年法律第八十一号）第三十条の五第一項に規定する本人確認情報をいう。以下同じ。）について、同法第三十条の七第三項若しくは第五項の規定によるその提供を受けることができないとき、又は同法第三十条の八第一項の規定によるその利用ができないときは、当該建設業者に対し、戸籍抄本又は住民票の抄本を提出させることができる。

本条…追加〔昭六二建令一〕、一部改正〔平一二建令四一〕、二・三項…追加〔平一四国交令九三〕、一項…一部改正・二項…全部改正・三項…削除〔平一五国交令二六〕

（国土交通省令で定める学科）

第一条　建設業法（以下「法」という。）第七条第二号イに規定する学科は、次の表の上欄に掲げる許可（一般建設業の許可をいう。第四条第二項を除き、以下この条から第十条までにおいて同じ。）を受けようとする建設業に応じて同表の下欄に掲げる学科

令第六十一号）による専門学校を含む。以下同じ。）を卒業した後三年以上実務の経験を有する者で在学中に国土交通省令で定める学科を修めたもの

とする。

許可を受けようとする建設業	学科
土木工事業 舗装工事業	土木工学（農業土木、鉱山土木、森林土木、砂防、治山、緑地又は造園に関する学科を含む。以下この表において同じ。）、都市工学、衛生工学又は交通工学に関する学科
建築工事業 大工工事業 ガラス工事業 内装仕上工事業	建築学又は都市工学に関する学科
左官工事業 とび・土工工事業 石工事業 屋根工事業 タイル・れんが・ブロック工事業 塗装工事業	土木工学又は建築学に関する学科
電気工事業 電気通信工	電気工学又は電気通信工学に関する

事業	学科
管工事業 水道施設工事業 清掃施設工事業	土木工学、建築学、機械工学、都市工学又は衛生工学に関する学科
鋼構造物工事業 鉄筋工事業	土木工学、建築学又は機械工学に関する学科
しゆんせつ工事業	土木工学又は機械工学に関する学科
板金工事業	建築学又は機械工学に関する学科
防水工事業	土木工学又は建築学に関する学科
機械器具設置工事業 消防施設工事業	建築学、機械工学又は電気工学に関する学科
熱絶縁工事業	土木工学、建築学又は機械工学に関する学科
造園工事業	土木工学、建築学、都市工学又は林学に関する学科
さく井工事業	土木工学、鉱山学、機械工学又は衛生工学に関する学科

ロ　許可を受けようとする建設業に係る建設工事に関し十年以上実務の経験を有する者

ハ　国土交通大臣がイ又はロに掲げる者と同等以上の知識及び技術又は技能を有するものと認定した者

建具工事業	建築学又は機械工学に関する学科

本条…全部改正〔昭四七建令一〕、一部改正〔平七建令一六〕、見出…一部改正〔平一二建令四一〕

（法第七条第二号ハの知識及び技術又は技能を有するものと認められる者）

第七条の三　法第七条第二号ハの規定により、同号イ又はロに掲げる者と同等以上の知識及び技術又は技能を有するものとして国土交通大臣が認定する者は、次に掲げる者とする。

一　許可を受けようとする建設業に係る建設工事に関し、旧実業学校卒業程度検定規程（大正十四年文部省令第三十号）による検定で第一条に規定する学科に合格した後五年以上又は旧専門学校卒業程度検定規程（昭和十八年文部省令第四十六号）による検定で同条に規定する学科に合格した後三年以上実務の経験を有する者

二　前号に掲げる者のほか、次の表の上欄に掲げる許可を受けようとする建設業の種類に応じ、それぞれ同表の下欄に掲げる者

土木工事業	一　法第二十七条第一項の規定による技術検定のうち検定種目を建設機械施工又は一級の土木施工管理若しくは二級の土木施工管理（種

	別を「土木」とするものに限る。）とするものに合格した者 二　技術士法（昭和五十八年法律第二十五号）第四条第一項の規定による第二次試験のうち技術部門を建設部門、農業部門（選択科目を「農業土木」とするものに限る。）、森林部門（選択科目を「森林土木」とするものに限る。）、水産部門（選択科目を「水産土木」とするものに限る。）又は総合技術監理部門（選択科目を建設部門に係るもの、「農業土木」、「森林土木」又は「水産土木」とするものに限る。）とするものに合格した者
建築工事業	一　法第二十七条第一項の規定による技術検定のうち検定種目を一級の建築施工管理又は二級の建築施工管理（種別を「建築」とするものに限る。）とするものに合格した者 二　建築士法（昭和二十五年法律第二百二号）第四条の規定による一級建築士又は二級建築士の免許を受けた者
大工工事業	一　法第二十七条第一項の規定による技術検定のうち検定種目を一級の建築施工管理又は二級の建築施工管理（種別を「躯体」又は「仕上げ」とするものに限る。）とするものに合格した者

	二　建築士法第四条の規定による一級建築士、二級建築士又は木造建築士の免許を受けた者 三　職業能力開発促進法（昭和四十四年法律第六十四号）第四十四条第一項の規定による技能検定のうち検定職種を一級の建築大工とするものに合格した者又は検定職種を二級の建築大工とするものに合格した後大工工事に関し三年以上実務の経験を有する者 四　建築工事業及び大工工事業に係る建設工事に関し十二年以上実務の経験を有する者のうち、大工工事業に係る建設工事に関し八年を超える実務の経験を有する者 五　大工工事業及び内装仕上工事業に係る建設工事に関し十二年以上実務の経験を有する者のうち、大工工事業に係る建設工事に関し八年を超える実務の経験を有する者
左官工事業	一　法第二十七条第一項の規定による技術検定のうち検定種目を一級の建築施工管理又は二級の建築施工管理（種別を「仕上げ」とするものに限る。）とするものに合格した者 二　職業能力開発促進法第四十四条第一項の規定による技能検定のうち検定職種を一級の左官とするものに合格した者又は検定職種を二級の左官とするものに合格した後左官工事に関し三年以上実務の経験を有する者

とび・土工工事業	一　法第二十七条第一項の規定による技術検定のうち検定種目を建設機械施工、一級の土木施工管理若しくは二級の土木施工管理（種別を「土木」又は「薬液注入」とするものに限る。）又は一級の建築施工管理若しくは二級の建築施工管理（種別を「躯体」とするものに限る。）とするものに合格した者 二　技術士法第四条第一項の規定による第二次試験のうち技術部門を建設部門、農業部門（選択科目を「農業土木」とするものに限る。）、森林部門（選択科目を「森林土木」とするものに限る。）、水産部門（選択科目を「水産土木」とするものに限る。）又は総合技術監理部門（選択科目を建設部門に係るもの、「農業土木」、「森林土木」又は「水産土木」とするものに限る。）とするものに合格した者 三　職業能力開発促進法第四十四条第一項の規定による技能検定のうち検定職種を一級のとび、型枠施工、コンクリート圧送施工若しくはウェルポイント施工とするものに合格した者又は検定職種を二級のとびとするものに合格した後とび工事に関し三年以上実務の経験を有する者、検定職種を二級の型枠施工若しくはコンクリート圧送施工とするものに合格した後コンクリート工事に関し三年以上実務

	の経験を有する者若しくは検定職種を二級のウェルポイント施工とするものに合格した後土工工事に関し三年以上実務の経験を有する者 四　地すべり防止工事に必要な知識及び技術を確認するための試験であつて次条から第七条の六までの規定により国土交通大臣の登録を受けたもの（以下「登録地すべり防止工事試験」という。）に合格した後土工工事に関し一年以上実務の経験を有する者 五　土木工事業及びとび・土工工事業に係る建設工事に関し十二年以上実務の経験を有する者のうち、とび・土工工事業に係る建設工事に関し八年を超える実務の経験を有する者
石工事業	一　法第二十七条第一項の規定による技術検定のうち検定種目を一級の土木施工管理若しくは二級の土木施工管理（種別を「土木」とするものに限る。）又は一級の建築施工管理若しくは二級の建築施工管理（種別を「仕上げ」とするものに限る。）とするものに合格した者 二　職業能力開発促進法第四十四条第一項の規定による技能検定のうち検定職種を一級のブロック建築若しくは石材施工とするものに合格した者若しくは検定職種をコンクリート積

	みブロック施工とするものに合格した者又は検定職種を二級のブロック建築若しくは石材施工とするものに合格した後石工事に関し三年以上実務の経験を有する者
屋根工事業	一　法第二十七条第一項の規定による技術検定のうち検定種目を一級の建築施工管理又は二級の建築施工管理（種別を「仕上げ」とするものに限る。）とするものに合格した者 二　建築士法第四条の規定による一級建築士又は二級建築士の免許を受けた者 三　職業能力開発促進法第四十四条第一項の規定による技能検定のうち検定職種を一級の建築板金、かわらぶき若しくはスレート施工とするものに合格した者又は検定職種を二級の建築板金、かわらぶき若しくはスレート施工とするものに合格した後屋根工事に関し三年以上実務の経験を有する者 四　建築工事業及び屋根工事業に係る建設工事に関し十二年以上実務の経験を有する者のうち、屋根工事業に係る建設工事に関し八年を超える実務の経験を有する者
電気工事業	一　法第二十七条第一項の規定による技術検定のうち検定種目を電気工事施工管理とするものに合格した者

二　技術士法第四条第一項の規定による第二次試験のうち技術部門を電気電子部門、建設部門又は総合技術監理部門（選択科目を電気電子部門又は建設部門に係るものとするものに限る。）とするものに合格した者
三　電気工事士法（昭和三十五年法律第百三十九号）第四条第一項の規定による第一種電気工事士免状の交付を受けた者又は同項の規定による第二種電気工事士免状の交付を受けた後電気工事に関し三年以上実務の経験を有する者
四　電気事業法（昭和三十九年法律第百七十号）第四十四条第一項の規定による第一種電気主任技術者免状、第二種電気主任技術者免状又は第三種電気主任技術者免状の交付を受けた者（同法附則第七項の規定によりこれらの免状の交付を受けている者とみなされた者を含む。）であつて、その免状の交付を受けた後電気工事に関し五年以上実務の経験を有する者
五　建築士法第二十条第五項に規定する建築設備に関する知識及び技能につき国土交通大臣が定める資格を有することとなつた後電気工事に関し一年以上実務の経験を有する者
六　建築物その他の工作物若しくはその設備に

	計測装置、制御装置等を装備する工事又はこれらの装置の維持管理を行う業務に必要な知識及び技術を確認するための試験であって第七条の十九、第七条の二十及び第七条の二十二において準用する第七条の五の規定により国土交通大臣の登録を受けたもの（以下「登録計装試験」という。）に合格した後電気工事に関し一年以上実務の経験を有する者
管工事業	一　法第二十七条第一項の規定による技術検定のうち検定種目を管工事施工管理とするものに合格した者 二　技術士法第四条第一項の規定による第二次試験のうち技術部門を機械部門（選択科目を「熱工学」又は「流体工学」とするものに限る。）、上下水道部門、衛生工学部門又は総合技術監理部門（選択科目を「熱工学」、「流体工学」又は上下水道部門若しくは衛生工学部門に係るものとするものに限る。）とするものに合格した者 三　職業能力開発促進法第四十四条第一項の規定による技能検定のうち検定職種を一級の冷凍空気調和機器施工若しくは配管（選択科目を「建築配管作業」とするものに限る。以下同じ。）とするものに合格した者又は検定職種を二級の冷凍空気調和機器施工若しくは配

	管とするものに合格した後管工事に関し三年以上実務の経験を有する者 四　建築士法第二十条第五項に規定する建築設備に関する知識及び技能につき国土交通大臣が定める資格を有することとなつた後管工事に関し一年以上実務の経験を有する者 五　水道法（昭和三十二年法律第百七十七号）第二十五条の五第一項の規定による給水装置工事主任技術者免状の交付を受けた後管工事に関し一年以上実務の経験を有する者 六　登録計装試験に合格した後管工事に関し一年以上実務の経験を有する者
タイル・れんが・ブロック工事業	一　法第二十七条第一項の規定による技術検定のうち検定種目を一級の建築施工管理又は二級の建築施工管理（種別を「躯体」又は「仕上げ」とするものに限る。）とするものに合格した者 二　建築士法第四条の規定による一級建築士又は二級建築士の免許を受けた者 三　職業能力開発促進法第四十四条第一項の規定による技能検定のうち検定職種を一級のタイル張り、築炉若しくはブロック建築とするものに合格した者若しくは検定職種をれんが積み若しくはコンクリート積みブロック施工とするものに合格した者又は検定職種を二級

	のタイル張り、築炉若しくはブロック建築とするものに合格した後タイル・れんが・ブロック工事に関し三年以上実務の経験を有する者
鋼構造物工事業	一　法第二十七条第一項の規定による技術検定のうち検定種目を一級の土木施工管理若しくは二級の土木施工管理（種別を「土木」とするものに限る。）又は一級の建築施工管理若しくは二級の建築施工管理（種別を「躯体」とするものに限る。）とするものに合格した者 二　建築士法第四条の規定による一級建築士の免許を受けた者 三　技術士法第四条第一項の規定による第二次試験のうち技術部門を建設部門（選択科目を「鋼構造及びコンクリート」とするものに限る。）又は総合技術監理部門（選択科目を「鋼構造及びコンクリート」とするものに限る。）とするものに合格した者 四　職業能力開発促進法第四十四条第一項の規定による技能検定のうち検定職種を一級の鉄工（選択科目を「製缶作業」又は「構造物鉄工作業」とするものに限る。以下同じ。）とするものに合格した者又は検定職種を二級の鉄工とするものに合格した後鋼構造物工事に関し三年以上実務の経験を有する者

鉄筋工事業	一　法第二十七条第一項の規定による技術検定のうち検定種目を一級の建築施工管理又は二級の建築施工管理（種別を「躯体」とするものに限る。）とするものに合格した者 二　職業能力開発促進法第四十四条第一項の規定による技能検定のうち検定職種を鉄筋施工とするものであつて選択科目を「鉄筋施工図作成作業」とするもの及び検定職種を鉄筋施工とするものであつて選択科目を「鉄筋組立て作業」とするものに合格した後鉄筋工事に関し三年以上実務の経験を有する者（検定職種を一級の鉄筋施工とするものであつて選択科目を「鉄筋施工図作成作業」とするもの及び検定職種を一級の鉄筋施工とするものであつて選択科目を「鉄筋組立て作業」とするものに合格した者については、実務の経験を要しない。）
ほ装工事業	一　法第二十七条第一項の規定による技術検定のうち検定種目を建設機械施工又は一級の土木施工管理若しくは二級の土木施工管理（種別を「土木」とするものに限る。）とするものに合格した者 二　技術士法第四条第一項の規定による第二次試験のうち技術部門を建設部門又は総合技術監理部門（選択科目を建設部門に係るものとするものに限る。）とするものに合格した者

しゆんせつ工事業	一　法第二十七条第一項の規定による技術検定のうち検定種目を一級の土木施工管理又は二級の土木施工管理（種別を「土木」とするものに限る。）とするものに合格した者 二　技術士法第四条第一項の規定による第二次試験のうち技術部門を建設部門、水産部門（選択科目を「水産土木」とするものに限る。）又は総合技術監理部門（選択科目を建設部門に係るもの又は「水産土木」とするものに限る。）とするものに合格した者 三　土木工事業及びしゆんせつ工事業に係る建設工事に関し十二年以上実務の経験を有する者のうち、しゆんせつ工事業に係る建設工事に関し八年を超える実務の経験を有する者
板金工事業	一　法第二十七条第一項の規定による技術検定のうち検定種目を一級の建築施工管理又は二級の建築施工管理（種別を「仕上げ」とするものに限る。）とするものに合格した者 二　職業能力開発促進法第四十四条第一項の規定による技能検定のうち検定職種を一級の工場板金若しくは建築板金とするものに合格した者又は検定職種を二級の工場板金若しくは建築板金とするものに合格した後板金工事に関し三年以上実務の経験を有する者

ガラス工事業	一　法第二十七条第一項の規定による技術検定のうち検定種目を一級の建築施工管理又は二級の建築施工管理（種別を「仕上げ」とするものに限る。）とするものに合格した者 二　職業能力開発促進法第四十四条第一項の規定による技能検定のうち検定職種を一級のガラス施工とするものに合格した者又は検定職種を二級のガラス施工とするものに合格した後ガラス工事に関し三年以上実務の経験を有する者 三　建築工事業及びガラス工事業に係る建設工事に関し十二年以上実務の経験を有する者のうち、ガラス工事業に係る建設工事に関し八年を超える実務の経験を有する者
塗装工事業	一　法第二十七条第一項の規定による技術検定のうち検定種目を一級の土木施工管理若しくは二級の土木施工管理（種別を「鋼構造物塗装」とするものに限る。）又は一級の建築施工管理若しくは二級の建築施工管理（種別を「仕上げ」とするものに限る。）とするものに合格した者 二　職業能力開発促進法第四十四条第一項の規定による技能検定のうち検定職種を一級の塗装とするものに合格した者若しくは検定職種を路面標示施工とするものに合格した者又は

	検定職種を二級の塗装とするものに合格した後塗装工事に関し三年以上実務の経験を有する者
防水工事業	一　法第二十七条第一項の規定による技術検定のうち検定種目を一級の建築施工管理又は二級の建築施工管理（種別を「仕上げ」とするものに限る。）とするものに合格した者 二　職業能力開発促進法第四十四条第一項の規定による技能検定のうち検定職種を一級の防水施工とするものに合格した者又は検定職種を二級の防水施工とするものに合格した後防水工事に関し三年以上実務の経験を有する者 三　建築工事業及び防水工事業に係る建設工事に関し十二年以上実務の経験を有する者のうち、防水工事業に係る建設工事に関し八年を超える実務の経験を有する者
内装仕上工事業	一　法第二十七条第一項の規定による技術検定のうち検定種目を一級の建築施工管理又は二級の建築施工管理（種別を「仕上げ」とするものに限る。）とするものに合格した者 二　建築士法第四条の規定による一級建築士又は二級建築士の免許を受けた者 三　職業能力開発促進法第四十四条第一項の規定による技能検定のうち検定職種を一級の畳製作、内装仕上げ施工若しくは表装とするも

	のに合格した者又は検定職種を二級の畳製作、内装仕上げ施工若しくは表装とするものに合格した後内装仕上工事に関し三年以上実務の経験を有する者 四　建築工事業及び内装仕上工事業に係る建設工事に関し十二年以上実務の経験を有する者のうち、内装仕上工事業に係る建設工事に関し八年を超える実務の経験を有する者 五　大工工事業及び内装仕上工事業に係る建設工事に関し十二年以上実務の経験を有する者のうち、内装仕上工事業に係る建設工事に関し八年を超える実務の経験を有する者
機械器具設置工事業	技術士法第四条第一項の規定による第二次試験のうち技術部門を機械部門又は総合技術監理部門（選択科目を機械部門に係るものとするものに限る。）とするものに合格した者
熱絶縁工事業	一　法第二十七条第一項の規定による技術検定のうち検定種目を一級の建築施工管理又は二級の建築施工管理（種別を「仕上げ」とするものに限る。）とするものに合格した者 二　職業能力開発促進法第四十四条第一項の規定による技能検定のうち検定職種を一級の熱絶縁施工とするものに合格した者又は検定職種を二級の熱絶縁施工とするものに合格した後熱絶縁工事に関し三年以上実務の経験を有する者

	三　建築工事業及び熱絶縁工事業に係る建設工事に関し十二年以上実務の経験を有する者のうち、熱絶縁工事業に係る建設工事に関し八年を超える実務の経験を有する者
電気通信工事業	一　技術士法第四条第一項の規定による第二次試験のうち技術部門を電気電子部門又は総合技術監理部門（選択科目を電気電子部門に係るものとするものに限る。）とするものに合格した者 二　電気通信事業法（昭和五十九年法律第八十六号）第四十六条第三項の規定による電気通信主任技術者資格者証の交付を受けた者であつて、その資格者証の交付を受けた後電気通信工事に関し五年以上実務の経験を有する者
造園工事業	一　法第二十七条第一項の規定による技術検定のうち検定種目を造園施工管理とするものに合格した者 二　技術士法第四条第一項の規定による第二次試験のうち技術部門を建設部門、森林部門（選択科目を「林業」又は「森林土木」とするものに限る。）又は総合技術監理部門（選択科目を建設部門に係るもの、「林業」又は「森林土木」とするものに限る。）とするものに合格した者

	三　職業能力開発促進法第四十四条第一項の規定による技能検定のうち検定職種を一級の造園とするものに合格した者又は検定職種を二級の造園とするものに合格した後造園工事に関し三年以上実務の経験を有する者
さく井工事業	一　技術士法第四条第一項の規定による第二次試験のうち技術部門を上下水道部門（選択科目を「上水道及び工業用水道」とするものに限る。）又は総合技術監理部門（選択科目を「上水道及び工業用水道」とするものに限る。）とするものに合格した者 二　職業能力開発促進法第四十四条第一項の規定による技能検定のうち検定職種を一級のさく井とするものに合格した者又は検定職種を二級のさく井とするものに合格した後さく井工事に関し三年以上実務の経験を有する者 三　登録地すべり防止工事試験に合格した後さく井工事に関し一年以上実務の経験を有する者
建具工事業	一　法第二十七条第一項の規定による技術検定のうち検定種目を一級の建築施工管理又は二級の建築施工管理（種別を「仕上げ」とするものに限る。）とするものに合格した者 二　職業能力開発促進法第四十四条第一項の規定による技能検定のうち検定職種を一級の建

	具製作、カーテンウォール施工若しくはサッシ施工とするものに合格した者又は検定職種を二級の建具製作、カーテンウォール施工若しくはサッシ施工とするものに合格した後建具工事に関し三年以上実務の経験を有する者
水道施設工事業	一　法第二十七条第一項の規定による技術検定のうち検定種目を一級の土木施工管理又は二級の土木施工管理（種別を「土木」とするものに限る。）とするものに合格した者 二　技術士法第四条第一項の規定による第二次試験のうち技術部門を上下水道部門、衛生工学部門（選択科目を「水質管理」又は「廃棄物管理」とするものに限る。）又は総合技術監理部門（選択科目を上下水道部門に係るもの、「水質管理」又は「廃棄物管理」とするものに限る。）とするものに合格した者 三　土木工事業及び水道施設工事業に係る建設工事に関し十二年以上実務の経験を有する者のうち、水道施設工事業に係る建設工事に関し八年を超える実務の経験を有する者
消防施設工事業	消防法（昭和二十三年法律第百八十六号）第十七条の七第一項の規定による甲種消防設備士免状又は乙種消防設備士免状の交付を受けた者

清掃施設工事業	技術士法第四条第一項の規定による第二次試験のうち技術部門を衛生工学部門（選択科目を「廃棄物管理」とするものに限る。）又は総合技術監理部門（選択科目を「廃棄物管理」とするものに限る。）に合格した者

三　国土交通大臣が前二号に掲げる者と同等以上の知識及び技術又は技能を有するものと認める者

本条…追加〔平一七国交令一一三〕、一部改正〔平一九国交令六七〕

（登録の申請）

第七条の四　前条第二号の表とび・土工工事業の項第四号の登録は、登録地すべり防止工事試験の実施に関する事務（以下「登録地すべり防止工事試験事務」という。）を行おうとする者の申請により行う。

2　前条第二号の表とび・土工工事業の項第四号の登録を受けようとする者（以下「登録地すべり防止工事試験事務申請者」という。）は、次に掲げる事項を記載した申請書を国土交通大臣に提出しなければならない。

一　登録地すべり防止工事試験事務申請者の氏名又は名称及び住所並びに法人にあつては、その代表者の氏名

二　登録地すべり防止工事試験事務を行おうとする事務所の名称及び所在地

三　登録地すべり防止工事試験事務を開始しようとする年月日

四　登録地すべり防止工事試験委員（第七条の六第一項第二号に規定する合議制の機関を構成する者をいう。以下同じ。）となるべき者の氏名及び略歴並びに同号イ又はロに該当する者にあつては、その旨

3　前項の申請書には、次に掲げる書類を添付しなければならない。

一　個人である場合においては、次に掲げる書類

イ　住民票の抄本又はこれに代わる書面

ロ　略歴を記載した書類

二　法人である場合においては、次に掲げる書類

イ　定款又は寄附行為及び登記事項証明書

ロ　株主名簿若しくは社員名簿の写し又はこれらに代わる書面

ハ　申請に係る意思の決定を証する書類

ニ　役員（持分会社（会社法（平成十七年法律第八十六号）第五百七十五条第一項に規定する持分会社をいう。）にあつては、業務を執行する社員をいう。以下同じ。）の氏名及び略歴を記載した書類

三　登録地すべり防止工事試験委員のうち、第七条の六第一項第二号イ又はロに該当する者にあつては、その資格等を有することを証する書類

四　登録地すべり防止工事試験事務以外の業務を行おうとするときは、その業務の種類及び概要を記載した書類

五　登録地すべり防止工事試験事務申請者が次条各号のいずれにも該当しない者であることを誓約する書面

六　その他参考となる事項を記載した書類

本条…追加〔平一七国交令一一三〕、三項…一部改正〔平一八国交令六〇・二〇国交令三〕

（欠格条項）

第七条の五　次の各号のいずれかに該当する者が行う試験は、第七条の三第二号の表とび・土工工事業の項第四号の登録を受けることができない。

一　法の規定に違反し、罰金以上の刑に処せられ、その執行を終わり、又は執行を受けることがなくなつた日から起算して二年を経過しない者

二　第七条の十五の規定により第七条の三第二号の表とび・土工工事業の項第四号の登録を取り消され、その取消しの日から起算して二年を経過しない者

三　法人であつて、登録地すべり防止工事試験事務を行う役員のうちに前二号のいずれかに該当する者があるもの

本条…追加〔平一七国交令一一三〕

（登録の要件等）

第七条の六　国土交通大臣は、第七条の四の規定による登録の申請が次に掲げる要件のすべてに適合しているときは、その登録をしなければならない。

一　第七条の八第一号の表の上欄に掲げる科目について試験が行われるものであること。

二　次のいずれかに該当する者を二名以上含む十名以上の者によつて構成される合議制の機関により試験問題の作成及び合否判定が行われるものであること。

イ　学校教育法（昭和二十二年法律第二十六号）による大学若しくはこれに相当する外国の学校において砂防学、地すべり学その他の登録地すべり防止工事試験事務に関する科目を担当する教授若しくは准教授の職にあり、若しくはこれらの職にあつた者又は砂防学、地すべり学その他の登録地すべり防止工事試験事務に関する科目の研究により博士の学位を授与された者

ロ　国土交通大臣がイに掲げる者と同等以上の能力を有すると認める者

2　第七条の三第二号の表とび・土工工事業の項第四号の登録は、登録地すべり防止工事試験登録簿に次に掲げる事項を記載してするものとする。

一　登録年月日及び登録番号

二　登録地すべり防止工事試験事務を行う者（以下「登録地すべり防止工事試験実施機関」という。）の氏名又は名称及び住所並びに法人にあつては、その代表者の氏名

三　登録地すべり防止工事試験事務を行う事務所の名称及び所在地

四　登録地すべり防止工事試験事務を開始する年月日

本条…追加〔平一七国交令一一三〕、一項…一部改正〔平一九国交令二七〕

（登録の更新）

第七条の七　第七条の三第二号の表とび・土工工事業の項第四号の登録は、五年ごとにその更新を受けなければ、その期間の経過によつて、その効力を失う。

2　前三条の規定は、前項の登録の更新について準用する。

本条…追加〔平一七国交令一一三〕

（登録地すべり防止工事試験事務の実施に係る義務）

第七条の八　登録地すべり防止工事試験実施機関は、公正に、かつ、第七条の六第一項各号に掲げる要件及び次に掲げる基準に適合する方法により登録地すべり防止工事試験事務を行わなければならない。

一　次の表の上欄に掲げる科目の区分に応じ、それぞれ同表の下欄に掲げる内容について、四時間三十分を標準として試験を行うこと。

科　目	内　容
一　地すべり一般知識に関する科目	砂防学、地すべり学、土質力学、構造力学、地形・地質学及び地下水学に関する事項
二　地すべり関係法令に関する科目	地すべり等防止法（昭和三十三年法律第三十号）、災害対策基本法（昭和三十六年法律第二百二十三号）、土砂災害警戒区域等における土砂災害防止対策の推進に関する法律（平成十二年法律第五十七号）その他関係法令に関する事項
三　地すべり調査に関する科目	地形判読技術、計測技術及び地すべり機構に関する事項
四　地すべり対策計画に関する科目	砂防及び地すべりの技術基準に関する事項
五　地すべり対策施設設計に関する科目	杭及びアンカーの設計及び施工、地下水排水工並びに土工に関する事項

二　登録地すべり防止工事試験を実施する日時、場所その他登録地すべり防止工事試験の実施に関し必要な事項をあらかじめ公示すること。

三　登録地すべり防止工事試験に関する不正行為を防止するための措置を講じること。

四　終了した登録地すべり防止工事試験の問題及び合格基準を公表すること。

五　登録地すべり防止工事試験に合格した者に対し、別記様式第二十一号による合格証明書（以下「登録地すべり防止工事試験合格証明書」という。）を交付すること。

本条…追加〔平一七国交令一一三〕、一部改正〔平二〇国交令三〕

（登録事項の変更の届出）

第七条の九　登録地すべり防止工事試験実施機関は、第七条の六第二項第二号から第四号までに掲げる事項を変更しようとするときは、変更しようとする日の二週間前までに、その旨を国土交通大臣に届け出なければならない。

本条…追加〔平一七国交令一一三〕

（規程）

第七条の十　登録地すべり防止工事試験実施機関は、次に掲げる事項を記載した登録地すべり防止工事試験事務に関する規程を定め、当該事務の開始前に、国土交通大臣に届け出なければならない。これを変更しようとするときも、同様とする。
一　登録地すべり防止工事試験事務を行う時間及び休日に関する事項
二　登録地すべり防止工事試験事務を行う事務所及び試験地に関する事項
三　登録地すべり防止工事試験の日程、公示方法その他の登録地すべり防止工事試験事務の実施の方法に関する事項
四　登録地すべり防止工事試験の受験の申込みに関する事項
五　登録地すべり防止工事試験の受験手数料の額及び収納の方法に関する事項
六　登録地すべり防止工事試験委員の選任及び解任に関する事項
七　登録地すべり防止工事試験の問題の作成及び合否判定の方法に関する事項
八　終了した登録地すべり防止工事試験の問題及び合格基準の公表に関する事項
九　登録地すべり防止工事試験合格証明書の交付及び再交付に関する事項
十　登録地すべり防止工事試験事務に関する秘密の保持に関する事項
十一　登録地すべり防止工事試験事務に関する公正の確保に関

する事項

十二　不正受験者の処分に関する事項

十三　第七条の十六第三項の帳簿その他の登録地すべり防止工事試験事務に関する書類の管理に関する事項

十四　その他登録地すべり防止工事試験事務に関し必要な事項

本条…追加〔平一七国交令一一三〕

（登録地すべり防止工事試験事務の休廃止）

第七条の十一　登録地すべり防止工事試験実施機関は、登録地すべり防止工事試験事務の全部又は一部を休止し、又は廃止しようとするときは、あらかじめ、次に掲げる事項を記載した届出書を国土交通大臣に提出しなければならない。

一　休止し、又は廃止しようとする登録地すべり防止工事試験事務の範囲

二　休止し、又は廃止しようとする年月日及び休止しようとする場合にあつては、その期間

三　休止又は廃止の理由

本条…追加〔平一七国交令一一三〕

（財務諸表等の備付け及び閲覧等）

第七条の十二　登録地すべり防止工事試験実施機関は、毎事業年度経過後三月以内に、その事業年度の財産目録、貸借対照表及び損益計算書又は収支計算書並びに事業報告書（その作成に代

えて電磁的記録（電子的方式、磁気的方式その他の人の知覚によつては認識することができない方式で作られる記録であつて、電子計算機による情報処理の用に供されるものをいう。以下同じ。）の作成がされている場合における当該電磁的記録を含む。次項において「財務諸表等」という。）を作成し、五年間事務所に備えて置かなければならない。

2　登録地すべり防止工事試験を受験しようとする者その他の利害関係人は、登録地すべり防止工事試験実施機関の業務時間内は、いつでも、次に掲げる請求をすることができる。ただし、第二号又は第四号の請求をするには、登録地すべり防止工事試験実施機関の定めた費用を支払わなければならない。

一　財務諸表等が書面をもつて作成されているときは、当該書面の閲覧又は謄写の請求

二　前号の書面の謄本又は抄本の請求

三　財務諸表等が電磁的記録をもつて作成されているときは、当該電磁的記録に記録された事項を紙面又は出力装置の映像面に表示したものの閲覧又は謄写の請求

四　前号の電磁的記録に記録された事項を電磁的方法であつて、次に掲げるもののうち登録地すべり防止工事試験実施機関が定めるものにより提供することの請求又は当該事項を記載した書面の交付の請求

イ　送信者の使用に係る電子計算機と受信者の使用に係る電

子計算機とを電気通信回線で接続した電子情報処理組織を使用する方法であつて、当該電気通信回線を通じて情報が送信され、受信者の使用に係る電子計算機に備えられたファイルに当該情報が記録されるもの

ロ　磁気ディスク等をもつて調製するファイルに情報を記録したものを交付する方法

3　前項第四号イ又はロに掲げる方法は、受信者がファイルへの記録を出力することにより書面を作成することができるものでなければならない。

本条…追加〔平一七国交令一一三〕、一項…一部改正〔平一八国交令六〇・二〇国交令三〕

（適合命令）

第七条の十三　国土交通大臣は、登録地すべり防止工事試験実施機関の実施する登録地すべり防止工事試験が第七条の六第一項の規定に適合しなくなつたと認めるときは、当該登録地すべり防止工事試験実施機関に対し、同項の規定に適合するため必要な措置をとるべきことを命ずることができる。

本条…追加〔平一七国交令一一三〕

（改善命令）

第七条の十四　国土交通大臣は、登録地すべり防止工事試験実施機関が第七条の八の規定に違反していると認めるときは、当該登録地すべり防止工事試験実施機関に対し、同条の規定による

登録地すべり防止工事試験事務を行うべきこと又は登録地すべり防止工事試験事務の方法その他の業務の方法の改善に関し必要な措置をとるべきことを命ずることができる。

本条…追加〔平一七国交令一一三〕

（登録の取消し等）

第七条の十五 国土交通大臣は、登録地すべり防止工事試験実施機関が次の各号のいずれかに該当するときは、当該登録地すべり防止工事試験実施機関が行う試験の登録を取り消し、又は期間を定めて登録地すべり防止工事試験事務の全部若しくは一部の停止を命じることができる。

一 第七条の五第一号又は第三号に該当するに至ったとき。

二 第七条の九から第七条の十一まで、第七条の十二第一項又は次条の規定に違反したとき。

三 正当な理由がないのに第七条の十二第二項各号の規定による請求を拒んだとき。

四 前二条の規定による命令に違反したとき。

五 第七条の十七の規定による報告を求められて、報告をせず、又は虚偽の報告をしたとき。

六 不正の手段により第七条の三第二号の表とび・土工工事業の項第四号の登録を受けたとき。

本条…追加〔平一七国交令一一三〕

（帳簿の記載等）

第七条の十六　登録地すべり防止工事試験実施機関は、登録地すべり防止工事試験に関する次に掲げる事項を記載した帳簿を備えなければならない。

一　試験年月日

二　試験地

三　受験者の受験番号、氏名、生年月日及び合否の別

四　合格年月日

2　前項各号に掲げる事項が、電子計算機に備えられたファイル又は磁気ディスク等に記録され、必要に応じ登録地すべり防止工事試験実施機関において電子計算機その他の機器を用いて明確に紙面に表示されるときは、当該記録をもって同項に規定する帳簿への記載に代えることができる。

3　登録地すべり防止工事試験実施機関は、第一項に規定する帳簿（前項の規定による記録が行われた同項のファイル又は磁気ディスク等を含む。）を、登録地すべり防止工事試験事務の全部を廃止するまで保存しなければならない。

4　登録地すべり防止工事試験実施機関は、次に掲げる書類を備え、登録地すべり防止工事試験を実施した日から三年間保存しなければならない。

一　登録地すべり防止工事試験の受験申込書及び添付書類

二　終了した登録地すべり防止工事試験の問題及び答案用紙

本条…追加〔平一七国交令一一三〕

（報告の徴収）

第七条の十七　国土交通大臣は、登録地すべり防止工事試験事務の適切な実施を確保するため必要があると認めるときは、登録地すべり防止工事試験実施機関に対し、登録地すべり防止工事試験事務の状況に関し必要な報告を求めることができる。

本条…追加〔平一七国交令一一三〕

（公示）

第七条の十八　国土交通大臣は、次に掲げる場合には、その旨を官報に公示しなければならない。

一　第七条の三第二号の表とび・土工工事業の項第四号の登録をしたとき。

二　第七条の九の規定による届出があつたとき。

三　第七条の十一の規定による届出があつたとき。

四　第七条の十五の規定により登録を取り消し、又は登録地すべり防止工事試験事務の停止を命じたとき。

本条…追加〔平一七国交令一一三〕

（登録の申請）

第七条の十九　第七条の三第二号の表電気工事業の項第六号の登録は、登録計装試験の実施に関する事務（以下「登録計装試験事務」という。）を行おうとする者の申請により行う。

2　第七条の三第二号の表電気工事業の項第六号の登録を受けようとする者（以下「登録計装試験事務申請者」という。）は、次に掲げる事項を記載した申請書を国土交通大臣に提出しなければならない。
一　登録計装試験事務申請者の氏名又は名称及び住所並びに法人にあつては、その代表者の氏名
二　登録計装試験事務を行おうとする事務所の名称及び所在地
三　登録計装試験事務を開始しようとする年月日
四　登録計装試験委員（次条第一項第二号に規定する合議制の機関を構成する者をいう。以下同じ。）となるべき者の氏名及び略歴並びに同号イ又はロに該当する者にあつては、その旨
3　前項の申請書には、次に掲げる書類を添付しなければならない。
一　個人である場合においては、次に掲げる書類
イ　住民票の抄本又はこれに代わる書面
ロ　略歴を記載した書類
二　法人である場合においては、次に掲げる書類
イ　定款又は寄附行為及び登記事項証明書
ロ　株主名簿若しくは社員名簿の写し又はこれらに代わる書面
ハ　申請に係る意思の決定を証する書類
ニ　役員の氏名及び略歴を記載した書類
三　登録計装試験委員のうち、次条第一項第二号イ又はロに該

当する者にあつては、その資格等を有することを証する書類
四　登録計装試験事務以外の業務を行おうとするときは、その業務の種類及び概要を記載した書類
五　登録計装試験事務申請者が第七条の二十二において準用する第七条の五各号のいずれにも該当しない者であることを誓約する書面
六　その他参考となる事項を記載した書類

本条…追加〔平一七国交令一一三〕、三項…一部改正〔平一八国交令六〇・二〇国交令三〕

（登録の要件等）
第七条の二十　国土交通大臣は、前条の規定による登録の申請が次に掲げる要件のすべてに適合しているときは、その登録をしなければならない。
一　次条第一号の表の上欄に掲げる科目について試験が行われるものであること。
二　次のいずれかに該当する者を二名以上含む十名以上の者によつて構成される合議制の機関により試験問題の作成及び合否判定が行われるものであること。
イ　学校教育法による大学若しくはこれに相当する外国の学校において計測制御工学その他の登録計装試験事務に関する科目を担当する教授若しくは准教授の職にあり、若しくはこれらの職にあつた者又は計測制御工学その他の登録計装試験事務に関する科目の研究により博士の学位を授与さ

れた者

ロ　国土交通大臣がイに掲げる者と同等以上の能力を有すると認める者

2　第七条の三第二号の表電気工事業の項第六号の登録は、登録計装試験登録簿に次に掲げる事項を記載してするものとする。

一　登録年月日及び登録番号

二　登録計装試験事務を行う者（以下「登録計装試験実施機関」という。）の氏名又は名称及び住所並びに法人にあつては、その代表者の氏名

三　登録計装試験事務を行う事務所の名称及び所在地

四　登録計装試験事務を開始する年月日

本条…追加〔平一七国交令一一三〕、一項…一部改正〔平一九国交令二七〕

（登録計装試験事務の実施に係る義務）

第七条の二十一　登録計装試験実施機関は、公正に、かつ、前条第一項各号に掲げる要件及び次に掲げる基準に適合する方法により登録計装試験事務を行わなければならない。

一　次の表の上欄に掲げる科目の区分に応じ、それぞれ同表の下欄に掲げる内容について、八時間を標準として試験を行うこと。

科目	内容
一　計装一般知識に関する科目	計装一般及び計器に関する事項

二　計装設備及び施工管理に関する科目	プラント設備又はビル設備における計装設計、工事積算、検査、調整及び工事施工法に関する事項
三　計装関係法令に関する科目	労働安全衛生法（昭和四十七年法律第五十七号）その他関係法令に関する事項
四　計装設備計画に関する科目	計装設備に係る基本計画及び施工計画に関する事項
五　計装設備設計図に関する科目	プラント設備又はビル設備における計装施工設計図の作成に関する事項

二　登録計装試験を実施する日時、場所その他登録計装試験の実施に関し必要な事項をあらかじめ公示すること。

三　登録計装試験に関する不正行為を防止するための措置を講じること。

四　終了した登録計装試験の問題及び合格基準を公表すること。

五　登録計装試験に合格した者に対し、別記様式第二十二号による合格証明書（以下「登録計装試験合格証明書」という。）を交付すること。

本条…追加〔平一七国交令一一三〕、一部改正〔平二〇国交令三〕

（準用規定）

第七条の二十二　第七条の五、第七条の七及び第七条の九から第七条の十八までの規定は、登録計装試験実施機関について準用する。この場合において、次の表の上欄に掲げる規定中同表の中欄に掲げる字句は、それぞれ同表の下欄に掲げる字句に読み替えるものとする。

第七条の五、第七条の七第一項、第七条の十五第六号、第七条の十八第一号	第七条の三第二号の表とび・土工工事業の項第四号	第七条の三第二号の表電気工事業の項第六号
第七条の五第二号、第七条の十八第四号	第七条の十五	第七条の二十二において準用する第七条の十五
第七条の五第三号、第七条の十、第七条の十一（見出しを含む。）、第七条の十四、第七条の十五、第七条の十六第三項、第七条の十七、第七条の十八第四号	登録地すべり防止工事試験事務	登録計装試験事務
第七条の七第二項	前三条	第七条の十九、第七条の二十及び第七条の二十二において準用する第七条の五

第七条の九から第七条の十一まで、第七条の十二第一項及び第二項、第七条の十三から第七条の十七まで	登録地すべり防止工事試験実施機関	登録計装試験実施機関
第七条の九	第七条の六第二項第二号	第七条の二十第二項第二号
第七条の十第三号	登録地すべり防止工事試験の	登録計装試験の
第七条の十第四号、第五号、第七号及び第八号、第七条の十六第四項各号	登録地すべり防止工事試験	登録計装試験
第七条の十第六号	登録地すべり防止工事試験委員	登録計装試験委員
第七条の十第九号	登録地すべり防止工事試験合格証明書	登録計装試験合格証明書
第七条の十第十三号	第七条の十六第三項	第七条の二十二において準用する第七条の十六第三項
第七条の十二第二項、第七条の十六第四項	登録地すべり防止工事試験を	登録計装試験を
第七条の十三	登録地すべり防止工事試験が	登録計装試験が

	第七条の六第一項	第七条の二十第一項
第七条の十四	第七条の八	第七条の二十一
第七条の十五第一号	第七条の五第一号	第七条の二十二において準用する第七条の五第一号
第七条の十五第二号、第七条の十八第二号	第七条の九	第七条の二十二において準用する第七条の九
第七条の十五第二号	次条	第七条の十六
第七条の十五第三号	第七条の十二第二項各号	第七条の二十二において準用する第七条の十二第二項各号
第七条の十五第四号	前二条	第七条の二十二において準用する第七条の十三又は前条
第七条の十五第五号	第七条の十七	第七条の二十二において準用する第七条の十七
第七条の十六第一項	登録地すべり防止工事試験に	登録計装試験に
第七条の十八第三号	第七条の十一	第七条の二十二において準用する第七条の十一

本条…追加〔平一七国交令一一三〕

三　法人である場合においては当該法人又はその役員若しくは政令で定める使用人が、個人である場合においてはその者又は政令で定める使用人が、請負契約に関して不正又は不誠実な行為をするおそれが明らかな者でないこと。

四　請負契約（第三条第一項ただし書の政令で定める軽微な建設工事に係るものを除く。）を履行するに足りる財産的基礎又は金銭的信用を有しないことが明らかな者でないこと。

本条…追加〔昭四六法三一〕、一部改正〔平一〇法一〇一・一一法一六〇・一四法四五・一五法九六〕

注　一号ロの「同等以上の能力を有するもの」＝昭和四七年建設省告示三五一号
二号イの「国土交通省令で定める学科」＝施行規則一条
二号ハの「同等以上の知識及び技術又は技能を有するもの」＝施行規則七条の三
三号の「政令で定める使用人」＝施行令三条
四号の「政令で定める軽微な建設工事」＝施行令一条の二
「許可の取消」＝二九条

第八条　国土交通大臣又は都道府県知事は、許可を受けようとする者が次の各号のいずれか（許可の更新を受

第三条〔一一頁〕参照

第一条の二〔六頁〕参照

けようとする者にあつては、第一号又は第七号から第十一号までのいずれか）に該当するとき、又は許可申請書若しくはその添付書類中に重要な事項について虚偽の記載があり、若しくは重要な事実の記載が欠けているときは、許可をしてはならない。

一　成年被後見人若しくは被保佐人又は破産者で復権を得ないもの

二　第二十九条第一項第五号又は第六号に該当することにより一般建設業の許可又は特定建設業の許可を取り消され、その取消しの日から五年を経過しない者

三　第二十九条第一項第五号又は第六号に該当するとして一般建設業の許可又は特定建設業の許可の取消しの処分に係る行政手続法（平成五年法律第八十八号）第十五条の規定による通知があつた日から当該処分があつた日又は処分をしないことの決定があつた日までの間に第十二条第五号に該当する旨の同条の規定による届出をした者で当該届出の日から五年を経過しないもの

四　前号に規定する期間内に第十二条第五号に該当する旨の同条の規定による届出があつた場合において、前号の通知の日前六十日以内に当該届出に係る

第三条〔一一頁〕参照

法人の役員若しくは政令で定める使用人であつた者又は当該届出に係る個人の政令で定める使用人であつた者で、当該届出の日から五年を経過しないもの
五　第二十八条第三項又は第五項の規定により営業の停止を命ぜられ、その停止の期間が経過しない者
六　許可を受けようとする建設業について第二十九条の四の規定により営業を禁止され、その禁止の期間が経過しない者
七　禁錮《こ》以上の刑に処せられ、その刑の執行を終わり、又はその刑の執行を受けることがなくなつた日から五年を経過しない者
八　この法律、建設工事の施工若しくは建設工事に従事する労働者の使用に関する法令の規定で政令で定めるもの若しくは暴力団員による不当な行為の防止等に関する法律（平成三年法律第七十七号）の規定（同法第三十二条の二第七項の規定を除く。）に違反したことにより、又は刑法（明治四十年法律第四十五号）第二百四条、第二百六条、第二百八条、第二百八条の三、第二百二十二条若しくは第二百四十七条の罪若しくは暴力行為等処罰に関する法律（大正十五年法律第六十号）の罪を犯したことにより、罰金の刑に処せられ、その刑の執行を終わり、又はそ

（法第八条第八号の法令の規定）
第三条の二　法第八条第八号（法第十七条において準用する場合を含む。）の政令で定める建設工事の施工又は建設工事に従事する労働者の使用に関する法令の規定は、次に掲げるものとする。
一　建築基準法（昭和二十五年法律第二百一号）第九条第一項又は第十項前段（これらの規定を同法第八十八条第一項から第三項まで又

の刑の執行を受けることがなくなつた日から五年を経過しない者

は第九十条第三項において準用する場合を含む。）の規定による特定行政庁又は建築監視員の命令に違反した者に係る同法第九十八条第一項（第一号に係る部分に限る。）

二　宅地造成等規制法（昭和三十六年法律第百九十一号）第十四条第二項、第三項又は第四項前段の規定による都道府県知事の命令に違反した者に係る同法第二十七条

三　都市計画法（昭和四十三年法律第百号）第八十一条第一項の規定による国土交通大臣又は都道府県知事の命令に違反した者に係る同法第九十一条

四　景観法（平成十六年法律第百十号）第六十四条第一項の規定による市町村長の命令に違反した者に係る同法第百条

五　労働基準法（昭和二十二年法律第四十九号）第五条の規定に違反した者に係る同法第百十七条（労働者派遣事業の適正な運営の確保

及び派遣労働者の就業条件の整備等に関する法律（昭和六十年法律第八十八号。以下「労働者派遣法」という。）第四十四条第一項（建設労働者の雇用の改善等に関する法律（昭和五十一年法律第三十三号。以下「建設労働法」という。）第四十四条の規定により適用される場合を含む。第七条の三第三号において同じ。）の規定により適用される場合を含む。）又は労働基準法第六条の規定に違反した者に係る同法第百十八条第一項

六　職業安定法（昭和二十二年法律第百四十一号）第四十四条の規定に違反した者に係る同法第六十四条

七　労働者派遣法第四条第一項の規定に違反した者に係る労働者派遣法第五十九条

本条…追加〔昭四六政三八〇〕、一部改正〔昭五〇政二・六一政二〇三〕、見出・本条…一部改正〔平六政三九一〕、本条…一部改正〔平一一政三六七・一二政三一二・一七政一八二・二一四・三一四・一八政三一〇・一九政四九〕

九　営業に関し成年者と同一の行為能力を有しない未成年者でその法定代理人が前各号のいずれかに該当するもの

十　法人でその役員又は政令で定める使用人のうちに、第一号から第四号まで又は第六号から第八号までのいずれかに該当する者（第二号に該当する者についてはその者が第二十九条の規定により許可を取り消される以前から、第三号又は第四号に該当する者についてはその者が第十二条第五号に該当する旨の同条の規定による届出がされる以前から、第六号に該当する者についてはその者が第二十九条の四の規定により営業を禁止される以前から、建設業者である当該法人の役員又は政令で定める使用人であつた者を除く。）のあるもの

十一　個人で政令で定める使用人のうちに、第一号から第四号まで又は第六号から第八号までのいずれかに該当する者（第二号に該当する者についてはその者が第二十九条の規定により許可を取り消される以前から、第三号又は第四号に該当する者についてはその者が第十二条第五号に該当する旨の同条の規定による届出がされる以前から、第六号に該当する者についてはその者が第二十九条の四の規定により営業を禁止される以前から、建設業者である当該個人の政令で定める使用人であつた者を除く。）のあるもの

第三条〔一二頁〕参照

第三条〔一二頁〕参照

本条…全部改正〔昭四六法三一〕、一部改正〔平六法六三・七法九一・一一法一五一・一六〇・一三法一三八・一六法一四七・一七法八七・二〇法二八〕

注　八号の「政令」＝施行令三条の二

四・一〇・一一号の「政令」＝施行令三条

「許可の取消」＝二九条

（許可換えの場合における従前の許可の効力）

第九条　許可に係る建設業者が許可を受けた後次の各号の一に該当して引き続き許可を受けた建設業を営もうとする場合において、第三条第一項の規定により国土交通大臣又は都道府県知事の許可を受けたときは、その者に係る従前の国土交通大臣又は都道府県知事の許可は、その効力を失う。

一　国土交通大臣の許可を受けた者が一の都道府県の区域内にのみ営業所を有することとなつたとき。

二　都道府県知事の許可を受けた者が当該都道府県の区域内における営業所を廃止して、他の一の都道府県の区域内に営業所を設置することとなつたとき。

三　都道府県知事の許可を受けた者が二以上の都道府県の区域内に営業所を有することとなつたとき。

2　第三条第四項の規定は建設業者が前項各号の一に該当して引き続き許可を受けた建設業を営もうとする場合において第五条の規定による申請があつたときについて、第六条第二項の規定はその申請をする者について準用する。

一項…一部改正〔昭二八法二一三〕、本条…全部改正〔昭四六法三一〕、二項…追加〔平六法六三〕、一項…一部改正〔平一一法一六〇〕

注　「許可の取消」＝二九条

（登録免許税及び許可手数料）

第十条　国土交通大臣の許可を受けようとする者は、次に掲げる区分により、登録免許税法（昭和四十二年法律第三十五号）で定める登録免許税又は政令で定める許可手数料を納めなければならない。

一　許可を受けようとする者であつて、次号に掲げる者以外のものについては、登録免許税

二　第三条第三項の許可の更新を受けようとする者及び既に他の建設業について国土交通大臣の許可を受けている者については、許可手数料

本条…全部改正〔昭四六法三一〕、一部改正〔平一一法八七・一一法一六〇〕

注　「政令で定める許可手数料」＝施行令四条、地方公共団体手数料の標準に関する政令

（許可手数料）

第四条　法第十条第二号（法第十七条において準用する場合を含む。）の許可手数料は、その金額を五万円とし、許可申請書にこれに相当する額の収入印紙をはつて納めなければならない。ただし、行政手続等における情報通信の技術の利用に関する法律（平成十四年法律第百五十一号）第三条第一項の規定により同項に規定する電子情報処理組織を使用して法第三条第一項の許可又は同条第三項の許可の更新の申請をする場合には、国土交通省令で定めるところにより、現金をもつてすることができる。

見出・本条…一部改正〔昭四六政三八〇〕、本条…一部改正〔昭五二政一九四・六一政三五二・平六政六九・一一政三五二・一二政一二二・一六政五四〕

注　「国土交通省令で定めるところ」＝施行規則八条の二

（電子情報処理組織による申請の場合の許可手数料の納付方法）

第八条の二　令第四条ただし書の規定により現金をもつて許可手数料を納めるときは、同条ただし書の申請を行つたことにより得られた納付情報により、当該許可手数料を納めるものとする。

本条…追加〔平一六国交令三四〕

（変更等の届出）

第十一条　許可に係る建設業者は、第五条第一号から第四号までに掲げる事項について変更があつたときは、国土交通省令の定めるところにより、三十日以内に、その旨の変更届出書を国土交通大臣又は都道府県知事に提出しなければならない。

（法第十一条第一項の変更の届出）

第九条　法第十一条第一項の規定による変更届出書は、別記様式第二十二号の二によるものとする。

2　法第十一条第一項の規定により変更届出書を提出する場合において当該変更が次に掲げるものであるときは、当該各号に掲げる書面を添付しなければならない。

一　法第五条第一号から第四号までに掲げる事項の変更（商業登記の変更を必要とする場合に限る。）　当該変更に係る登記事項を記載した登記事項証明書

二　法第五条第二号に掲げる事項のうち営業所の新設に係る変更　当該営業所に係る法第六条第一項第四号及び第五号の書面並びに許可申請書、変更届出書及びこれらの添

2　許可に係る建設業者は、毎事業年度終了の時における第六条第一項第一号及び第二号に掲げる書類その他国土交通省令で定める書類を、毎事業年度経過後四月以内に、国土交通大臣又は都道府県知事に提出しなければならない。

	付書類の写し
三　法第五条第三号に掲げる事項のうち役員の新任に係る変更及び同条第四号に掲げる事項のうち支配人の新任に係る変更	当該役員又は支配人に係る法第六条第一項第四号の書面及び第四条第三号又は第四号から第六号までに掲げる書面

本条…追加〔昭三六建令二九〕、全部改正〔昭四七建令一〕、見出…全部改正・一項…追加・旧一項…一部改正し二項に繰下〔昭六二建令一〕、二項…一部改正〔平六建令二八・一七国交令一二・二〇国交令三〕

（毎事業年度経過後に届出を必要とする書類）

第十条　法第十一条第二項の国土交通省令で定める書類は、次に掲げるものとする。

一　株式会社以外の法人である場合においては別記様式第十五号から第十七号の二までによる貸借対照表、損益計算書、株主資本等変動計算書及び注記表、小会社である場合においてはこれらの書類及び

3　許可に係る建設業者は、第六条第一項第三号に掲げる書面その他国土交通省令で定める書類の記載事項に変更を生じたときは、毎事業年度経過後四月以内に、その旨を書面で国土交通大臣又は都道府県知事に届け出なければならない。

事業報告書、株式会社（小会社を除く。）である場合においては別記様式第十五号から第十七号の三までによる貸借対照表、損益計算書、株主資本等変動計算書、注記表及び附属明細表並びに事業報告書

二　個人である場合においては、別記様式第十八号及び第十九号による貸借対照表及び損益計算書

三　国土交通大臣の許可を受けている者については、法人にあつては法人税、個人にあつては所得税の納付すべき額及び納付済額を証する書面

四　都道府県知事の許可を受けている者については、事業税の納付すべき額及び納付済額を証する書面

2　法第十一条第三項の国土交通省令で定める書類は、第四条第一項第一号、第二号及び第七号に掲げる書面とする。

3　法第十一条第三項の規定による届出のうち第四条第一項第二号に掲げる書面に係るものは、別記様式第十一号の二による一覧表により行うものとする。

4　許可に係る建設業者は、第七条第一号イ又はロに該当する者として証明された者が、法人である場合においてはその役員、個人である場合においてはその支配人でなくなつた場合若しくは同号ロに該当しなくなつた場合又は営業所に置く同条第二号イ、ロ若しくはハに該当する者として証明された者が当該営業所に置かれなくなつた場合若しくは同号ハに該当しなくなつた場合において、これに代わるべき者があるときは、国土交通省令の定めるところにより、二週間以内に、その者について、第六条第一項第五号に掲げる書面を国土交通大臣又は都道府県知事に提出しなければならない。

本条…追加〔昭三六建令二九〕、全部改正〔昭四七建令一〕、一項…一部改正〔昭五〇建令一一・五七建令一二〕、二項…一部改正・三項…追加〔昭六二建令一〕、二・三項…一部改正〔平七建令一六〕、一項…一部改正〔平一〇建令二七〕、一・二項…一部改正〔平一二建令四一〕、見出・一項…一部改正〔平一八国交令六〇〕、一項…一部改正〔平一八国交令七六〕、二項…一部改正〔平二〇国交令八四〕

（届出書の提出）

第十一条　法第十一条若しくは法第十二条又は第七条の二若しくは第八条の規定により国土交通大臣に提出すべき届出書及びその添付書類は、その主たる営業所の所在地を管轄する都道府県知事を経由しなければならない。

本条…追加〔昭三六建令二九〕、全部改正〔昭四七建令一〕、一部改正〔昭六二建令一〕、全部改正〔平一二建令一〇〕、一部改正〔平一二建令四一〕

（届出書の部数）

第十二条　法第十一条又は第七条の二若しくは第八条の規定により提出すべき届出書及びその添付書類の部数については、第七条の規定を準用する。ただし、第九条第二項第二号に掲げる書類のうち許可申請書、変更

5　許可に係る建設業者は、第七条第一号若しくは第二号に掲げる基準を満たさなくなつたとき、又は第八条第一号及び第七号から第十一号までのいずれかに該当するに至つたときは、国土交通省令の定めるところにより、二週間以内に、その旨を書面で国土交通大臣又は都道府県知事に届け出なければならない。

五・六項…追加〔昭三六法八六〕、一項…一部改正・二項…削除・旧三―六項…一部改正し一項ずつ繰上・旧一三条…繰上〔昭四六法三一〕、二・三項…一部改正〔昭五〇法九〇〕、一項…一部改正〔昭五八法八三〕、一―五項…一部改正〔平六法六三・一一法一六〇〕、二・三項…一部改正〔平一七法八七〕

注　一項の「国土交通省令の定めるところ」＝施行規則九条・一一条・一二条
二項の「国土交通省令で定める書類」＝施行規則一〇条一項
三項の「国土交通省令で定める書類」＝施行規則一〇条二項
三項の「届出」＝施行規則一〇条三項
四項の「国土交通省令で定めるところ」＝施行規則一一条・一二条
五項の「国土交通省令の定めるところ」＝施行規則一〇条の二・一一条・一二条
「罰則」＝五〇条・五三条

（廃業等の届出）

届出書及びこれらの添付書類の写しの部数は、当該新設に係る営業所の数とする。

本条…追加〔昭三六建令二九〕、全部改正〔昭四七建令一〕、一部改正〔昭六二建令一・平六建令二八〕

（法第十一条第五項の書面の様式）

第十条の二　法第十一条第五項の規定による届出は、別記様式第二十二号の三による届出書により行うものとする。

本条…追加〔昭六二建令一〕、一部改正〔平一六国交令五六〕

第十一条　〔七五頁〕参照

第十二条　〔七五頁〕参照

（廃業等の届出の様式）

第十二条　許可に係る建設業者が次の各号のいずれかに該当することとなつた場合においては、当該各号に掲げる者は、三十日以内に、国土交通大臣又は都道府県知事にその旨を届け出なければならない。

一　許可に係る建設業者が死亡したときは、その相続人

二　法人が合併により消滅したときは、その役員であつた者

三　法人が破産手続開始の決定により解散したときは、その破産管財人

四　法人が合併又は破産手続開始の決定以外の事由により解散したときは、その清算人

五　許可を受けた建設業を廃止したときは、当該許可に係る建設業者であつた個人又は当該許可に係る建設業者であつた法人の役員

本条…一部改正・旧一四条…繰上〔昭四六法三一〕、一部改正〔平一一法一六〇・一六法七六〕

注　「届出」＝施行規則一〇条の三・一一条
「許可の取消」＝二九条
「罰則」＝五五条

法＜一二条＞　施行規則＜一〇条の三＞

第十条の三　法第十二条の規定による届出は、別記様式第二十二号の四による廃業届により行うものとする。

本条…追加〔昭六二建令一〕、一部改正〔平一六国交令五六〕

第十一条〔七五頁〕参照

（提出書類の閲覧）

第十三条　国土交通大臣又は都道府県知事は、政令の定めるところにより、第五条、第六条第一項及び第十一条第一項から第四項までに規定する書類又はこれらの写しを公衆の閲覧に供する閲覧所を設けなければならない。

本条…一部改正〔昭二八法二一三・三六法八六〕、見出・本条…一部改正・旧一六条…繰上〔昭四六法三一〕、本条…一部改正〔平六法六三・一一法一六〇〕

注　「政令の定めるところ」＝施行令五条

（閲覧所）

第五条　国土交通大臣又は都道府県知事は、閲覧所を設けた場合においては、当該閲覧所の閲覧規則を定めるとともに、当該閲覧所の場所及び閲覧規則を告示しなければならない。

2　国土交通大臣の設ける閲覧所においては、許可申請書等（法第十三条（法第十七条において準用する場合を含む。次項において同じ。）に規定する書類及び法第二十九条の五第二項に規定する建設業者監督処分簿をいう。次項において同じ。）で国土交通大臣の許可を受けた建設業者に係るものを公衆の閲覧に供しなければならない。

3　都道府県知事の設ける閲覧所においては、次の書類等を公衆の閲覧に供しなければならない。

一　当該都道府県知事の許可を受けた建設業者に係る許可申請書等

二　国土交通大臣の許可を受けた建設業者で当該都道府県の区域内に営業所を有するものに係る法第十三条に規定する書類の写しで国土交通大臣から送付を受けたもの

4　前項の規定により都道府県が処理することとされている事務（同項第二号に掲げる書類等の閲覧に関するものに限る。）は、地方自治法（昭和二十二年法律第六十七号）第二条第九項第一号に規定する第一号法定受託事務とする。

二項…一部改正〔昭三六政三三六〕、見出…全部改正・一―三項…一部改正〔昭四六政三八〇〕、二項…全部改正・三項…一部改正〔平六政三九一〕、三項…全部改正

（国土交通省令への委任）

第十四条　この節に規定するもののほか、許可の申請に関し必要な事項は、国土交通省令で定める。

本条…追加〔昭四六法三一〕、見出・本条…一部改正〔平一一法一六〇〕

注　「国土交通省令」＝施行規則五条・七条の二・八条・一一条・一二条

第三節　特定建設業の許可

本節…追加〔昭四六法三一〕

（許可の基準）

第十五条　国土交通大臣又は都道府県知事は、特定建設業の許可を受けようとする者が次に掲げる基準に適合していると認めるときでなければ、許可をしてはならない。

一　第七条第一号及び第三号に該当する者であること。

・四項…追加〔平一一政三五二〕、一―三項…一部改正〔平一二政三一二〕、二・三項…一部改正〔平一五政二八〕

注　一項の「閲覧所の場所」＝平成一二年建設省告示二三四六号

　一項の「閲覧規則」＝昭和四七年建設省告示三五五号

第五条〔七頁〕参照

第七条の二〔二一頁〕参照

第八条〔二〇頁〕参照

第十一条〔七五頁〕参照

第十二条〔七五頁〕参照

二　その営業所ごとに次のいずれかに該当する者で専任のものを置く者であること。ただし、施工技術（設計図書に従つて建設工事を適正に実施するために必要な専門の知識及びその応用能力をいう。以下同じ。）の総合性、施工技術の普及状況その他の事情を考慮して政令で定める建設業（以下「指定建設業」という。）の許可を受けようとする者にあつては、その営業所ごとに置くべき専任の者は、イに該当する者又はハの規定により国土交通大臣がイに掲げる者と同等以上の能力を有するものと認定した者でなければならない。

イ　第二十七条第一項の規定による技術検定その他の法令の規定による試験で許可を受けようとする建設業の種類に応じ国土交通大臣が定めるものに合格した者又は他の法令の規定による免許で許可を受けようとする建設業の種類に応じ国土交通大臣が定めるものを受けた者

ロ　第七条第二号イ、ロ又はハに該当する者のうち、許可を受けようとする建設業に係る建設工事で、発注者から直接請け負い、その請負代金の額が政

（法第十五条第二号ただし書の建設業）

第五条の二　法第十五条第二号ただし書の政令で定める建設業は、次に掲げるものとする。

一　土木工事業
二　建築工事業
三　電気工事業
四　管工事業
五　鋼構造物工事業
六　舗装工事業
七　造園工事業

本条…追加〔昭六三政一四八〕、一部改正〔平六政三九一〕

（法第十五条第二号ロの金額）

第五条の三　法第十五条第二号ロの政令で定める金額は、四千五百万円と

令で定める金額以上であるものに関し二年以上指導監督的な実務の経験を有する者

ハ　国土交通大臣がイ又はロに掲げる者と同等以上の能力を有するものと認定した者

三　発注者との間の請負契約で、その請負代金の額が政令で定める金額以上であるものを履行するに足りる財産的基礎を有すること。

本条…追加〔昭四六法三一〕、一部改正〔昭六二法六九・平一一法一六〇〕

注　二号ただし書の「政令で定める建設業」＝施行令五条の二
二号イの「国土交通大臣が定める試験及び免許」＝昭和六三年建設省告示一三一七号
二号ロの「政令で定める金額」＝施行令五条の三
二号ハの「国土交通大臣の認定」＝平成元年建設省告示一二八号
三号の「政令で定める金額」＝施行令五条の四

（下請契約の締結の制限）

第十六条　特定建設業の許可を受けた者でなければ、その者が発注者から直接請け負つた建設工事を施工するための次の各号の一に該当する下請契約を締結してはならない。

一　その下請契約に係る下請代金の額が、一件で、第三条第一項第二号の政令で定める金額以上である下

する。

本条…追加〔昭四六政三八〇〕、一部改正〔昭五九政一二〇〕、見出・本条…一部改正・旧五条の二…繰下〔昭六三政一四八〕、本条…一部改正〔平六政三九一〕

（法第十五条第三号の金額）

第五条の四　法第十五条第三号の政令で定める金額は、八千万円とする。

本条…追加〔昭四六政三八〇〕、一部改正〔昭五九政一二〇〕、一部改正・旧五条の三…繰下〔昭六三政一四八〕、一部改正〔平六政三九一〕

第二条〔七頁〕参照

請契約

二　その下請契約を締結することにより、その下請契約及びすでに締結された当該建設工事を施工するための他のすべての下請契約に係る下請代金の額の総額が、第三条第一項第二号の政令で定める金額以上となる下請契約

本条…追加〔昭四六法三一〕

注　一・二号の「政令で定める金額」＝施行令二条
「罰則」＝四七条・五三条

（準用規定）

第十七条　第五条、第六条及び第八条から第十四条までの規定は、特定建設業の許可及び特定建設業の許可を受けた者（以下「特定建設業者」という。）について準用する。この場合において、第六条第一項第五号中「次条第一号及び第二号」とあるのは「第七条第一号及び第十五条第二号」と、第十一条第四項中「同条第二号イ、ロ若しくはハ」とあるのは「第十五条第二号イ、ロ若しくはハ」と、「同号ハ」とあるのは「同号イ、ロ又はハ」と、同条第五項中「第七条第一号若しくは第二号」とあるのは「第七条第一号若しくは第十五条

第二条〔七頁〕参照

（特定建設業についての準用）

第十三条　前各条（第三条第二項及び第三項を除く。）の規定は、特定建設業の許可及び特定建設業者について準用する。この場合において、第四条第一項第二号中「に該当する者、法第十五条第二号イに該当する者及び同号ハの規定により国土交通大臣が同号イに掲げる者と同等以上の能力を有するものと認定した者の一覧表」とあるのは「又は法第十五条第

第二号」と読み替えるものとする。

本条…追加〔昭四六法三一〕、一部改正〔昭六二法六九・平六法六三〕

注　**本条**で準用する五条各号列記以外の部分の「国土交通省令」＝施行規則二条・六条・七条、**本条**で準用する六条各号列記以外の部分・六号の「国土交通省令」＝施行規則二条―四条、**本条**で準用する六条四号・八条四・一〇・一一号の「政令」＝施行令三条、**本条**で準用する八条八号・一〇条各号列記以外の部分の「政令」＝施行令三条の二・四条、**本条**で準用する一一条一―五項の「国土交通省令」＝施行規則九条―一二条、**本条**で準用する一三条の「政令」＝施行令五条、**本条**で準用する一四条の「国土交通省令」＝施行規則五条

「罰則」＝五〇条・五三条・五五条一号

二号イ、ロ若しくはハに該当する者の一覧表並びに当該一覧表に記載された同号ロに該当する者に係る第三条第二項第一号又は第二号に掲げる証明書及び指導監督的な実務の経験を証する別記様式第十号による使用者の証明書」と、同条第二項中「一般建設業の許可」とあるのは「特定建設業の許可」と、「特定建設業の許可」とあるのは「一般建設業の許可」と、「書類」とあるのは「書類（一般建設業の許可のみを受けている者が特定建設業の許可を申請する場合にあつては、法第十五条第二号ロに該当する者及び同号ハの規定により国土交通大臣が同号ロに掲げる者と同等以上の能力を有するものと認定した者に係る前項第二号に掲げる書類を除く。）」と、第七条の二第一項中「同条第二号イ、ロ若しくは

ハ」とあるのは「第十五条第二号イ、ロ若しくはハ」と読み替えるものとする。

2 法第十七条において準用する法第六条第一項第五号の書面のうち、法第十五条第二号に掲げる基準を満たしていることを証する書面は、第一号、第二号又は第三号に掲げる証明書（指定建設業の許可を受けようとする者にあつては、第一号又は第三号に掲げる証明書）その他当該事項を証するに足りる書面とする。

一 法第十五条第二号イの規定により国土交通大臣が定める試験に合格したこと又は国土交通大臣が定める免許を受けたことを証する証明書

二 第三条第二項に規定するもの及び指導監督的な実務の経験を証する別記様式第十号による使用者の証明書

第三章　建設工事の請負契約

第一節　通則

節名…追加〔昭四六法三一〕

（建設工事の請負契約の原則）

第十八条　建設工事の請負契約の当事者は、各々の対等な立場における合意に基いて公正な契約を締結し、信

三　法第十五条第二号ハの規定により能力を有すると認定された者であることを証する証明書

3　許可の更新を申請する者は、前項の規定にかかわらず、法第十五条第二号に掲げる基準を満たしていることを証する書面のうち別記様式第八号による証明書以外の書面の提出を省略することができる。

本条…追加〔昭三六建令二九〕、全部改正〔昭四七建令一〕、一項…一部改正・三項…追加〔昭六二建令一〕、一項…一部改正・二項…全部改正〔昭六三建令一〇〕、二・三項…一部改正〔平六建令二八〕、二項…一部改正〔平七建令一六〕、一・二項…一部改正〔平一二建令四一〕、一項…一部改正〔平一四国交令九三〕

義に従つて誠実にこれを履行しなければならない。

（建設工事の請負契約の内容）

第十九条　建設工事の請負契約の当事者は、前条の趣旨に従つて、契約の締結に際して次に掲げる事項を書面に記載し、署名又は記名押印をして相互に交付しなければならない。

一　工事内容

二　請負代金の額

三　工事着手の時期及び工事完成の時期

四　請負代金の全部又は一部の前金払又は出来形部分に対する支払の定めをするときは、その支払の時期及び方法

五　当事者の一方から設計変更又は工事着手の延期若しくは工事の全部若しくは一部の中止の申出があつた場合における工期の変更、請負代金の額の変更又は損害の負担及びそれらの額の算定方法に関する定め

六　天災その他不可抗力による工期の変更又は損害の負担及びその額の算定方法に関する定め

七　価格等（物価統制令（昭和二十一年勅令第百十八号）第二条に規定する価格等をいう。）の変動若しく

は変更に基づく請負代金の額又は工事内容の変更

八　工事の施工により第三者が損害を受けた場合における賠償金の負担に関する定め

九　注文者が工事に使用する資材を提供し、又は建設機械その他の機械を貸与するときは、その内容及び方法に関する定め

十　注文者が工事の全部又は一部の完成を確認するための検査の時期及び方法並びに引渡しの時期

十一　工事完成後における請負代金の支払の時期及び方法

十二　工事の目的物の瑕疵《かし》を担保すべき責任又は当該責任の履行に関して講ずべき保証保険契約の締結その他の措置に関する定めをするときは、その内容

十三　各当事者の履行の遅滞その他債務の不履行の場合における遅延利息、違約金その他の損害金

十四　契約に関する紛争の解決方法

2　請負契約の当事者は、請負契約の内容で前項に掲げる事項に該当するものを変更するときは、その変更の内容を書面に記載し、署名又は記名押印をして相互に交付しなければならない。

3　建設工事の請負契約の当事者は、前二項の規定による措置に代えて、政令で定めるところにより、当該契

（建設工事の請負契約に係る情報通信の技術を利用する方法）

（建設工事の請負契約に係る情報通信の技術を利用する方法）

約の相手方の承諾を得て、電子情報処理組織を使用する方法その他の情報通信の技術を利用する方法であって、当該各項の規定による措置に準ずるものとして国土交通省令で定めるものを講ずることができる。この場合において、当該国土交通省令で定める措置を講じた者は、当該各項の規定による措置を講じたものとみなす。

一項…一部改正・二項…追加〔昭四六法三一〕、三項…追加〔平一二法一二六〕、一項…一部改正〔平一八法九二〕

注　三項の「政令で定めるところ」＝施行令五条の五
三項の「国土交通省令で定める措置」＝施行規則一三条の二

第五条の五　建設工事の請負契約の当事者は、法第十九条第三項の規定により同項に規定する国土交通省令で定める措置（以下この条において「電磁的措置」という。）を講じようとするときは、国土交通省令で定めるところにより、あらかじめ、当該契約の相手方に対し、その講じる電磁的措置の種類及び内容を示し、書面又は電子情報処理組織を使用する方法その他の情報通信の技術を利用する方法であつて国土交通省令で定めるもの（次項において「電磁的方法」という。）による承諾を得なければならない。

2　前項の規定による承諾を得た建設工事の請負契約の当事者は、当該契約の相手方から書面又は電磁的方法により当該承諾を撤回する旨の申出があつたときは、法第十九条第一項又は第二項の規定による措置に代えて電磁的措置を講じてはならない。

第十三条の二　法第十九条第三項の国土交通省令で定める措置は、次に掲げる措置とする。

一　電子情報処理組織を使用する措置のうちイ又はロに掲げるもの

イ　建設工事の請負契約の当事者の使用に係る電子計算機（入出力装置を含む。以下同じ。）と当該契約の相手方の使用に係る電子計算機とを接続する電気通信回線を通じて送信し、受信者の使用に係る電子計算機に備えられたファイルに記録する措置

ロ　建設工事の請負契約の当事者の使用に係る電子計算機に備えられたファイルに記録された法第十九条第一項に掲げる事項又は請負契約の内容で同項に掲げる事項に該当するものの変更の内容（以下「契約事項等」という。）を電気通信回線を通じて当該契約の相手方の閲覧に供

ただし、当該契約の相手方が再び同項の規定による承諾をした場合は、この限りでない。

本条…追加〔平一三政四〕

注　一項の「国土交通省令で定める」＝施行規則一三条の三・一三条の四

し、当該契約の相手方の使用に係る電子計算機に備えられたファイルに当該契約事項等を記録する措置

二　磁気ディスク、シー・ディー・ロムその他これらに準ずる方法により一定の事項を確実に記録しておくことができる物（以下「磁気ディスク等」という。）をもって調製するファイルに契約事項等を記録したものを交付する措置

2　前項に掲げる措置は、次に掲げる技術的基準に適合するものでなければならない。

一　当該契約の相手方がファイルへの記録を出力することによる書面を作成することができるものであること。

二　ファイルに記録された契約事項等について、改変が行われていないかどうかを確認することができる措置を講じていること。

3　第一項第一号の「電子情報処理組織」とは、建設工事の請負契約の当事者の使用に係る電子計算機と、当該契約の相手方の使用に係る電子計算機とを電気通信回線で接続した電子情報処理組織をいう。

本条…追加〔平一三国交令四二〕、一項…一部改正〔平一六国交令一〕

第十三条の三　令第五条の五第一項の規定により示すべき措置の種類及び内容は、次に掲げる事項とする。

一　前条第一項に規定する措置のうち建設工事の請負契約の当事者が講じるもの

二　ファイルへの記録の方式

本条…追加〔平一三国交令四二〕

第十三条の四　令第五条の五第一項の国土交通省令で定める方法は、次に掲げる方法とする。

一　電子情報処理組織を使用する方法のうちイ又はロに掲げるもの

イ　建設工事の請負契約の当事者の使用に係る電子計算機と当該契約の相手方の使用に係る電子計算機とを接続する電気通信回線を通じて送信し、受信者の使用に係る電子計算機に備えられたファイルに記録する方法

ロ　建設工事の請負契約の当事者の使用に係る電子計算機に備えられたファイルに記録された法第十九条第三項の承諾に関する事項を電気通信回線を通じて当該契約の相手方の閲覧に供し、当該建設工事の請負契約の当事者の使用に係る電子計算機に備えられたファイルに当該承諾に関する事項を記録する方法

二　磁気ディスク等をもつて調製するファイルに当該承諾に関する事項を記録したものを交付する方法

（現場代理人の選任等に関する通知）

第十九条の二　請負人は、請負契約の履行に関し工事現場に現場代理人を置く場合においては、当該現場代理人の権限に関する事項及び当該現場代理人の行為についての注文者の請負人に対する意見の申出の方法（第三項において「現場代理人に関する事項」という。）を、書面により注文者に通知しなければならない。

2　注文者は、請負契約の履行に関し工事現場に監督員を置く場合においては、当該監督員の権限に関する事項及び当該監督員の行為についての請負人の注文者に対する意見の申出の方法（第四項において「監督員に関する事項」という。）を、書面により請負人に通知しなければならない。

3　請負人は、第一項の規定による書面による通知に代

（現場代理人の選任等に関する通知）

2　前項第一号の「電子情報処理組織」とは、建設工事の請負契約の当事者の使用に係る電子計算機と、当該契約の相手方の使用に係る電子計算機とを電気通信回線で接続した電子情報処理組織をいう。

本条…追加〔平一三国交令四二〕

（現場代理人の選任等に関する通知）

えて、政令で定めるところにより、同項の注文者の承諾を得て、現場代理人に関する事項を、電子情報処理組織を使用する方法その他の情報通信の技術を利用する方法であつて国土交通省令で定めるものにより通知することができる。この場合において、当該請負人は、当該書面による通知をしたものとみなす。

に係る情報通信の技術を利用する方法）

第五条の六　請負人は、法第十九条の二第三項の規定により同項に規定する現場代理人に関する事項を通知しようとするときは、国土交通省令で定めるところにより、あらかじめ、当該注文者に対し、その用いる同項前段に規定する方法（以下この条において「電磁的方法」という。）の種類及び内容を示し、書面又は電磁的方法による承諾を得なければならない。

2　前項の規定による承諾を得た請負人は、当該注文者から書面又は電磁的方法により電磁的方法による通知を受けない旨の申出があつたときは、当該注文者に対し、現場代理人に関する事項の通知を電磁的方法によつてしてはならない。ただし、当該注文者が再び同項の規定による承

に係る情報通信の技術を利用する方法）

第十三条の五　法第十九条の二第三項の国土交通省令で定める方法は、次に掲げる方法とする。

一　電子情報処理組織を使用する方法のうちイ又はロに掲げるもの

イ　請負人の使用に係る電子計算機と注文者の使用に係る電子計算機とを接続する電気通信回線を通じて送信し、受信者の使用に係る電子計算機に備えられたファイルに記録する方法

ロ　請負人の使用に係る電子計算機に備えられたファイルに記録された法第十九条の二第一項に規定する現場代理人に関する事項を電気通信回線を通じて注文者の閲覧に供し、当該注文者の使用に係る電子計算機に備えられたファイルに当該現場代理人

諾をした場合は、この限りでない。

本条…追加〔平一三政四〕

注　一項の「国土交通省令で定めるところ」＝施行規則一三条の六

に関する事項を記録する方法（同条第三項前段に規定する方法による通知を受ける旨の承諾又は受けない旨の申出をする場合にあつては、請負人の使用に係る電子計算機に備えられたファイルにその旨を記録する方法）

二　磁気ディスク等をもつて調製するファイルに現場代理人に関する事項を記録したものを交付する方法

2　前項に掲げる方法は、注文者がファイルへの記録を出力することによる書面を作成することができるものでなければならない。

3　第一項第一号の「電子情報処理組織」とは、請負人の使用に係る電子計算機と、注文者の使用に係る電子計算機とを電気通信回線で接続した電子情報処理組織をいう。

4　注文者は、第二項の規定による書面による通知に代えて、政令で定めるところにより、同項の請負人の承諾を得て、監督員に関する事項を、電子情報処理組織を使用する方法その他の情報通信の技術を利用する方法であつて国土交通省令で定めるものにより通知することができる。この場合において、当該注文者は、当該書面による通知をしたものとみなす。

本条…追加〔昭四六法三一〕、一・二項…一部改正・三・四項…追加〔平一二法一二六〕

注　三・四項の「政令で定めるところ」＝施行令五条の六・五条の七
三・四項の「国土交通省令で定めるもの」＝施行規則一三条の五・一三条の七

第五条の七　注文者は、法第十九条の二第四項の規定により同項に規定する監督員に関する事項を通知しようとするときは、国土交通省令で定めるところにより、あらかじめ、当該請負人に対し、その用いる同項前段に規定する方法（以下この条において「電磁的方法」という。）の種類及び内容を示し、書面又は電磁的方法による承諾を得なければならない。

2　前項の規定による承諾を得た注文者は、当該請負人から書面又は電磁

本条…追加〔平一三国交令四二〕、一項…一部改正〔平一六国交令一〕

第十三条の六　令第五条の六第一項の規定により示すべき方法の種類及び内容は、次に掲げる事項とする。

一　前条第一項に規定する方法のうち請負人が使用するもの

二　ファイルへの記録の方式

本条…追加〔平一三国交令四二〕

第十三条の七　法第十九条の二第四項の国土交通省令で定める方法は、次に掲げる方法とする。

一　電子情報処理組織を使用する方法のうちイ又はロに掲げるもの

イ　注文者の使用に係る電子計算機と請負人の使用に係る電子計算機とを接続する電気通信回線を通じて送信し、受信者の使用に係る電子計算機に備えられたファイルに記録する方法

ロ　注文者の使用に係る電子計算機に備えられたファイルに記録

的方法により電磁的方法による通知を受けない旨の申出があつたときは、当該請負人に対し、監督員に関する事項の通知を電磁的方法によつてしてはならない。ただし、当該請負人が再び同項の規定による承諾をした場合は、この限りでない。

本条…追加〔平一三政四〕

注　一項の「国土交通省令で定めるところ」＝施行規則一三条の八

された法第十九条の二第二項に規定する監督員に関する事項を電気通信回線を通じて請負人の閲覧に供し、当該請負人の使用に係る電子計算機に備えられたファイルに当該監督員に関する事項を記録する方法（同条第四項前段に規定する方法による通知を受ける旨の承諾又は受けない旨の申出をする場合にあつては、注文者の使用に係る電子計算機に備えられたファイルにその旨を記録する方法）

二　磁気ディスク等をもつて調製するファイルに監督員に関する事項を記録したものを交付する方法

2　前項に掲げる方法は、請負人がファイルへの記録を出力することによる書面を作成することができるものでなければならない。

3　第一項第一号の「電子情報処理組織」とは、注文者の使用に係る電子

（不当に低い請負代金の禁止）

第十九条の三　注文者は、自己の取引上の地位を不当に利用して、その注文した建設工事を施工するために通常必要と認められる原価に満たない金額を請負代金の額とする請負契約を締結してはならない。

本条…追加〔昭四六法三一〕

注　「違反に対する措置」＝四二条・四二条の二、独禁法一九条・二〇条

（不当な使用資材等の購入強制の禁止）

第十九条の四　注文者は、請負契約の締結後、自己の取

計算機と、請負人の使用に係る電子計算機とを電気通信回線で接続した電子情報処理組織をいう。

本条…追加〔平一三国交令四二〕、一項…一部改正〔平一六国交令一〕

第十三条の八　令第五条の七第一項の規定により示すべき方法の種類及び内容は、次に掲げる事項とする。

一　前条第一項に規定する方法のうち注文者が使用するもの

二　ファイルへの記録の方式

本条…追加〔平一三国交令四二〕

引上の地位を不当に利用して、その注文した建設工事に使用する資材若しくは機械器具又はこれらの購入先を指定し、これらを請負人に購入させて、その利益を害してはならない。

本条…追加〔昭四六法三一〕

注「違反に対する措置」＝四一条・四二条の二、独禁法一九条・二〇条

（発注者に対する勧告）

第十九条の五　建設業者と請負契約を締結した発注者（私的独占の禁止及び公正取引の確保に関する法律（昭和二十二年法律第五十四号）第二条第一項に規定する事業者に該当するものを除く。）が前二条の規定に違反した場合において、特に必要があると認めるときは、当該建設業者の許可をした国土交通大臣又は都道府県知事は、当該発注者に対して必要な勧告をすることができる。

本条…追加〔昭四六法三一〕、一部改正〔平一一法一六〇〕

（建設工事の見積り等）

第二十条　建設業者は、建設工事の請負契約を締結するに際して、工事内容に応じ、工事の種別ごとに材料費、労務費その他の経費の内訳を明らかにして、建設工事の見積りを行うよう努めなければならない。

2　建設業者は、建設工事の注文者から請求があつたときは、請負契約が成立するまでの間に、建設工事の見

積書を提示しなければならない。

3　建設工事の注文者は、請負契約の方法が随意契約による場合にあつては契約を締結する以前に、入札の方法により競争に付する場合にあつては入札を行う以前に、第十九条第一項第一号及び第三号から第十四号までに掲げる事項について、できる限り具体的な内容を提示し、かつ、当該提示から当該契約の締結又は入札までに、建設業者が当該建設工事の見積りをするために必要な政令で定める一定の期間を設けなければならない。

見出・本条…一部改正〔昭四六法三一〕、見出…一部改正・一・二項…追加・旧一項…三項に繰下〔平六法六三〕、三項…一部改正〔平一八法九二〕

注　三項の「政令で定める一定の期間」＝施行令六条

（建設工事の見積期間）

第六条　法第二十条第三項に規定する見積期間は、次に掲げるとおりとする。ただし、やむを得ない事情があるときは、第二号及び第三号の期間は、五日以内に限り短縮することができる。

一　工事一件の予定価格が五百万円に満たない工事については、一日以上

二　工事一件の予定価格が五百万円以上五千万円に満たない工事については、十日以上

三　工事一件の予定価格が五千万円以上の工事については、十五日以上

2　国が入札の方法により競争に付する場合においては、予算決算及び会計令（昭和二十二年勅令第百六十五号）第七十四条の規定による期間を前項の見積期間とみなす。

二項…一部改正〔昭三七政三一四〕、一項…一部改正〔平六政三九一〕

（契約の保証）

第二十一条　建設工事の請負契約において請負代金の全部又は一部の前金払をする定がなされたときは、注文者は、建設業者に対して前金払をする前に、保証人を立てることを請求することができる。但し、公共工事の前払金保証事業に関する法律（昭和二十七年法律第百八十四号）第二条第四項に規定する保証事業会社の保証に係る工事又は政令で定める軽微な工事については、この限りでない。

2　前項の請求を受けた建設業者は、左の各号の一に規定する保証人を立てなければならない。

一　建設業者の債務不履行の場合の遅延利息、違約金その他の損害金の支払の保証人

二　建設業者に代つて自らその工事を完成することを保証する他の建設業者

3　建設業者が第一項の規定により保証人を立てることを請求された場合において、これを立てないときは、注文者は、契約の定にかかわらず、前金払をしないことができる。

一項…一部改正〔昭二八法二一三〕

注　一項ただし書の「政令で定める軽微な工事」＝施行令六条の二

（一括下請負の禁止）

（保証人を必要としない軽微な工事）

第六条の二　法第二十一条第一項ただし書の政令で定める軽微な工事は、工事一件の請負代金の額が五百万円に満たない工事とする。

本条…一部改正〔昭四六政三八〇・四九政三二七・五二政一九四・五九政一二〇・平六政三九一〕、旧七条…繰上〔平一三政四〕

第二十二条　建設業者は、その請け負つた建設工事を、いかなる方法をもつてするかを問わず、一括して他人に請け負わせてはならない。

2　建設業を営む者は、建設業者から当該建設業者の請け負つた建設工事を一括して請け負つてはならない。

3　前二項の建設工事が多数の者が利用する施設又は工作物に関する重要な建設工事で政令で定めるもの以外の建設工事である場合において、当該建設工事の元請負人があらかじめ発注者の書面による承諾を得たときは、これらの規定は、適用しない。

4　発注者は、前項の規定による書面による承諾に代えて、政令で定めるところにより、同項の元請負人の承諾を得て、電子情報処理組織を使用する方法その他の情報通信の技術を利用する方法であつて国土交通省令で定めるものにより、同項の承諾をする旨の通知をすることができる。この場合において、当該発注者は、当該書面による承諾をしたものとみなす。

本条…全部改正〔昭二八法二一三〕、三項…一部改正〔昭四六法三一〕、四項…追加〔平一二法一二六〕、一・三項…一部改正〔平一八法一一四〕

（一括下請負の禁止の対象となる多数の者が利用する施設又は工作物に関する重要な建設工事）

第六条の三　法第二十二条第三項の政令で定める重要な建設工事は、共同住宅を新築する建設工事とする。

本条…追加〔平二〇政一八六〕

（一括下請負の承諾に係る情報通信の技術を利用する方法）

第六条の四　発注者は、法第二十二条第四項の規定により同条第三項の承諾をする旨の通知(次項において「承諾通知」という。）をしようとするときは、国土交通省令で定めるところにより、あらかじめ、当該元請負人に対し、その用いる同条第四項前段に規定する方法（以下この条にお

（一括下請負の承諾に係る情報通信の技術を利用する方法）

第十三条の九　法第二十二条第四項の国土交通省令で定める方法は、次に掲げる方法とする。

一　電子情報処理組織を使用する方法のうちイ又はロに掲げるもの

イ　発注者の使用に係る電子計算機と元請負人の使用に係る電子計算機とを接続する電気通信回

注
三項の「政令で定めるもの」＝施行令六条の三
四項の「政令で定めるところ」＝施行令六条の四
四項の「国土交通省令で定めるもの」＝施行規則一三条の九
「監督処分」＝二八条

いて「電磁的方法」という。）の種類及び内容を示し、書面又は電磁的方法による承諾を得なければならない。

2　前項の規定による承諾を得た発注者は、当該元請負人から書面又は電磁的方法により電磁的方法による通知を受けない旨の申出があつたときは、当該請負人に対し、承諾通知を電磁的方法によつてしてはならない。ただし、当該元請負人が再び同項の規定による承諾をした場合は、この限りでない。

本条…追加〔平一三政四〕、旧六条の三…繰下〔平二〇政一八六〕

注　一項の「国土交通省令で定めるところ」＝施行規則一三条の一〇

線を通じて送信し、受信者の使用に係る電子計算機に備えられたファイルに記録する方法

ロ　発注者の使用に係る電子計算機に備えられたファイルに記録された法第二十二条第三項の承諾をする旨を電気通信回線を通じて元請負人の閲覧に供し、当該元請負人の使用に係る電子計算機に備えられたファイルに当該承諾をする旨を記録する方法（同条第四項前段に規定する方法による通知を受ける旨の承諾又は受けない旨の申出をする場合にあつては、発注者の使用に係る電子計算機に備えられたファイルにその旨を記録する方法）

二　磁気ディスク等をもつて調製するファイルに法第二十二条第三項の承諾をする旨を記録したものを交付する方法

2　前項に掲げる方法は、元請負人がファイルへの記録を出力することに

（下請負人の変更請求）

第二十三条　注文者は、請負人に対して、建設工事の施工につき著しく不適当と認められる下請負人があるときは、その変更を請求することができる。ただし、あらかじめ注文者の書面による承諾を得て選定した下請

よる書面を作成することができるものでなければならない。

3　第一項第一号の「電子情報処理組織」とは、発注者の使用に係る電子計算機と、元請負人の使用に係る電子計算機とを電気通信回線で接続した電子情報処理組織をいう。

本条…追加〔平一三国交令四二〕、一項…一部改正〔平一六国交令一〕

第十三条の十　令第六条の四第一項の規定により示すべき方法の種類及び内容は、次に掲げる事項とする。

一　前条第一項に規定する方法のうち発注者が使用するもの

二　ファイルへの記録の方式

本条…追加〔平一三国交令四二〕、一部改正〔平二〇国交令八四〕

負人については、この限りでない。

2　注文者は、前項ただし書の規定による書面による承諾に代えて、政令で定めるところにより、同項ただし書の規定により下請負人を選定する者の承諾を得て、電子情報処理組織を使用する方法その他の情報通信の技術を利用する方法であつて国土交通省令で定めるものにより、同項ただし書の承諾をする旨の通知をすることができる。この場合において、当該注文者は、当該書面による承諾をしたものとみなす。

本条…一部改正〔昭四六法三一〕、二項…追加〔平一二法一二六〕

注　二項の「政令で定めるところ」＝施行令七条
二項の「国土交通省令で定めるもの」＝施行規則一三条の一一

（下請負人の選定の承諾に係る情報通信の技術を利用する方法）

第七条　注文者は、法第二十三条第二項の規定により同条第一項ただし書の承諾をする旨の通知（次項において「承諾通知」という。）をしようとするときは、国土交通省令で定めるところにより、あらかじめ、同項ただし書の規定により下請負人を選定する者（次項において「下請負人選定者」という。）に対し、その用いる同条第二項前段に規定する方法（以下この条において「電磁的方法」という。）の種類及び内容を示し、書面又は電磁的方法による承諾を得なければならない。

2　前項の規定による承諾を得た注文者は、下請負人選定者から書面又は電磁的方法により電磁的方法による通知を受けない旨の申出があつたときは、下請負人選定者に対し、承諾

（下請負人の選定の承諾に係る情報通信の技術を利用する方法）

第十三条の十一　法第二十三条第二項の国土交通省令で定める方法は、次に掲げる方法とする。

一　電子情報処理組織を使用する方法のうちイ又はロに掲げるもの

イ　注文者の使用に係る電子計算機と法第二十三条第一項ただし書の規定により下請負人を選定する者（以下この条において「下請負人選定者」という。）の使用に係る電子計算機とを接続する電気通信回線を通じて送信し、受信者の使用に係る電子計算機に備えられたファイルに記録する方法

ロ　注文者の使用に係る電子計算機に備えられたファイルに記録された法第二十三条第一項ただし書の承諾をする旨を電気通信

通知を電磁的方法によつてしてはならない。ただし、下請負人選定者が再び同項の規定による承諾をした場合は、この限りでない。

本条…追加〔平一三政四〕

注　一項の「国土交通省令で定めるところ」＝施行規則一三条の一二

回線を通じて下請負人選定者の閲覧に供し、当該下請負人選定者の使用に係る電子計算機に備えられたファイルに当該承諾をする旨を記録する方法（同条第二項前段に規定する方法による通知を受ける旨の承諾又は受けない旨の申出をする場合にあつては、注文者の使用に係る電子計算機に備えられたファイルにその旨を記録する方法）

二　磁気ディスク等をもつて調製するファイルに法第二十三条第一項ただし書の承諾をする旨を記録したものを交付する方法

2　前項に掲げる方法は、下請負人選定者がファイルへの記録を出力することによる書面を作成することができるものでなければならない。

3　第一項第一号の「電子情報処理組織」とは、注文者の使用に係る電子計算機と、下請負人選定者の使用に

（工事監理に関する報告）

第二十三条の二　請負人は、その請け負つた建設工事の施工について建築士法（昭和二十五年法律第二百二号）第十八条第三項の規定により建築士から工事を設計図書のとおりに実施するよう求められた場合において、これに従わない理由があるときは、直ちに、第十九条の二第二項の規定により通知された方法により、注文者に対して、その理由を報告しなければならない。

本条…追加〔平一八法一一四〕

（請負契約とみなす場合）

第二十四条　委託その他いかなる名義をもつてするかを

係る電子計算機とを電気通信回線で接続した電子情報処理組織をいう。

本条…追加〔平一三国交令四二〕、一項…一部改正〔平一六国交令一〕

第十三条の十二　令第七条第一項の規定により示すべき方法の種類及び内容は、次に掲げる事項とする。

一　前条第一項に規定する方法のうち注文者が使用するもの

二　ファイルへの記録の方式

本条…追加〔平一三国交令四二〕

問わず、報酬を得て建設工事の完成を目的として締結する契約は、建設工事の請負契約とみなして、この法律の規定を適用する。

旧二五条…繰上〔昭三一法一二五〕、本条…一部改正〔平一八法一一四〕

第二節　元請負人の義務

本節…追加〔昭四六法三一〕

（下請負人の意見の聴取）

第二十四条の二　元請負人は、その請け負つた建設工事を施工するために必要な工程の細目、作業方法その他元請負人において定めるべき事項を定めようとするときは、あらかじめ、下請負人の意見をきかなければならない。

本条…追加〔昭四六法三一〕

（下請代金の支払）

第二十四条の三　元請負人は、請負代金の出来形部分に対する支払又は工事完成後における支払を受けたときは、当該支払の対象となつた建設工事を施工した下請負人に対して、当該元請負人が支払を受けた金額の出来形に対する割合及び当該下請負人が施工した出来形部分に相応する下請代金を、当該支払を受けた日から一月以内で、かつ、できる限り短い期間内に支払わなければならない。

2　元請負人は、前払金の支払を受けたときは、下請負人に対して、資材の購入、労働者の募集その他建設工事の着手に必要な費用を前払金として支払うよう適切な配慮をしなければならない。

本条…追加〔昭四六法三一〕

注　「違反に対する措置」＝四一条・四二条の二、独禁法一九条・二〇条

（検査及び引渡し）

第二十四条の四　元請負人は、下請負人からその請け負つた建設工事が完成した旨の通知を受けたときは、当該通知を受けた日から二十日以内で、かつ、できる限り短い期間内に、その完成を確認するための検査を完了しなければならない。

2　元請負人は、前項の検査によつて建設工事の完成を確認した後、下請負人が申し出たときは、直ちに、当該建設工事の目的物の引渡しを受けなければならない。ただし、下請契約において定められた工事完成の時期から二十日を経過した日以前の一定の日に引渡しを受ける旨の特約がされている場合には、この限りでない。

本条…追加〔昭四六法三一〕

注　「違反に対する措置」＝四二条・四二条の二、独禁法一九条・二〇条

（特定建設業者の下請代金の支払期日等）

第二十四条の五　特定建設業者が注文者となつた下請契約（下請契約における請負人が特定建設業者又は資本金額が政令で定める金額以上の法人であるものを除く。以下この条において同じ。）における下請代金の支払期日は、前条第二項の申出の日（同項ただし書の場合にあつては、その一定の日。以下この条において同じ。）から起算して五十日を経過する日以前において、かつ、できる限り短い期間内において定められなければならない。

2　特定建設業者が注文者となつた下請契約において、下請代金の支払期日が定められなかつたときは前条第二項の申出の日が、前項の規定に違反して下請代金の支払期日が定められたときは同条第二項の申出の日から起算して五十日を経過する日が下請代金の支払期日と定められたものとみなす。

3　特定建設業者は、当該特定建設業者が注文者となつた下請契約に係る下請代金の支払につき、当該下請代金の支払期日までに一般の金融機関（預金又は貯金の受入れ及び資金の融通を業とする者をいう。）による割

（法第二十四条の五第一項の金額）

第七条の二　法第二十四条の五第一項の政令で定める金額は、四千万円とする。

本条…追加〔昭四六政三八〇〕、一部改正〔昭五九政一二〇・六三政一四八・平六政三九一〕

引を受けることが困難であると認められる手形を交付してはならない。

4　特定建設業者は、当該特定建設業者が注文者となつた下請契約に係る下請代金を第一項の規定により定められた支払期日又は第二項の支払期日までに支払わなければならない。当該特定建設業者がその支払をしなかつたときは、当該特定建設業者は、下請負人に対して、前条第二項の申出の日から起算して五十日を経過した日から当該下請代金の支払をする日までの期間について、その日数に応じ、当該未払金額に国土交通省令で定める率を乗じて得た金額を遅延利息として支払わなければならない。

本条…追加〔昭四六法三一〕、四項…一部改正〔平一一法一六〇〕

注　一項の「政令で定める金額」＝施行令七条の二
四項の「国土交通省令で定める率」＝施行規則一四条
「違反に対する措置」＝四二条・四二条の二、独禁法一九条・二〇条

（下請負人に対する特定建設業者の指導等）

第二十四条の六　発注者から直接建設工事を請け負つた特定建設業者は、当該建設工事の下請負人が、その下請負に係る建設工事の施工に関し、この法律の規定又は建設工事の施工若しくは建設工事に従事する労働者の使用に関する法令の規定で政令で定めるものに違反

（法第二十四条の六第一項の法令の規定）

第七条の三　法第二十四条の六第一項の政令で定める建設工事の施工又は建設工事に従事する労働者の使用に関する法令の規定は、次に掲げるも

（法第二十四条の五第四項の率）

第十四条　法第二十四条の五第四項の国土交通省令で定める率は、年十四・六パーセントとする。

本条…追加〔昭三六建令二九〕、全部改正〔昭四七建令一〕、一部改正〔平一二建令四一〕

しないよう、当該下請負人の指導に努めるものとする。

のとする。

一　建築基準法第九条第一項及び第十項（これらの規定を同法第八十八条第一項から第三項までにおいて準用する場合を含む。）並びに第九十条

二　宅地造成等規制法第九条（同法第十二条第三項において準用する場合を含む。）及び第十四条第二項から第四項まで

三　労働基準法第五条（労働者派遣法第四十四条第一項の規定により適用される場合を含む。）、第六条、第二十四条、第五十六条、第六十三条及び第六十四条の二（労働者派遣法第四十四条第二項（建設労働法第四十四条の規定により適用される場合を含む。）の規定によりこれらの規定が適用される場合を含む。）、第九十六条の二第二項並びに第九十六条の三第一項

四　職業安定法第四十四条、第六十

2　前項の特定建設業者は、その請け負つた建設工事の下請負人である建設業を営む者が同項に規定する規定に違反していると認めたときは、当該建設業を営む者に対し、当該違反している事実を指摘して、その是正を求めるように努めるものとする。

3　第一項の特定建設業者が前項の規定により是正を求めた場合において、当該建設業を営む者が当該違反している事実を是正しないときは、同項の特定建設業者は、当該建設業を営む者が建設業者であるときはその

三条第一号及び第六十五条第八号

五　労働安全衛生法（昭和四十七年法律第五十七号）第九十八条第一項（労働者派遣法第四十五条第十五項（建設労働法第四十四条の規定により適用される場合を含む。）の規定により適用される場合を含む。）

六　労働者派遣法第四条第一項

本条…追加〔昭四六政三八〇〕、一部改正〔昭四七政三一八・五〇政二・六一政五〇・二〇三・平一一政三六七・一五政五四二・一七政二一四・三一四・一八政三一〇・一九政四九〕

許可をした国土交通大臣若しくは都道府県知事又は営業としてその建設工事の行われる区域を管轄する都道府県知事に、その他の建設業を営む者であるときはその建設工事の現場を管轄する都道府県知事に、速やかに、その旨を通報しなければならない。

本条…追加〔昭四六法三一〕、三項…一部改正〔平六法六三・一一法一六〇〕

注　一項の「政令で定めるもの」＝施行令七条の三

（施工体制台帳及び施工体系図の作成等）

第二十四条の七　特定建設業者は、発注者から直接建設工事を請け負つた場合において、当該建設工事を施工するために締結した下請契約の請負代金の額（当該下請契約が二以上あるときは、それらの請負代金の額の総額）が政令で定める金額以上になるときは、建設工事の適正な施工を確保するため、国土交通省令で定めるところにより、当該建設工事について、下請負人の商号又は名称、当該下請負人に係る建設工事の内容及び工期その他の国土交通省令で定める事項を記載した施工体制台帳を作成し、工事現場ごとに備え置かなければならない。

（法第二十四条の七第一項の金額）

第七条の四　法第二十四条の七第一項の政令で定める金額は、三千万円とする。ただし、特定建設業者が発注者から直接請け負つた建設工事が建築一式工事である場合においては、四千五百万円とする。

本条…追加〔平六政三九一〕

（施工体制台帳の記載事項等）

第十四条の二　法第二十四条の七第一項の国土交通省令で定める事項は、次のとおりとする。

一　作成特定建設業者（法第二十四条の七第一項の規定により施工体制台帳を作成する場合における当該特定建設業者をいう。以下同じ。）が許可を受けて営む建設業の種類

二　作成特定建設業者が請け負つた建設工事に関する次に掲げる事項

イ　建設工事の名称、内容及び工期

ロ　発注者と請負契約を締結した年月日、当該発注者の商号、名称又は氏名及び住所並びに当該請負契約を締結した営業所の名称及び所在地

ハ　発注者が監督員を置くときは、当該監督員の氏名及び法第十九条の二第二項に規定する通知事項

ニ　作成特定建設業者が現場代理人を置くときは、当該現場代理人の氏名及び法第十九条の二第一項に規定する通知事項

ホ　監理技術者の氏名、その者が有する監理技術者資格及びその者が専任の監理技術者であるか否かの別

ヘ　法第二十六条の二第一項又は第二項の規定により建設工事の施工の技術上の管理をつかさどる者でホの監理技術者以外のものを置くときは、その者の氏名、その者が管理をつかさどる建設工事の内容及びその有する主任技術者資格（建設業の種類に応じ、法第七条第二号イ若しくはロに規定する実務の経験若しくは学科の修得又は同号ハの規定による国土交通大臣の認定があることをいう。以下同じ。）

三　前号の建設工事の下請負人に関する次に掲げる事項

イ　商号又は名称及び住所

ロ　当該下請負人が建設業者であるときは、その者の許可番号及びその請け負つた建設工事に係る許可を受けた建設業

の種類

四　前号の下請負人が請け負つた建設工事に関する次に掲げる事項

イ　建設工事の名称、内容及び工期

ロ　当該下請負人が注文者と下請契約を締結した年月日

ハ　注文者が監督員を置くときは、当該監督員の氏名及び法第十九条の二第二項に規定する通知事項

ニ　当該下請負人が現場代理人を置くときは、当該現場代理人の氏名及び法第十九条の二第一項に規定する通知事項

ホ　当該下請負人が建設業者であるときは、その者が置く主任技術者の氏名、当該主任技術者が有する主任技術者資格及び当該主任技術者が専任の者であるか否かの別

ヘ　当該下請負人が法第二十六条の二第一項又は第二項の規定により建設工事の施工の技術上の管理をつかさどる者でホの主任技術者以外のものを置くときは、当該者の氏名、その者が管理をつかさどる建設工事の内容及びその有する主任技術者資格

ト　当該建設工事が作成特定建設業者の請け負わせたものであるときは、当該建設工事について請負契約を締結した作成特定建設業者の営業所の名称及び所在地

2　施工体制台帳には、次に掲げる書類を添付しなければならな

い。

一　前項第二号ロの請負契約及び同項第四号ロの下請契約に係る法第十九条第一項及び第二項の規定による書面の写し（作成特定建設業者が注文者となつた下請契約以外の下請契約であつて、公共工事（公共工事の入札及び契約の適正化の促進に関する法律（平成十二年法律第百二十七号）第二条第二項に規定する公共工事をいう。第十四条の四第三項において同じ。）以外の建設工事について締結されるものに係るものにあつては、請負代金の額に係る部分を除く。）

二　前項第二号ホの監理技術者が監理技術者資格を有することを証する書面（当該監理技術者が法第二十六条第四項の規定により選任しなければならない者であるときは、監理技術者資格者証の写しに限る。）及び当該監理技術者が作成特定建設業者に雇用期間を特に限定することなく雇用されている者であることを証する書面又はこれらの写し

三　前項第二号へに規定する者を置くときは、その者が主任技術者資格を有することを証する書面及びその者が作成特定建設業者に雇用期間を特に限定することなく雇用されている者であることを証する書面又はこれらの写し

3　第一項各号に掲げる事項が電子計算機に備えられたファイル又は磁気ディスクに記録され、必要に応じ当該工事現場におい

て電子計算機その他の機器を用いて明確に紙面に表示されるときは、当該記録をもつて法第二十四条の七第一項に規定する施工体制台帳への記載に代えることができる。

4　法第十九条第三項に規定する措置が講じられた場合にあつては、契約事項等が電子計算機に備えられたファイル又は磁気ディスク等に記録され、必要に応じ当該工事現場において電子計算機その他の機器を用いて明確に紙面に表示されるときは、当該記録をもつて第二項第一号に規定する添付書類に代えることができる。

本条…追加〔平七建令一六〕、三項…追加〔平一〇建令二七〕、一項…一部改正〔平一二建令四一〕、三項…一部改正・四項…追加〔平一三国交令七六〕

（施工体制台帳の記載方法等）

第十四条の五　第十四条の二第二項の規定により添付された書類に同条第一項各号に掲げる事項が記載されているときは、同項の規定にかかわらず、施工体制台帳の当該事項を記載すべき箇所と当該書類との関係を明らかにして、当該事項の記載を省略することができる。この項前段に規定する書類以外の書類で同条第一項各号に掲げる事項が記載されたものを施工体制台帳に添付するときも、同様とする。

2　第十四条の二第一項第三号及び第四号に掲げる事項の記載並びに同条第二項第一号に掲げる書類（同条第一項第四号ロの下

請契約に係るものに限る。）及び前項後段に規定する書類（同条第一項第三号又は第四号に掲げる事項が記載されたものに限る。）の添付は、下請負人ごとに、かつ、各下請負人の施工の分担関係が明らかとなるように行わなければならない。

3　作成特定建設業者は、第十四条の二第一項各号に掲げる事項の記載並びに同条第二項各号に掲げる書類及び第一項後段に規定する書類の添付を、それぞれの事項又は書類に係る事実が生じ、又は明らかとなつたとき（同条第一項第一号に掲げる事項にあつては、作成特定建設業者に該当することとなつたとき）に、遅滞なく、当該事項又は書類について行い、その見やすいところに商号又は名称、許可番号及び施工体制台帳である旨を明示して、施工体制台帳を作成しなければならない。

4　第十四条の二第一項各号に掲げる事項又は同条第二項第二号若しくは第三号に掲げる書類について変更があつたときは、遅滞なく、当該変更があつた年月日を付記して、変更後の当該事項を記載し、又は変更後の当該書類を添付しなければならない。

5　第一項の規定は再下請負通知書における前条第一項各号に掲げる事項の記載について、前項の規定は当該事項に変更があつたときについて準用する。この場合において、第一項中「第十四条の二第二項」とあるのは「前条第三項」と、前項中「記載し、又は変更後の当該書類を添付しなければ」とあるのは「書面により作成特定建設業者に通知しなければ」と読み替えるものとする。

6　再下請負通知人は、前項において準用する第四項の規定による書面による通知に代えて、第九項で定めるところにより、作成特定建設業者の承諾を得て、前条第一項各号に掲げる事項を電子情報処理組織を使用する方法その他の情報通信の技術を利用する方法であつて次に掲げるもの（以下この条において「電磁的方法」という。）により通知することができる。この場合において、当該再下請負通知人は、当該書面による通知をしたものとみなす。

一　電子情報処理組織を使用する方法のうちイ又はロに掲げるもの

イ　再下請負通知人の使用に係る電子計算機と作成特定建設業者の使用に係る電子計算機とを接続する電気通信回線を通じて送信し、受信者の使用に係る電子計算機に備えられたファイルに記録する方法

ロ　再下請負通知人の使用に係る電子計算機に備えられたファイルに記録された前条第一項各号に掲げる事項を電気通信回線を通じて作成特定建設業者の閲覧に供し、当該作成特定建設業者の使用に係る電子計算機に備えられたファイルに同項各号に掲げる事項を記録する方法（電磁的方法による通知を受ける旨の承諾又は受けない旨の申出をする場合にあつては、再下請負通知人の使用に係る電子計算機に

備えられたファイルにその旨を記録する方法）

二　磁気ディスク等をもって調製するファイルに前条第一項各号に掲げる事項を記録したものを交付する方法

7　前項に掲げる方法は、作成特定建設業者がファイルへの記録を出力することによる書面を作成することができるものでなければならない。

8　第六項第一号の「電子情報処理組織」とは、再下請負通知人の使用に係る電子計算機と、作成特定建設業者の使用に係る電子計算機とを電気通信回線で接続した電子情報処理組織をいう。

9　再下請負通知人は、第六項の規定により前条第一項各号に掲げる事項を通知しようとするときは、あらかじめ、当該作成特定建設業者に対し、その用いる次に掲げる電磁的方法の種類及び内容を示し、書面又は電磁的方法による承諾を得なければならない。

一　第六項各号に規定する方法のうち再下請負通知人が使用するもの

二　ファイルへの記録の方式

10　前項の規定による承諾を得た再下請負通知人は、当該作成特定建設業者から書面又は電磁的方法により電磁的方法による通知を受けない旨の申出があったときは、当該作成特定建設業者に対し、前条第一項各号に掲げる事項の通知を電磁的方法によ

2　前項の建設工事の下請負人は、その請け負つた建設工事を他の建設業を営む者に請け負わせたときは、国土交通省令で定めるところにより、同項の特定建設業者に対して、当該他の建設業を営む者の商号又は名称、当該者の請け負つた建設工事の内容及び工期その他の国土交通省令で定める事項を通知しなければならない。

つてしてはならない。ただし、当該作成特定建設業者が再び前項の規定による承諾をした場合は、この限りでない。

本条…追加〔平七建令一六〕、六―一〇項…追加〔平一三国交令四二〕、六項…一部改正〔平一六国交令一〕

（施工体制台帳の備置き等）

第十四条の七　法第二十四条の七第一項の規定による施工体制台帳（施工体制台帳に添付された第十四条の二第二項各号に掲げる書類及び第十四条の五第一項後段に規定する書類を含む。）の備置き及び法第二十四条の七第四項の規定による施工体系図の掲示は、第十四条の二第一項第二号の建設工事の目的物の引渡しをするまで（同号ロの請負契約に基づく債権債務が消滅した場合にあつては、当該債権債務の消滅するまで）行わなければならない。

本条…追加〔平七建令一六〕

（下請負人に対する通知等）

第十四条の三　特定建設業者は、作成特定建設業者に該当することとなつたときは、遅滞なく、その請け負つた建設工事を請け負わせた下請負人に対し次に掲げる事項を書面により通知するとともに、当該事項を記載した書面を当該工事現場の見やすい場所に掲げなければならない。

一　作成特定建設業者の商号又は名称

二　当該下請負人の請け負つた建設工事を他の建設業を営む者に請け負わせたときは法第二十四条の七第二項の規定による通知（以下「再下請負通知」という。）を行わなければならない旨及び当該再下請負通知に係る書類を提出すべき場所

2　特定建設業者は、前項の規定による書面による通知に代えて、第五項で定めるところにより、当該下請負人の承諾を得て、前項各号に掲げる事項を電子情報処理組織を使用する方法その他の情報通信の技術を利用する方法であつて次に掲げるもの（以下この条において「電磁的方法」という。）により通知することができる。この場合において、当該特定建設業者は、当該書面による通知をしたものとみなす。

一　電子情報処理組織を使用する方法のうちイ又はロに掲げるもの

イ　特定建設業者の使用に係る電子計算機と下請負人の使用に係る電子計算機とを接続する電気通信回線を通じて送信し、受信者の使用に係る電子計算機に備えられたファイルに記録する方法

ロ　特定建設業者の使用に係る電子計算機に備えられたファ

イルに記録された前項各号に掲げる事項を電気通信回線を通じて下請負人の閲覧に供し、当該下請負人の使用に係る電子計算機に備えられたファイルに当該事項を記録する方法（電磁的方法による通知を受ける旨の承諾又は受けない旨の申出をする場合にあつては、特定建設業者の使用に係る電子計算機に備えられたファイルにその旨を記録する方法）

二　磁気ディスク等をもつて調製するファイルに前項各号に掲げる事項を記録したものを交付する方法

3　前項に掲げる方法は、下請負人がファイルへの記録を出力することによる書面を作成することができるものでなければならない。

4　第二項第一号の「電子情報処理組織」とは、特定建設業者の使用に係る電子計算機と、下請負人の使用に係る電子計算機とを電気通信回線で接続した電子情報処理組織をいう。

5　特定建設業者は、第二項の規定により第一項各号に掲げる事項を通知しようとするときは、あらかじめ、当該下請負人に対し、その用いる次に掲げる電磁的方法の種類及び内容を示し、書面又は電磁的方法による承諾を得なければならない。

一　第二項各号に規定する方法のうち特定建設業者が使用するもの

二　ファイルへの記録の方式

6　前項の規定による承諾を得た特定建設業者は、当該下請負人から書面又は電磁的方法により電磁的方法による通知を受けない旨の申出があつたときは、当該下請負人に対し、第一項各号に掲げる事項の通知を電磁的方法によつてしてはならない。ただし、当該下請負人が再び前項の規定による承諾をした場合は、この限りでない。

本条…追加〔平七建令一六〕、二―六項…追加〔平一三国交令四二〕、二項…一部改正〔平一六国交令一〕

（再下請負通知を行うべき事項等）

第十四条の四　法第二十四条の七第二項の国土交通省令で定める事項は、次のとおりとする。

一　再下請負通知人（再下請負通知を行う場合における当該下請負人をいう。以下同じ。）の商号又は名称及び住所並びに当該再下請負通知人が建設業者であるときは、その者の許可番号

二　再下請負通知人が請け負つた建設工事の名称及び注文者の商号又は名称並びに当該建設工事について注文者と下請契約を締結した年月日

三　再下請負通知人が前号の建設工事を請け負わせた他の建設業を営む者に関する第十四条の二第一項第三号イ及びロに掲

げる事項並びに当該者が請け負つた建設工事に関する同項第四号イからへまでに掲げる事項

2　再下請負通知人に該当することとなつた建設業を営む者（以下この条において「再下請負通知人該当者」という。）は、その請け負つた建設工事を他の建設業を営む者に請け負わせる都度、遅滞なく、前項各号に掲げる事項を記載した書面（以下「再下請負通知書」という。）により再下請負通知を行うとともに、当該他の建設業を営む者に対し、前条第一項各号に掲げる事項を書面により通知しなければならない。

3　再下請負通知書には、再下請負通知人が第一項第三号に規定する他の建設業を営む者と締結した請負契約に係る法第十九条第一項及び第二項の規定による書面の写し（公共工事以外の建設工事について締結される請負契約の請負代金の額に係る部分を除く。）を添付しなければならない。

4　再下請負通知人該当者は、第二項の規定による書面による通知に代えて、第七項で定めるところにより、作成特定建設業者又は第二項に規定する他の建設業を営む者（以下この条において「再下請負人」という。）の承諾を得て、第一項各号に掲げる事項又は前条第一項各号に掲げる事項を電子情報処理組織を使用する方法その他の情報通信の技術を利用する方法であつて次に掲げるもの（以下この条において「電磁的方法」という。）

により通知することができる。この場合において、当該再下請負通知人該当者は、当該書面による通知をしたものとみなす。

一　電子情報処理組織を使用する方法のうちイ又はロに掲げるもの

イ　再下請負通知人該当者の使用に係る電子計算機と作成特定建設業者又は再下請負人の使用に係る電子計算機とを接続する電気通信回線を通じて送信し、受信者の使用に係る電子計算機に備えられたファイルに記録する方法

ロ　再下請負通知人該当者の使用に係る電子計算機に備えられたファイルに記録された第一項各号に掲げる事項又は前条第一項各号に掲げる事項を電気通信回線を通じて作成特定建設業者又は再下請負人の閲覧に供し、当該作成特定建設業者又は当該再下請負人の使用に係る電子計算機に備えられたファイルに当該事項を記録する方法（電磁的方法による通知を受ける旨の承諾又は受けない旨の申出をする場合にあつては、再下請負通知人該当者の使用に係る電子計算機に備えられたファイルにその旨を記録する方法）

二　磁気ディスク等をもつて調製するファイルに第一項各号に掲げる事項又は前条第一項各号に掲げる事項を記録したものを交付する方法

5　前項に掲げる方法は、作成特定建設業者又は再下請負人がフ

ァイルへの記録を出力することによる書面を作成することができるものでなければならない。

6　第四項第一号の「電子情報処理組織」とは、再下請負通知人該当者の使用に係る電子計算機と、作成特定建設業者又は再下請負人の使用に係る電子計算機とを電気通信回線で接続した電子情報処理組織をいう。

7　再下請負通知人該当者は、第四項の規定により第一項各号に掲げる事項又は前条第一項各号に掲げる事項を通知しようとするときは、あらかじめ、当該作成特定建設業者又は当該再下請負人に対し、その用いる次に掲げる電磁的方法の種類及び内容を示し、書面又は電磁的方法による承諾を得なければならない。

一　第四項各号に規定する方法のうち再下請負通知人該当者が使用するもの

二　ファイルへの記録の方式

8　前項の規定による承諾を得た再下請負通知人該当者は、当該作成特定建設業者又は当該再下請負人から書面又は電磁的方法により電磁的方法による通知を受けない旨の申出があつたときは、当該作成特定建設業者又は当該再下請負人に対し、第一項各号に掲げる事項又は前条第一項各号に掲げる事項の通知を電磁的方法によつてしてはならない。ただし、当該作成特定建設業者又は当該再下請負人が再び前項の規定による承諾をした場

3 第一項の特定建設業者は、同項の発注者から請求があつたときは、同項の規定により備え置かれた施工体制台帳を、その発注者の閲覧に供しなければならない。

4 第一項の特定建設業者は、国土交通省令で定めるところにより、当該建設工事における各下請負人の施工の分担関係を表示した施工体系図を作成し、これを当該工事現場の見やすい場所に掲げなければならない。

本条…追加〔平六法六三〕、一・二・四項…一部改正〔平一一法一六〇〕

注 一項の「政令で定める金額」＝施行令七条の四
一項の「国土交通省令で定めるところ」＝施行規則一四条の二第二項・一四条の五第一～四項・一四条の七

合は、この限りでない。

9 法第十九条第三項に規定する措置が講じられた場合にあつては、契約事項等が電子計算機に備えられたファイル又は磁気ディスク等に記録され、必要に応じ電子計算機その他の機器を用いて明確に紙面に表示されるときは、当該記録をもつて第三項に規定する添付書類に代えることができる。

本条…追加〔平七建令一六〕、一項…一部改正〔平一二建令四一〕、二項…一部改正・四―九項…追加〔平一三国交令四二〕、三項…一部改正〔平一三国交令七六〕四項…一部改正〔平一六国交令一〕

第十四条の五〔一一八頁〕参照

（施工体系図）

第十四条の六 施工体系図は、第一号に掲げる事項を表示するほか、第二号に掲げる事項を同号の下請負人ごとに、かつ、各下請負人の施工の分担関係が明らかとなるよう系統的に表示して作成しておかなければならない。

法＜二四条の七＞　施行規則＜一四条の六＞

一項の「国土交通省令で定める事項」＝施行規則一四条の二第一項
二項の「下請負人に対する通知等」＝施行規則一四条の三
二項の「国土交通省令で定めるところ」＝施行規則一四条の四第二・三項・一四条の五第五項
二項の「国土交通省令で定める事項」＝施行規則一四条の四第一項
四項の「国土交通省令で定めるところ」＝施行規則一四条の六・一四条の七

一　作成特定建設業者の商号又は名称、作成特定建設業者が請け負つた建設工事の名称、工期及び発注者の商号、名称又は氏名、監理技術者の氏名並びに第十四条の二第一項第二号へに規定する者を置くときは、その者の氏名及びその者が管理をつかさどる建設工事の内容

二　前号の建設工事の下請負人で現にその請け負つた建設工事を施工しているものの商号又は名称、当該請け負つた建設工事の内容及び工期並びに当該下請負人が建設業者であるときは、当該下請負人が置く主任技術者の氏名並びに第十四条の二第一項第四号へに規定する者を置く場合における当該者の氏名及びその者が管理をつかさどる建設工事の内容

本条…追加〔平七建令一六〕

第三章の二　建設工事の請負契約に関する紛争の処理

本章…追加〔昭三一法一二五〕

（建設工事紛争審査会の設置）

第二十五条　建設工事の請負契約に関する紛争の解決を図るため、建設工事紛争審査会を設置する。

2　建設工事紛争審査会（以下「審査会」という。）は、この法律の規定により、建設工事の請負契約に関する紛争（以下「紛争」という。）につきあっせん、調停及び仲裁（以下「紛争処理」という。）を行う権限を有する。

3　審査会は、中央建設工事紛争審査会（以下「中央審査会」という。）及び都道府県建設工事紛争審査会（以下「都道府県審査会」という。）とし、中央審査会は、国土交通省に、都道府県審査会は、都道府県に置く。

本条…追加〔昭三一法一二五〕、三項…一部改正〔平一一法一〇二〕

（審査会の組織）

第二十五条の二　審査会は、委員十五人以内をもって組織する。

法＜二五条・二五条の二＞

（名簿の作成）

第八条　建設工事紛争審査会（以下「審査会」という。）は、当該審査

施行令＜八条＞

第十四条の七〔一一二頁〕参照

（名簿の記載事項）

第十六条　令第八条第一項の委員又は特別委員の名簿には、次に掲げる事

施行規則＜一六条＞

2　委員は、人格が高潔で識見の高い者のうちから、中央審査会にあつては国土交通大臣が、都道府県審査会にあつては都道府県知事が任命する。

3　中央審査会及び都道府県審査会にそれぞれ会長を置き、委員の互選により選任する。

4　会長は、会務を総理する。

5　会長に事故があるときは、委員のうちからあらかじめ互選された者がその職務を代理する。

本条…追加〔昭三一法一二五〕、二項…一部改正〔平一一法一〇二〕

注　「委員の名簿」＝施行令八条

（委員の任期等）

第二十五条の三　委員の任期は、二年とする。ただし、補欠の委員の任期は、前任者の残任期間とする。

2　委員は、再任されることができる。

3　委員は、後任の委員が任命されるまでその職務を行う。

4　委員は、非常勤とする。

本条…追加〔昭三一法一二五〕

（委員の欠格条項）

第二十五条の四　次の各号のいずれかに該当する者は、

会の委員又は特別委員の名簿を作成しておかなければならない。

2　前項の名簿の記載事項は、国土交通省令で定める。

二項…一部改正〔平一二政三一二〕

注　二項の「国土交通省令」＝施行規則一六条

項を記載するものとする。

一　氏名及び職業

二　経歴及び弁護士となる資格を有する者にあつてはその旨

三　任命及び任期満了の年月日

本条…追加〔昭三一建令二八〕、旧一〇条…繰下〔昭三六建令二九〕、一部改正・旧一九条…繰上〔昭四七建令一〕、一部改正…〔昭六三建令二四〕

委員となることができない。

一　破産者で復権を得ない者

二　禁錮《こ》以上の刑に処せられ、その執行を終わり、又はその執行を受けることがなくなつた日から五年を経過しない者

本条…追加〔昭三一法一二五〕、一部改正〔平一一法一五一〕

（委員の解任）

第二十五条の五　国土交通大臣又は都道府県知事は、それぞれその任命に係る委員が前条各号の一に該当するに至つたときは、その委員を解任しなければならない。

2　国土交通大臣又は都道府県知事は、それぞれその任命に係る委員が次の各号の一に該当するときは、その委員を解任することができる。

一　心身の故障のため職務の執行に堪えないと認められるとき。

二　職務上の義務違反その他委員たるに適しない非行があると認められるとき。

本条…追加〔昭三一法一二五〕、一・二項…一部改正〔平一一法一〇二〕

（会議及び議決）

第二十五条の六　審査会の会議は、会長が招集する。

（審査会の会議）

第十条　この政令で定めるもののほ

2　審査会は、会長又は第二十五条の二第五項の規定により会長を代理する者のほか、委員の過半数が出席しなければ、会議を開き、議決をすることができない。

3　審査会の議事は、出席者の過半数をもつて決する。可否同数のときは、会長が決する。

本条…追加〔昭三一法一二五〕

注　「審査会の会議」＝施行令一〇条
「審査会の庶務」＝施行令一一条・一二条

（特別委員）

第二十五条の七　紛争処理に参与させるため、審査会に、

か、審査会の会議に関し必要な事項は、審査会が定める。

（中央建設工事紛争審査会の庶務）

第十一条　中央建設工事紛争審査会（以下「中央審査会」という。）の庶務は、国土交通省総合政策局建設業課において処理する。

本条…一部改正〔昭三六政三三九・五九政二〇九・平一二政三一二〕、全部改正〔平一五政三七五〕

（指定職員）

第十二条　審査会の庶務に従事する職員で国土交通大臣又は都道府県知事が指定した者（以下「指定職員」という。）は、審査会の行う紛争処理に立ち会い、調書を作成し、その他紛争処理に関し審査会の命ずる事務を取り扱うものとする。

本条…一部改正〔平一二政三一二〕

特別委員を置くことができる。

2　特別委員の任期は、二年とする。

3　第二十五条の二第二項、第二十五条の三第二項及び第四項、第二十五条の四並びに第二十五条の五の規定は、特別委員について準用する。

4　この法律に規定するもののほか、特別委員に関し必要な事項は、政令で定める。

本条…追加〔昭三一法一二五〕、二項…一部改正〔昭六二法六九〕

注　四項の「政令」＝施行令九条

（都道府県審査会の委員等の一般職に属する地方公務員たる性質）

第二十五条の八　都道府県審査会の委員及び特別委員は、地方公務員法（昭和二十五年法律第二百六十一号）第三十四条、第六十条第二号及び第六十二条の規定の適用については、同法第三条第二項に規定する一般職に属する地方公務員とみなす。

本条…追加〔昭三一法一二五〕

（管轄）

第二十五条の九　中央審査会は、次の各号に掲げる場合における紛争処理について管轄する。

一　当事者の双方が国土交通大臣の許可を受けた建設

（特別委員の意見の陳述）

第九条　特別委員は、会長の承認を得て、審査会の会議に出席し、意見を述べることができる。

業者であるとき。

二　当事者の双方が建設業者であつて、許可をした行政庁を異にするとき。

三　当事者の一方のみが建設業者であつて、国土交通大臣の許可を受けたものであるとき。

2　都道府県審査会は、次の各号に掲げる場合における紛争処理について管轄する。

一　当事者の双方が当該都道府県の知事の許可を受けた建設業者であるとき。

二　当事者の一方のみが建設業者であつて、当該都道府県の知事の許可を受けたものであるとき。

三　当事者の双方が許可を受けないで建設業を営む者である場合であつて、その紛争に係る建設工事の現場が当該都道府県の区域内にあるとき。

四　前項第三号に掲げる場合及び第二号に掲げる場合のほか、当事者の一方のみが許可を受けないで建設業を営む者である場合であつて、その紛争に係る建設工事の現場が当該都道府県の区域内にあるとき。

3　前二項の規定にかかわらず、当事者は、双方の合意によつて管轄審査会を定めることができる。

（紛争処理の申請書の記載事項等）

第十三条　法第二十五条の十の書面に

本条…追加〔昭三一法一二五〕、一・二項…一部改正〔昭四六法三一〕、一項…一部改正〔平一一法一六〇〕

注　三項の「合意」＝施行令一三条三項

（紛争処理の申請）

第二十五条の十　審査会に対する紛争処理の申請は、政令の定めるところにより、書面をもつて、中央審査会に対するものにあつては国土交通大臣を、都道府県審査会に対するものにあつては当該都道府県知事を経由してこれをしなければならない。

本条…追加〔昭三一法一二五〕、一部改正〔平一一法一六〇〕

注　「政令の定めるところ」＝施行令一三条・一四条・一六条の二

「紛争処理の通知」＝施行令一六条・一六条の二

は、次に掲げる事項を記載し、申請人が記名押印しなければならない。

一　当事者及びその代理人の氏名及び住所

二　当事者の一方又は双方が建設業者である場合においては、その許可をした行政庁の名称及び許可番号

三　あつせん、調停又は仲裁を求める事項

四　紛争の問題点及び交渉経過の概要

五　工事現場その他紛争処理を行うに際し参考となる事項

六　申請手数料の額

七　審査会の表示

八　申請の年月日

2　証拠書類がある場合においては、その原本又は写を前項の書面（以下「申請書」という。）に添附しなければならない。

3　法第二十五条の九第三項の規定により合意によつて管轄審査会が定められたときは、その合意を証する書面を申請書に添附しなければならない。

4　当事者の一方から仲裁の申請をする場合においては、紛争が生じた場合において法による仲裁に付する旨の合意を証する書面を申請書に添附しなければならない。

一項…一部改正〔昭四六政三八〇〕

（代理権の証明）

第十四条　法定代理権又は紛争処理に係る行為を行うに必要な授権は、審査会に対し書面でこれを証明しなければならない。

（紛争処理の通知）

第十六条　審査会は、当事者の一方から紛争処理の申請がなされたときは申請書の写しを添えてその相手方に対し、法第二十五条の十一第二号に規定する決議をしたときは当事者の双方に対し、遅滞なく、書面をもつてその旨を通知しなければならない。

本条…一部改正〔昭六三政一四八〕

（申請の変更）

第十六条の二 あつせん、調停又は仲裁の申請人は、書面をもつて第十三条第一項第三号に掲げる事項を変更することができる。ただし、これにより、当該あつせん、調停又は仲裁の手続を著しく遅延させる場合は、この限りでない。

2 審査会は、前項の規定による変更の申請がなされたときは、同項の書面（以下「変更申請書」という。）の写しを添えて、その相手方に対し、遅滞なく、書面をもつてその旨を通知しなければならない。

本条…追加〔昭六三政一四八〕

（あっせん又は調停の開始）

第二十五条の十一　審査会は、紛争が生じた場合において、次の各号の一に該当するときは、あっせん又は調停を行う。

一　当事者の双方又は一方から、審査会に対しあっせん又は調停の申請がなされたとき。

二　公共性のある施設又は工作物で政令で定めるものに関する紛争につき、審査会が職権に基き、あっせん又は調停を行う必要があると決議したとき。

本条…追加〔昭三一法一二五〕

注　二号の「政令で定めるもの」＝施行令一五条
　　二号の「紛争処理の通知」＝施行令一六条

（公共性のある施設又は工作物）

第十五条　法第二十五条の十一第二号の公共性のある施設又は工作物で政令で定めるものは、次の各号に掲げるものとする。

一　鉄道、軌道、索道、道路、橋、護岸、堤防、ダム、河川に関する工作物、砂防用工作物、飛行場、港湾施設、漁港施設、運河、上水道又は下水道

二　消防施設、水防施設、学校又は国若しくは地方公共団体が設置する庁舎、工場、研究所若しくは試験所

三　電気事業用施設（電気事業の用

（あっせん）

第二十五条の十二　審査会によるあっせんは、あっせん委員がこれを行う。

2　あっせん委員は、委員又は特別委員のうちから、事件ごとに、審査会の会長が指名する。

法＜二五条の一二＞　施行令＜一五条＞

に供する発電、送電、配電又は変電その他の電気施設をいう。）又はガス事業用施設（ガス事業の用に供するガスの製造又は供給のための施設をいう。）

四　前各号に掲げるもののほか、紛争により当該施設又は工作物に関する工事の工期が遅延することその他適正な施工が妨げられることによって公共の福祉に著しい障害を及ぼすおそれのある施設又は工作物で国土交通大臣が指定するもの

本条…一部改正〔昭六三政一四八・平一二政三一二〕

第十六条〔一三八頁〕参照

3　あっせん委員は、当事者間をあっせんし、双方の主張の要点を確かめ、事件が解決されるように努めなければならない。

本条…追加〔昭三一法一二五〕

（調停）

第二十五条の十三　審査会による調停は、三人の調停委員がこれを行う。

2　調停委員は、委員又は特別委員のうちから、事件ごとに、審査会の会長が指名する。

3　審査会は、調停のため必要があると認めるときは、当事者の出頭を求め、その意見をきくことができる。

4　審査会は、調停案を作成し、当事者に対しその受諾を勧告することができる。

5　前項の調停案は、調停委員の過半数の意見で作成しなければならない。

本条…追加〔昭三一法一二五〕

注　三項の「罰則」＝五五条

（あっせん又は調停をしない場合）

第二十五条の十四　審査会は、紛争がその性質上あっせん若しくは調停をするのに適当でないと認めるとき、又は当事者が不当な目的でみだりにあっせん若しくは調停の申請をしたと認めるときは、あっせん又は調停

（あっせん又は調停をしない場合の措置）

第十七条　審査会は、法第二十五条の十四の規定によりあっせん又は調停をしないものとしたときは、当事者

をしないものとする。

本条…追加〔昭三一法一二五〕

注　「あつせん又は調停をしない場合の措置」＝施行令一七条

（あつせん又は調停の打切り）

第二十五条の十五　審査会は、あつせん又は調停に係る紛争についてあつせん又は調停による解決の見込みがないと認めるときは、あつせん又は調停を打ち切ることができる。

2　審査会は、前項の規定によりあつせん又は調停を打ち切つたときは、その旨を当事者に通知しなければならない。

本条…追加〔平一八法一一四〕

（時効の中断）

第二十五条の十六　前条第一項の規定によりあつせん又は調停が打ち切られた場合において、当該あつせん又は調停の申請をした者が同条第二項の通知を受けた日から一月以内にあつせん又は調停の目的となつた請求について訴えを提起したときは、時効の中断に関しては、あつせん又は調停の申請の時に、訴えの提起があつたものとみなす。

本条…追加〔平一八法一一四〕

（訴訟手続の中止）

に対し、遅滞なく、書面をもつてその旨を通知しなければならない。

見出・本条…一部改正〔平一九政四七〕

第二十五条の十七　紛争について当事者間に訴訟が係属する場合において、次の各号のいずれかに掲げる事由があり、かつ、当事者の共同の申立てがあるときは、受訴裁判所は、四月以内の期間を定めて訴訟手続を中止する旨の決定をすることができる。

一　当該紛争について、当事者間において審査会によるあつせん又は調停が実施されていること。

二　前号に規定する場合のほか、当事者間に審査会によるあつせん又は調停によつて当該紛争の解決を図る旨の合意があること。

2　受訴裁判所は、いつでも前項の決定を取り消すことができる。

3　第一項の申立てを却下する決定及び前項の規定により第一項の決定を取り消す決定に対しては、不服を申し立てることができない。

本条…追加〔平一八法一一四〕

（仲裁の開始）

第二十五条の十八　審査会は、紛争が生じた場合において、次の各号のいずれかに該当するときは、仲裁を行う。

一　当事者の双方から、審査会に対し仲裁の申請がなされたとき。

二　この法律による仲裁に付する旨の合意に基づき、当事者の一方から、審査会に対し仲裁の申請がなされたとき。

本条…追加〔昭三一法一二五〕、二項…一部改正〔昭三七法一六一〕、削除〔昭四六法三二〕、本条…一部改正・旧二五条の一五…繰下〔平一八法一一四〕

注　二号の「合意」＝施行令一三条四項

（仲裁）

第二十五条の十九　審査会による仲裁は、三人の仲裁委員がこれを行う。

2　仲裁委員は、委員又は特別委員のうちから当事者が合意によつて選定した者につき、審査会の会長が指名する。ただし、当事者の合意による選定がなされなかつたときは、委員又は特別委員のうちから審査会の会長が指名する。

3　仲裁委員のうち少なくとも一人は、弁護士法（昭和二十四年法律第二百五号）第二章の規定により、弁護士となる資格を有する者でなければならない。

4　審査会の行う仲裁については、この法律に別段の定めがある場合を除いて、仲裁委員を仲裁人とみなして、仲裁法（平成十五年法律第百三十八号）の規定を適用する。

第十三条〔一三六頁〕参照

（仲裁委員の選定等）

第十八条　審査会は、仲裁の申請があつたときは、当事者に対して第八条第一項の名簿の写を送付しなければならない。

2　当事者が合意により仲裁委員となるべき者を選定したときは、その者の氏名を前項の名簿の写の送付を受けた日から二週間以内に審査会に対し書面をもつて通知しなければならない。

3　前項の期間内に同項の規定による

本条…追加〔昭三一法一二五〕、四項…一部改正〔平八法一一〇・一五法一三八〕、三項…一部改正・旧二五条の一七…繰下〔平一八法一一四〕

注　二項の「仲裁委員の選定」＝施行令一八条・一九条
二項の「当事者の合意による選定がなされなかつたとき」＝施行令一九条二項
「仲裁委員が欠けた場合」＝施行令二〇条
「仲裁判断の作成」＝施行令二一条

通知がなかつたときは、当事者の合意による選定がなされなかつたものとみなす。

第十九条　当事者の合意による仲裁委員となるべき者の選定がなされない場合において、各当事者は、仲裁委員に指名されることが適当でないと認める委員又は特別委員があるときは、その者の氏名を前条第二項に規定する期間内に審査会に対し書面をもつて通知することができる。

2　会長は、法第二十五条の十九第二項ただし書の規定により仲裁委員を指名するに当たつては、当該事件の性質、当事者の意思等を勘案してするものとし、仲裁委員を指名したときは、当事者に対し、遅滞なく、その者の氏名を通知しなければならない。

二項…一部改正〔平一九政四七〕

（仲裁委員が欠けた場合の措置）

第二十条　審査会は、仲裁委員が死亡、

（文書及び物件の提出）

解任、辞任その他の理由により欠けた場合においては、当事者に対し、遅滞なく、その旨を通知しなければならない。

2　前二条の規定は、仲裁委員が欠けた場合における後任の仲裁委員となるべき者の選定及び後任の仲裁委員の指名について準用する。

（仲裁判断の作成）

第二十一条　審査会は、仲裁判断をするための審訊《じん》その他必要な調査を終了したときは、速やかに、仲裁判断をしなければならない。

2　仲裁判断の正本及び謄本には指定職員が正本又は謄本である旨の附記をし、及び記名押印し、かつ、正本には審査会の印を押さなければならない。

3　仲裁判断の正本は、その一通を仲裁判断の記録に添附しなければならない。

第二十五条の二十　審査会は、仲裁を行う場合において必要があると認めるときは、当事者の申出により、相手方の所持する当該請負契約に関する文書又は物件を提出させることができる。

2　審査会は、相手方が正当な理由なく前項に規定する文書又は物件を提出しないときは、当該文書又は物件に関する申立人の主張を真実と認めることができる。

本条…追加〔昭三一法一二五〕、旧二五条の一七…繰下〔平一八法一一四〕

（立入検査）

第二十五条の二十一　審査会は、仲裁を行う場合において必要があると認めるときは、当事者の申出により、相手方の占有する工事現場その他事件に関係のある場所に立ち入り、紛争の原因たる事実関係につき検査をすることができる。

2　審査会は、前項の規定により検査をする場合においては、当該仲裁委員の一人をして当該検査を行わせることができる。

3　審査会は、相手方が正当な理由なく第一項に規定する検査を拒んだときは、当該事実関係に関する申立人の主張を真実と認めることができる。

本条…追加〔昭三一法一二五〕、旧二五条の一八…繰下〔平一八法一一四〕

（調停又は仲裁の手続の非公開）

第二十五条の二十二　審査会の行う調停又は仲裁の手続は、公開しない。ただし、審査会は、相当と認める者に傍聴を許すことができる。

本条…追加〔昭三一法一二五〕、旧二五条の二〇…繰下〔平一八法一一四〕

（紛争処理の手続に要する費用）

第二十五条の二十三　紛争処理の手続に要する費用は、当事者が当該費用の負担につき別段の定めをしないときは、各自これを負担する。

2　審査会は、当事者の申立に係る費用を要する行為については、当事者に当該費用を予納させるものとする。

3　審査会が前項の規定により費用を予納させようとする場合において、当事者が当該費用の予納をしないときは、審査会は、同項の行為をしないことができる。

本条…追加〔昭三一法一二五〕、一・三項…一部改正・旧二五条の二一…繰下〔平一八法一一四〕

注　「費用の算定方法」＝施行令二五条

（紛争処理の手続に要する費用）

第二十五条　紛争処理の手続に要する費用のうち紛争処理の手続について審査会が必要とする費用の算定は、次の各号に掲げるところによる。

一　委員、特別委員及び指定職員の鉄道賃、船賃、航空賃、車賃、日当、宿泊料及び食卓料は、中央審査会にあつては国家公務員等の旅費に関する法律（昭和二十五年法律第百十四号）の定めるところにより、都道府県建設工事紛争審査会（以下「都道府県審査会」という。）にあつては当該都道府県の条例の定めるところによる。

二　証人及び鑑定人の旅費、日当及び宿泊料の額については、民事訴訟の例により、中央審査会に係るものにあつては国土交通大臣、都道府県審査会に係るものにあつては当該都道府県の知事が相当と認める額とする。

三　鑑定人の特別手当（鑑定について特別の技能若しくは費用又は長時間を要した場合において鑑定人に支給する特別の手当をいう。）は、中央審査会に係るものにあつては国土交通大臣、都道府県審査会に係るものにあつては当該都道府県の知事が相当と認める額とする。

四　執行官の手数料及び費用並びに立替金は、執行官の手数料及び費用に関する規則（昭和四十一年最高裁判所規則第十五号）の定めるところによる。

（申請手数料）

第二十五条の二十四　中央審査会に対して紛争処理の申請をする者は、政令の定めるところにより、申請手数料を納めなければならない。

本条…追加〔昭三一法一二五〕、一項…一部改正・二項…削除〔平一一法八七〕、旧二五条の二二…繰下〔平一八法一一四〕

注　「政令の定めるところ」＝施行令二六条・阪神・淡路大震災に伴う建設工事紛争審査会による紛争処理に係る申請手数料の特例に関する政令・地方公共団体の手数料の標準に関する政令

五　送付に要する費用、電報料及び電話料は、その実費とする。

六　前各号に掲げるもののほか必要な費用は、その実費とする。

本条…一部改正〔昭三五政一八二・四六政三八〇・平一二政三一二・一四政三八六・一五政三七五〕

注　二号の「民事訴訟の例」＝民事訴訟費用等に関する法律二一条～二三条、最高裁判所規則五号六条～八条

（申請手数料）

第二十六条　法第二十五条の二十四の申請手数料の額は、次の表の上欄の申請の区分に応じ、それぞれ同表の下欄に掲げる額とする。

項	上欄	下欄
一	あっせんの申請	あっせんを求める事項の価額に応じて、次に定めるところにより算出して得た額 ㈠　あっせんを求める事項の価額が百万円まで　一万円

		(二) あっせんを求める事項の価額が百万円を超え五百万円までの部分　その価額一万円までごとに　二十円 (三) あっせんを求める事項の価額が五百万円を超え二千五百万円までの部分　その価額一万円までごとに　十五円 (四) あっせんを求める事項の価額が二千五百万円を超える部分　その価額一万円までごとに　十円
二	調停の申請	調停を求める事項の価額に応じて、次に定めるところにより算出して得た額 (一) 調停を求める事項の価額が百万円まで　二万円

	㈡　調停を求める事項の価額が百万円を超え五百万円までの部分 その価額一万円までごとに　四十円 ㈢　調停を求める事項の価額が五百万円を超え一億円までの部分 その価額一万円までごとに　二十五円 ㈣　調停を求める事項の価額が一億円を超える部分 その価額一万円までごとに　十五円
三　仲裁の申請	仲裁を求める事項の価額に応じて、次に定めるところにより算出して得た額 ㈠　仲裁を求める事項の価額が百万円まで　五万円

(二) 仲裁を求める事項の価額が百万円を超え五百万円までの部分	その価額一万円までごとに　百円
(三) 仲裁を求める事項の価額が五百万円を超え一億円までの部分	その価額一万円までごとに　六十円
(四) 仲裁を求める事項の価額が一億円を超える部分	その価額一万円までごとに　二十円

2　前項の場合において、あっせん、調停又は仲裁を求める事項の価額を算定することができないときは、その価額は、五百万円とみなす。

3　申請手数料は、紛争処理の申請書に申請手数料の金額に相当する額の収入印紙をはつて納めなければならない。

4　あつせん、調停又は仲裁を求める事項の価額を増加するときは、増加後の価額につき納付すべき申請手数料の額と増加前の申請について納められた申請手数料の額との差額に相当する額の申請手数料を納めなければならない。この場合においては、その差額に相当する額の収入印紙を変更申請書にはつて納めなければならない。

一・二項…一部改正〔昭三七政三九一・四六政三八〇〕、一項…全部改正・二項…一部改正〔昭五六政五八〕、一項…一部改正・五項…追加〔昭六三政一四八〕、一・三項…一部改正・四項…削除・旧五項…一部改正・四項に繰上〔平一一政三五二〕、四項…一部改正〔平一六政五四〕、一項…一部改正〔平一九政四七〕

（申請手数料を納めたものとみなす場合）

第二十六条の二　あつせん又は調停の申請人が法第二十五条の十五第二項

の規定による通知を受けた日から二週間以内に当該あつせん又は調停の目的となつた事項について仲裁の申請をする場合における申請手数料については、当該あつせん又は調停の申請について納めた申請手数料の額に相当する額は、納めたものとみなす。

本条…追加〔平一六政五四〕、一部改正〔平一九政四七〕

（申請手数料の還付）

第二十六条の三　審査会は、次の各号に掲げる申請についてそれぞれ当該各号に定める事由が生じた場合においては、納められた申請手数料の額（第二号に掲げる申請にあつては、前条の規定により納めたものとみなされた額を除く。）の二分の一に相当する額の金銭を還付しなければならない。

一　あつせん又は調停の申請　最初

（紛争処理状況の報告）

第二十五条の二十五　中央審査会は、国土交通大臣に対し、都道府県審査会は、当該都道府県知事に対し、国土交通省令の定めるところにより、紛争処理の状況について報告しなければならない。

本条…追加〔昭三一法一二五〕、一部改正〔平一一法一六〇〕、旧二五条の二三…繰下〔平一八法一一四〕

注　「国土交通省令の定めるところ」＝施行規則一五条

にすべきあっせん又は調停の期日の終了前における取下げ

二　仲裁の申請　口頭審理を経ない仲裁手続の終了決定又は最初にすべき口頭審理の期日の終了前における取下げ

本条…追加〔平一六政五四〕

（紛争処理状況の報告）

第十五条　法第二十五条の二十五の規定による報告は、毎四半期経過後十五日以内に、当該四半期中における次の各号に掲げる事項につきしなければならない。

一　あっせん、調停又は仲裁の申請の件数

二　職権に基きあっせん又は調停を行う必要があると決議した事件の件数

三　あっせん若しくは調停をしないものとした事件又はあっせん若しくは調停を打ち切つた事件の件数

（政令への委任）

第二十五条の二十六　この章に規定するもののほか、紛争処理の手続及びこれに要する費用に関し必要な事項は、政令で定める。

本条…追加〔昭三一法一二五〕、旧二五条の二四…繰下〔平一八法一一四〕

注　「政令」＝施行令一四条・一六条〜二一条・二三条〜二六条

第十一条〔一三四頁〕参照

第十二条〔一三四頁〕参照

第十四条〔一三八頁〕参照

第十六条〔一三八頁〕参照

第十六条の二〔一三九頁〕参照

第十七条〔一四二頁〕参照

第十八条〔一四五頁〕参照

第十九条〔一四六頁〕参照

第二十条〔一四六頁〕参照

第二十一条〔一四七頁〕参照

（調書の作成）

第二十三条　指定職員は、審査会が行

四　あっせん又は調停により解決した事件の件数

五　仲裁判断をした事件の件数

六　その他審査会の事務に関し重要な事項

三項…追加〔昭二六建令二〕、旧一〇条…繰下〔昭二八建令一九〕、本条…全部改正〔昭三一建令二八〕、旧九条…繰下〔昭三六建令二九〕、旧一八条…繰上〔昭四七建令一〕、一部改正〔平二〇国交令八四〕

（調書）

第十七条　令第二十三条の調書は、別

う紛争処理の手続について国土交通省令で定める様式により調書を作成しなければならない。ただし、あっせん又は調停手続について審査会が必要がないと認めたときは、この限りでない。

本条…一部改正〔平一二政三一二〕

注 「国土交通省令で定める様式」＝施行規則一七条、様式二三号・二四号・二五号

（調査の嘱託）

第二十四条 審査会は、必要があると認めるときは、事実の調査を官公署その他適当であると認める者に嘱託することができる。

第二十五条〔一四九頁〕参照

第二十六条〔一五一頁〕参照

記様式第二十三号、第二十四号及び第二十五号により作成しなければならない。

本条…追加〔昭三一建令二八〕、一部改正・旧一一条…繰下〔昭三六建令二九〕、一部改正・旧二〇条…繰上〔昭四七建令一〕

第四章 施工技術の確保

章名…改正〔昭二八法二一三・三五法七四〕

（施工技術の確保）

第二十五条の二十七 建設業者は、施工技術の確保に努

法〈二五条の二七〉 施行令〈二四条〉 施行規則〈一七条〉

めなければならない。

2　国土交通大臣は、前項の施工技術の確保に資するため、必要に応じ、講習の実施、資料の提供その他の措置を講ずるものとする。

本条…追加〔昭三五法七四〕、一項…一部改正・二項…追加〔昭六二法六九〕、二項…一部改正〔平一一法一六〇〕、旧二五条の二五…繰下〔平一八法一一四〕

（主任技術者及び監理技術者の設置等）

第二十六条　建設業者は、その請け負つた建設工事を施工するときは、当該建設工事に関し第七条第二号イ、ロ又はハに該当する者で当該工事現場における建設工事の施工の技術上の管理をつかさどるもの（以下「主任技術者」という。）を置かなければならない。

2　発注者から直接建設工事を請け負つた特定建設業者は、当該建設工事を施工するために締結した下請契約の請負代金の額（当該下請契約が二以上あるときは、それらの請負代金の額の総額）が第三条第一項第二号の政令で定める金額以上になる場合においては、前項の規定にかかわらず、当該建設工事に関し第十五条第二号イ、ロ又はハに該当する者（当該建設工事に係る

第二条〔七頁〕参照

建設業が指定建設業である場合にあつては、同号イに該当する者又は同号ハの規定により国土交通大臣が同号イに掲げる者と同等以上の能力を有するものと認定した者）で当該工事現場における建設工事の施工の技術上の管理をつかさどるもの（以下「監理技術者」という。）を置かなければならない。

3　公共性のある施設若しくは工作物又は多数の者が利用する施設若しくは工作物に関する重要な建設工事で政令で定めるものについては、前二項の規定により置かなければならない主任技術者又は監理技術者は、工事現場ごとに、専任の者でなければならない。

（専任の主任技術者又は監理技術者を必要とする建設工事）

第二十七条　法第二十六条第三項の政令で定める重要な建設工事は、次の各号のいずれかに該当する建設工事で工事一件の請負代金の額が二千五百万円（当該建設工事が建築一式工事である場合にあつては、五千万円）以上のものとする。

一　国又は地方公共団体が注文者である施設又は工作物に関する建設工事

二　第十五条第一号及び第三号に掲げる施設又は工作物に関する建設

工事

三　次に掲げる施設又は工作物に関する建設工事

イ　石油パイプライン事業法（昭和四十七年法律第百五号）第五条第二項第二号に規定する事業用施設

ロ　電気通信事業法（昭和五十九年法律第八十六号）第二条第五号に規定する電気通信事業者（同法第九条に規定する電気通信回線設備を設置するものに限る。）が同条第四号に規定する電気通信事業の用に供する施設

ハ　放送法（昭和二十五年法律第百三十二号）第二条第三号の二に規定する放送事業者が同条第一号に規定する放送の用に供する施設（鉄骨造又は鉄筋コンクリート造の塔その他これに類す

る施設に限る。）
ニ　学校
ホ　図書館、美術館、博物館又は展示場
ヘ　社会福祉法（昭和二十六年法律第四十五号）第二条第一項に規定する社会福祉事業の用に供する施設
ト　病院又は診療所
チ　火葬場、と畜場又は廃棄物処理施設
リ　熱供給事業法（昭和四十七年法律第八十八号）第二条第四項に規定する熱供給施設
ヌ　集会場又は公会堂
ル　市場又は百貨店
ヲ　事務所
ワ　ホテル又は旅館
カ　共同住宅、寄宿舎又は下宿
ヨ　公衆浴場
タ　興行場又はダンスホール

4　前項の規定により専任の者でなければならない監理技術者は、第二十七条の十八第一項の規定による監理技術者資格者証の交付を受けている者であつて、第二十六条の四から第二十六条の六までの規定により国土交通大臣の登録を受けた講習を受講したもののうちから、これを選任しなければならない。

レ　神社、寺院又は教会

ソ　工場、ドック又は倉庫

ツ　展望塔

2　前項に規定する建設工事のうち密接な関係のある二以上の建設工事を同一の建設業者が同一の場所又は近接した場所において施工するものについては、同一の専任の主任技術者がこれらの建設工事を管理することができる。

一項…一部改正〔昭三六政三三六〕、見出・一項…一部改正〔昭四六政三八〇〕、一項…一部改正〔昭四七政四二〇・政四三七・四九政三二七・五二政一九四・五九政一二〇・六〇政二四・政三一・六二政五四・六三政一四八・平六政三九一・一六政五九・一八政三二〇〕、見出・一・二項…一部改正〔平二〇政一八六〕

（講習の登録の申請）

第十七条の四　法第二十六条第四項の登録（以下この条において「登録」という。）を受けようとする者は、別記様式第二十五号の二による申請書に次に掲げる書類を添えて、これを国土交通大臣に提出しなければならない。

一　法人である場合においては、次に掲げる書類

イ　定款又は寄附行為及び登記事項証明書

ロ　株主名簿又は社員名簿の写し

ハ　申請に係る意思の決定を証する書類

ニ　役員の氏名及び略歴を記載した書類

二　個人である場合においては、登録を受けようとする者の略歴を記載した書類

三　法第二十六条の六第一項第一号ロ又はハに掲げる科目を担当する講師が監理技術者となつた経験を有する場合においては、その者が有する監理技術者資格及び監理技術者となつた建設工事に係る経歴を記載した書類

四　法第二十六条の六第一項第一号ロ又はハに掲げる科目を担当する講師が教員となつた経歴を有する場合においては、その経歴を証する書類

五　登録を受けようとする者が法第二十六条の五各号のいずれにも該当しない者であることを誓約する書面

六　その他参考となる事項を記載した書類

2　国土交通大臣は、登録を受けようとする者（個人である場合に限る。）に係る本人確認情報について、住民基本台帳法第三十条の七第三項の規定によるその提供を受けることができないときは、その者に対し、住民票の抄本又はこれに代わる書面を提出させることができる。

本条…追加〔平一六国交令一〕、一項…一部改正〔平一七国交令一二・一一三〕

5　前項の規定により選任された監理技術者は、発注者から請求があつたときは、監理技術者資格者証を提示しなければならない。

一項…一部改正〔昭二八法二一三・三六法八六〕、見出・一項…一部改正・二項…追加・旧二項…一部改正し三項に繰下〔昭四六法三一〕、見出・二項…一部改正・四・五項…追加〔昭六二法六九〕、四項…一部改正〔平六法六三〕、二項…一部改正〔平一一法一〇六〕、四項…一部改正〔平一五法九六〕、三～五項…一部改正〔平一八法一一四〕

（登録の更新）

第十七条の五　前条の規定は、法第二十六条の七第一項の登録の更新について準用する。

本条…追加〔平一六国交令一〕

（講習の受講）

第十七条の十四　法第二十六条第四項の規定により選任されている監理技術者は、当該選任の期間中のいずれの日においてもその日の前五年以内に行われた同項の登録を受けた講習を受講していなければならない。

本条…追加〔平一六国交令一〕

注　二項の「政令で定める金額」＝施行令二条
三項の「政令で定めるもの」＝施行令二七条
四項の「登録」＝施行規則一七条の四・一七条の五
四項の「講習の受講」＝施行規則一七条の一四
「監督処分」＝二八条・二九条・二九条の四
「罰則」＝五二条・五三条

第二十六条の二　土木工事業又は建築工事業を営む者は、土木一式工事又は建築一式工事を施工する場合において、土木一式工事又は建築一式工事以外の建設工事（第三条第一項ただし書の政令で定める軽微な建設工事を除く。）を施工するときは、当該建設工事に関し第七条第二号イ、ロ又はハに該当する者で当該工事現場における当該建設工事の施工の技術上の管理をつかさどるものを置いて自ら施工する場合のほか、当該建設工事に係る建設業の許可を受けた建設業者に当該建設工事を施工させなければならない。

2　建設業者は、許可を受けた建設業に係る建設工事に附帯する他の建設工事（第三条第一項ただし書の政令で定める軽微な建設工事を除く。）を施工する場合においては、当該建設工事に関し第七条第二号イ、ロ又はハに該当する者で当該工事現場における当該建設工事の施工の技術上の管理をつかさどるものを置いて自ら

第一条の二〔六頁〕参照

施工する場合のほか、当該建設工事に係る建設業の許可を受けた建設業者に当該建設工事を施工させなければならない。

本条…追加〔昭四六法三一〕

注　一・二項の「政令で定める軽微な建設工事」＝施行令一条の二

「監督処分」＝二八条・二九条・二九条の四

「罰則」＝五二条・五三条

（主任技術者及び監理技術者の職務等）

第二十六条の三　主任技術者及び監理技術者は、工事現場における建設工事を適正に実施するため、当該建設工事の施工計画の作成、工程管理、品質管理その他の技術上の管理及び当該建設工事の施工に従事する者の技術上の指導監督の職務を誠実に行わなければならない。

2　工事現場における建設工事の施工に従事する者は、主任技術者又は監理技術者がその職務として行う指導に従わなければならない。

本条…追加〔平六法六三〕

（登録）

第二十六条の四　第二十六条第四項の登録は、同項の講習を行おうとする者の申請により行う。

本条…追加〔平一五法九六〕

（欠格条項）

第二十六条の五　次の各号のいずれかに該当する者が行う講習は、第二十六条第四項の登録を受けることができない。

一　この法律又はこの法律に基づく命令に違反し、罰金以上の刑に処せられ、その執行を終わり、又は執行を受けることがなくなつた日から二年を経過しない者

二　第二十六条の十五の規定により第二十六条第四項の講習の登録を取り消され、その取消しの日から二年を経過しない者

三　法人であつて、第二十六条第四項の講習を行う役員のうちに前二号のいずれかに該当する者があるもの

本条…追加〔平一五法九六〕

（登録の要件等）

第二十六条の六　国土交通大臣は、第二十六条の四の規定により申請のあつた講習が次に掲げる要件のすべてに適合しているときは、その登録をしなければならない。この場合において、登録に関して必要な手続は、国土交通省令で定める。

第十七条の四〔一六四頁〕参照

一　次に掲げる科目について行われるものであること。
イ　建設工事に関する法律制度
ロ　建設工事の施工計画の作成、工程管理、品質管理その他の技術上の管理
ハ　建設工事に関する最新の材料、資機材及び施工方法
二　前号ロ及びハに掲げる科目にあつては、次のいずれかに該当する者が講師として講習の業務に従事するものであること。
イ　監理技術者となつた経験を有する者
ロ　学校教育法による高等学校、中等教育学校、大学、高等専門学校又は専修学校における別表第二に掲げる学科の教員となつた経歴を有する者
ハ　イ又はロに掲げる者と同等以上の能力を有する者
三　建設業者に支配されているものとして次のいずれかに該当するものでないこと。
イ　第二十六条の四の規定により登録を申請した者（以下この号において「登録申請者」という。）が株式会社である場合にあつては、建設業者がその親法人（会社法（平成十七年法律第八十六号）

第八百七十九条第一項に規定する親法人をいう。第二十七条の三十一第二項第一号において同じ。）であること。

ロ　登録申請者の役員（持分会社（会社法第五百七十五条第一項に規定する持分会社をいう。第二十七条の三十一第二項第二号において同じ。）にあつては、業務を執行する社員）に占める建設業者の役員又は職員（過去二年間に当該建設業者の役員又は職員であつた者を含む。）の割合が二分の一を超えていること。

ハ　登録申請者（法人にあつては、その代表権を有する役員）が建設業者の役員又は職員（過去二年間に当該建設業者の役員又は職員であつた者を含む。）であること。

2　登録は、講習登録簿に次に掲げる事項を記載してするものとする。

一　登録年月日及び登録番号

二　第二十六条第四項の登録を受けた講習（以下単に「講習」という。）を行う者（以下「登録講習実施機関」という。）の氏名又は名称及び住所並びに法人にあつては、その代表者の氏名

三　登録講習実施機関が講習を行う事務所の所在地

本条…追加〔平一五法九六〕、一項…一部改正〔平一七法八七〕

注　一項の「国土交通省令」＝施行規則一七条の四
　一項二号イ又はロに掲げる者と「同等以上の能力を有する者」＝平成一六年国土交通省告示六四号

（登録の更新）

第二十六条の七　第二十六条第四項の登録は、三年を下らない政令で定める期間ごとにその更新を受けなければ、その期間の経過によつて、その効力を失う。

2　前三条の規定は、前項の登録の更新について準用する。

本条…追加〔平一五法九六〕

注　一項の「政令で定める期間」＝施行令二七条の二
　一項の「登録の更新」＝施行規則一七条の五

（講習の実施に係る義務）

第二十六条の八　登録講習実施機関は、公正に、かつ、第二十六条の六第一項第一号及び第二号に掲げる要件並びに国土交通省令で定める基準に適合する方法により講習を行わなければならない。

本条…追加〔平一五法九六〕

注　「国土交通省令で定める基準」＝施行規則一七条の六

（登録の有効期間）

第二十七条の二　法第二十六条の七第一項（法第二十七条の三十二において準用する場合を含む。）の政令で定める期間は、三年とする。

本条…追加〔平一五政四九六〕、旧二七条の二の二…繰上〔平二〇政一八六〕

第十七条の五〔一六七頁〕参照

（講習の実施基準）

第十七条の六　法第二十六条の八の国土交通省令で定める基準は、次に掲げるとおりとする。

一　講習は、講義及び試験により行うものであること。

二　受講者があらかじめ受講を申請した者本人であることを確認すること。

三　講習は、次の表の上欄に掲げる科目に応じ、それぞれ同表の中欄に掲げる内容について、同表の下欄に掲げる時間以上行うこと。

	科目	内容	時間
(一)	建設工事に関する法律制度	イ　法及び法に基づく命令並びに関係法令等 ロ　建設工事の適正な施工に係る施策	一・五時間
(二)	建設工事の施工計画の作成、工程管理、品質管理その他の技術上の管理	イ　施工計画の作成に関する事項 ロ　工程管理に関する事項 ハ　品質管理に関する事項 ニ　安全管理に関する事項	二・五時間
(三)	建設工事に関する最新の材料、資機材及び施工方法	イ　最新の材料及び資機材の特性に関する事項 ロ　施工の合理化に係る方法に関する事項 ハ　材料、資機材及び施工方法に係る技術基準に関する事項 ニ　その他材料、資機材及び施工方法に関し必要な事項	二時間

備考　(二)及び(三)に掲げる科目は、最新の事例を用いて講習を行うこと。

四　前号の表の上欄に掲げる科目及び同表の中欄に掲げる内容に応じ、教本等必要な教材を用いて実施されること。
五　講師は、講義の内容に関する受講者の質問に対し、講義中に適切に応答すること。
六　試験は、受講者が講義の内容を十分に理解しているかどうか的確に把握できるものであること。
七　講習の課程を修了した者（以下「修了者」という。）に対して、別記様式第二十五号の三による修了証を交付すること。
八　講習を実施する日時、場所その他講習の実施に関し必要な事項及び当該講習が国土交通大臣の登録を受けた講習である旨を公示すること。

（登録事項の変更の届出）

第二十六条の九　登録講習実施機関は、第二十六条の六第二項第二号又は第三号に掲げる事項を変更しようとするときは、変更しようとする日の二週間前までに、その旨を国土交通大臣に届け出なければならない。

本条…追加〔平一五法九六〕

（講習規程）

第二十六条の十　登録講習実施機関は、講習に関する規程（以下「講習規程」という。）を定め、講習の開始前に、国土交通大臣に届け出なければならない。これを変更しようとするときも、同様とする。

2　講習規程には、講習の実施方法、講習に関する料金その他の国土交通省令で定める事項を定めておかなければならない。

本条…追加〔平一五法九六〕

九　講習以外の業務を行う場合にあっては、当該業務が国土交通大臣の登録を受けた講習であると誤認されるおそれがある表示その他の行為をしないこと。

本条…追加〔平一六国交令一〕

（講習規程の記載事項）

第十七条の七　法第二十六条の十第二項の国土交通省令で定める事項は、次に掲げるものとする。

注　二項の「国土交通省令で定める事項」＝施行規則一七条の七

一　講習に係る業務（以下「講習業務」という。）を行う時間及び休日に関する事項
二　講習業務を行う事務所及び講習の実施場所に関する事項
三　講習の実施に係る公示の方法に関する事項
四　講習の受講の申請に関する事項
五　講習の実施方法に関する事項
六　講習の内容及び時間に関する事項
七　講義に用いる教材に関する事項
八　試験の方法に関する事項
九　修了証の交付に関する事項
十　講習に関する料金の額及びその収納の方法に関する事項
十一　第十七条の十一第三項の帳簿その他の講習業務に関する書類の管理に関する事項
十二　その他講習業務の実施に関し必要な事項

（業務の休廃止）

第二十六条の十一　登録講習実施機関は、講習の全部又は一部を休止し、又は廃止しようとするときは、国土交通省令で定めるところにより、あらかじめ、その旨を国土交通大臣に届け出なければならない。

本条…追加〔平一五法九六〕

注　「国土交通省令で定めるところ」＝施行規則一七条の八
「罰則」＝五一条

（財務諸表等の備付け及び閲覧等）

第二十六条の十二　登録講習実施機関は、毎事業年度経過後三月以内に、その事業年度の財産目録、貸借対照表及び損益計算書又は収支計算書並びに事業報告書（その作成に代えて電磁的記録（電子的方式、磁気的

本条…追加〔平一六国交令一〕

（登録講習実施機関に係る業務の休廃止の届出）

第十七条の八　登録講習実施機関は、法第二十六条の十一の規定により講習業務の全部又は一部を廃止し、又は休止しようとするときは、次に掲げる事項を記載した届出書を国土交通大臣に提出しなければならない。

一　休止し、又は廃止しようとする講習業務の範囲

二　休止し、又は廃止しようとする年月日及び休止しようとする場合にあつては、その期間

三　休止又は廃止の理由

本条…追加〔平一六国交令一〕

方式その他の人の知覚によつては認識することができない方式で作られる記録であつて、電子計算機による情報処理の用に供されるものをいう。以下この条において同じ。）の作成がされている場合における当該電磁的記録を含む。次項及び第五十四条において「財務諸表等」という。）を作成し、五年間事務所に備えて置かなければならない。

2　建設業者その他の利害関係人は、登録講習実施機関の業務時間内は、いつでも、次に掲げる請求をすることができる。ただし、第二号又は第四号の請求をするには、登録講習実施機関の定めた費用を支払わなければならない。

一　財務諸表等が書面をもつて作成されているときは、当該書面の閲覧又は謄写の請求

二　前号の書面の謄本又は抄本の請求

三　財務諸表等が電磁的記録をもつて作成されているときは、当該電磁的記録に記録された事項を国土交通省令で定める方法により表示したものの閲覧又は謄写の請求

（電磁的記録に記録された事項を表示する方法）

第十七条の九　法第二十六条の十二第二項第三号の国土交通省令で定める方法は、当該電磁的記録に記録された事項を紙面又は出力装置の映像面

四　前号の電磁的記録に記録された事項を電磁的方法であつて国土交通省令で定めるものにより提供することの請求又は当該事項を記載した書面の交付の請求

本条…追加〔平一五法九六〕、一項…一部改正〔平一七法八七〕

注　二項三号の「国土交通省令で定める方法」＝施行規則一七条の九
二項四号の「国土交通省令で定めるもの」＝施行規則一七条の一〇

に表示する方法とする。

本条…追加〔平一六国交令一〕

（電磁的記録に記録された事項を提供するための方法）

第十七条の十　法第二十六条の十二第二項第四号の国土交通省令で定める方法は、次に掲げるもののうち、登録講習実施機関が定めるものとする。

一　送信者の使用に係る電子計算機と受信者の使用に係る電子計算機とを電気通信回線で接続した電子情報処理組織を使用する方法であつて、当該電気通信回線を通じて情報が送信され、受信者の使用に係る電子計算機に備えられたファイルに当該情報が記録されるもの

二　磁気ディスク等をもつて調製するファイルに情報を記録したものを交付する方法

2　前項各号に掲げる方法は、受信者

（適合命令）

第二十六条の十三　国土交通大臣は、講習が第二十六条の六第一項の規定に適合しなくなつたと認めるときは、その登録講習実施機関に対し、同項の規定に適合するため必要な措置をとるべきことを命ずることができる。

本条…追加〔平一五法九六〕

（改善命令）

第二十六条の十四　国土交通大臣は、登録講習実施機関が第二十六条の八の規定に違反していると認めるときは、その登録講習実施機関に対し、同条の規定による講習を行うべきこと又は講習の方法その他の業務の方法の改善に関し必要な措置をとるべきことを命ずることができる。

本条…追加〔平一五法九六〕

（登録の取消し等）

第二十六条の十五　国土交通大臣は、登録講習実施機関

がファイルへの記録を出力することによる書面を作成することができるものでなければならない。

本条…追加〔平一六国交令一〕

が次の各号のいずれかに該当するときは、当該登録講習実施機関の行う講習の登録を取り消し、又は期間を定めて講習の全部若しくは一部の停止を命ずることができる。

一　第二十六条の五第一号又は第三号に該当するに至つたとき。

二　第二十六条の九から第二十六条の十一まで、第二十六条の十二第一項又は次条の規定に違反したとき。

三　正当な理由がないのに第二十六条の十二第二項各号の規定による請求を拒んだとき。

四　前二条の規定による命令に違反したとき。

五　不正の手段により第二十六条第四項の登録を受けたとき。

本条…追加〔平一五法九六〕
注　「罰則」＝四九条

（帳簿の記載）

第二十六条の十六　登録講習実施機関は、国土交通省令で定めるところにより、帳簿を備え、講習に関し国土交通省令で定める事項を記載し、これを保存しなければならない。

（帳簿）

第十七条の十一　法第二十六条の十六の講習に関し国土交通省令で定める事項は、次に掲げるものとする。

一　講習の実施年月日

本条…追加〔平一五法九六〕

注　「国土交通省令で定める事項」＝施行規則一七条の一一

「罰則」＝五一条

二　講習の実施場所

三　講習を行つた講師の氏名並びに講習において担当した科目及びその時間

四　修了者の氏名、本籍（日本の国籍を有しない者にあつては、その者の有する国籍。以下同じ。）及び住所、生年月日並びに修了証の交付の年月日及び修了証番号

2　前項各号に掲げる事項が、電子計算機に備えられたファイル又は磁気ディスク等に記録され、必要に応じ登録講習実施機関において電子計算機その他の機器を用いて明確に紙面に表示されるときは、当該記録をもつて法第二十六条の十六に規定する帳簿への記載に代えることができる。

3　登録講習実施機関は、法第二十六条の十六に規定する帳簿（前項の規定による記録が行われた同項のファ

（国土交通大臣による講習の実施）

第二十六条の十七　国土交通大臣は、講習を行う者がいないとき、第二十六条の十一の規定による講習の全部又は一部の休止又は廃止の届出があつたとき、第二十六条の十五の規定により第二十六条第四項の登録を取り消し、又は登録講習実施機関に対し講習の全部若しくは一部の停止を命じたとき、登録講習実施機関が天災その他の事由により講習の全部又は一部を実施することが困難となつたとき、その他必要があると認めるときは、講習の全部又は一部を自ら行うことができる。

2　国土交通大臣が前項の規定により講習の全部又は一部を自ら行う場合における講習の引継ぎその他の必要な事項については、国土交通省令で定める。

イル又は磁気ディスク等を含む。）を、講習を実施した日から五年間保存しなければならない。

4　登録講習実施機関は、講義に用いた教材並びに試験に用いた問題用紙及び答案用紙を講習を実施した日から三年間保存しなければならない。

本条…追加〔平一六国交令一〕

（講習業務の引継ぎ）

第十七条の十二　登録講習実施機関は、法第二十六条の十七第二項に規

本条…追加〔平一五法九六〕

注　二項の「国土交通省令」＝施行規則一七条の一二

定する場合には、次に掲げる事項を行わなければならない。

一　講習業務を国土交通大臣に引き継ぐこと。

二　前条第三項の帳簿その他の講習業務に関する書類を国土交通大臣に引き継ぐこと。

三　その他国土交通大臣が必要と認める事項

本条…追加〔平一六国交令一〕

（講習の実施結果の報告）

第十七条の十三　登録講習実施機関は、講習を行ったときは、国土交通大臣の定める期日までに次に掲げる事項を記載した報告書を国土交通大臣に提出しなければならない。

一　講習の実施年月日

二　講習の実施場所

三　修了者数

2　前項の報告書には、第十七条の十一第一項第四号に掲げる事項を記載した修了者一覧表並びに講義に用いた教材及び試験に用いた問題用紙を添えなければならない。

3　報告書等（第一項の報告書及び前項の添付書類をいう。以下この項において同じ。）の提出については、当該報告書等が電磁的記録で作成されている場合には、次に掲げる電磁的方法をもつて行うことができる。

一　登録講習実施機関の使用に係る電子計算機と国土交通大臣の使用に係る電子計算機とを電気通信回線で接続した電子情報処理組織を使用する方法であつて、当該電気通信回線を通じて情報が送信され、国土交通大臣の使用に係る電子計算機に備えられたファイルに当該情報が記録されるもの

二　磁気ディスク等をもつて調製するファイルに情報を記録したものを交付する方法

（手数料）

第二十六条の十八　前条第一項の規定により国土交通大臣が行う講習を受けようとする者は、実費を勘案して政令で定める額の手数料を国に納めなければならない。

本条…追加〔平一五法九六〕

注　「政令で定める額の手数料」＝施行令二七条の二の二

（報告の徴収）

第二十六条の十九　国土交通大臣は、この法律の施行に必要な限度において、登録講習実施機関に対し、その業務又は経理の状況に関し報告をさせることができる。

本条…追加〔平一五法九六〕

注　「罰則」＝五一条

（立入検査）

第二十六条の二十　国土交通大臣は、この法律の施行に必要な限度において、その職員に、登録講習実施機関の事務所に立ち入り、業務の状況又は帳簿、書類その他の物件を検査させることができる。

2　前項の規定により職員が立入検査をする場合においては、その身分を示す証明書を携帯し、関係者に提示

（国土交通大臣が行う講習手数料）

第二十七条の二の二　法第二十六条の十八の政令で定める手数料の額は、一万五百円とする。

本条…追加〔平一五政四九六〕、旧二七条の二の三…繰上〔平二〇政一八六〕

本条…追加〔平一六国交令一〕

注　一項の「国土交通大臣が定める期日」＝平成一六年国土交通省告示六五号

しなければならない。

3　第一項の規定による立入検査の権限は、犯罪捜査のために認められたものと解釈してはならない。

本条…追加〔平一五法九六〕

注　「罰則」＝五一条

（公示）

第二十六条の二十一　国土交通大臣は、次に掲げる場合には、その旨を官報に公示しなければならない。

一　第二十六条第四項の登録をしたとき。

二　第二十六条の九の規定による届出があつたとき。

三　第二十六条の十一の規定による届出があつたとき。

四　第二十六条の十五の規定により第二十六条第四項の登録を取り消し、又は講習の停止を命じたとき。

五　第二十六条の十七の規定により講習の全部若しくは一部を自ら行うこととするとき、又は自ら行つていた講習の全部若しくは一部を行わないこととするとき。

本条…追加〔平一五法九六〕

（技術検定）

第二十七条　国土交通大臣は、施工技術の向上を図るた

（技術検定の種目等）

第二十七条の三　法第二十七条第一項

め、建設業者の施工する建設工事に従事し又はしようとする者について、政令の定めるところにより、技術検定を行うことができる。

の規定による技術検定は、次の表の検定種目の欄に掲げる種目について、同表の検定技術の欄に掲げる技術を対象として行う。

検定種目	検定技術
建設機械施工	建設工事の実施に当たり、建設機械を適確に操作するとともに、建設機械の運用を統一的かつ能率的に行うために必要な技術
土木施工管理	土木一式工事の実施に当たり、その施工計画の作成及び当該工事の工程管理、品質管理、安全管理等工事の施工の管理を適確に行うために必要な技術
建築施	建築一式工事の実施に当たり、その施工計画及び施工図の作成並びに当該工事の工程管

工管理	理、品質管理、安全管理等工事の施工の管理を適確に行うために必要な技術
電気工事施工管理	電気工事の実施に当たり、その施工計画及び施工図の作成並びに当該工事の工程管理、品質管理、安全管理等工事の施工の管理を適確に行うために必要な技術
管工事施工管理	管工事の実施に当たり、その施工計画及び施工図の作成並びに当該工事の工程管理、品質管理、安全管理等工事の施工の管理を適確に行うために必要な技術
造園施	造園工事の実施に当たり、その施工計画及び施工図の作成並びに当該工事の工程管理、品

2　前項の検定は、学科試験及び実地試験によつて行う。

工管理	質管理、安全管理等工事の施工の管理を適確に行うために必要な技術

2　技術検定は、一級及び二級に区分して行う。

3　建設機械施工、土木施工管理及び建築施工管理に係る二級の技術検定は、当該種目を国土交通大臣が定める種別に細分して行う。

本条…追加〔昭三五政二五二〕、一項…一部改正〔昭四四政二三二・四七政二一九・五〇政一三〇・五八政一七四・六二政二七〇〕、旧二七条の二…繰下〔昭六三政一四八〕、三項…一部改正〔平一二政三一二〕、二・三項…一部改正〔平一七政二一四〕

注　三項の「国土交通大臣が指定する種目」・「国土交通大臣の定める種別」＝昭和四八年建設省告示八六〇号、昭和五八年建設省告示一五〇八号、昭和五九年建設省告示一二五四号

（技術検定の方法及び基準）

第二十七条の四　実地試験は、その回の技術検定における学科試験に合格した者及び第二十七条の七の規定により学科試験の全部の免除を受けた

者について行うものとする。ただし、国土交通省令で定める種目及び級に係る技術検定の実地試験は、種目及び級を同じくするその回の技術検定における学科試験を受験した者及び同条の規定により当該学科試験の全部の免除を受けた者について行うものとする。

2　学科試験及び実地試験の科目及び基準は、国土交通省令で定める。

本条…追加〔昭三五政二五二〕、一項…削除・旧二項…一部改正し一項に繰上・旧三項…二項に繰上・旧二七条の三…繰下〔昭六三政一四八〕、一・二項…一部改正〔平一二政三一二〕

注　一項の「国土交通省令で定める種目及び級」＝施工技術検定規則一条の二

二項の「国土交通省令」＝施工技術検定規則一条

（受検資格）

第二十七条の五　一級の技術検定を受けることができる者は、次のとおりとする。

一　学校教育法（昭和二十二年法律第二十六号）による大学（短期大学を除き、旧大学令（大正七年勅令第三百八十八号）による大学を含む。）を卒業した後受検しようとする種目に関し指導監督的実務経験一年以上を含む三年以上の実務経験を有する者で在学中に国土交通省令で定める学科を修めたもの

二　学校教育法による短期大学又は高等専門学校（旧専門学校令（明治三十六年勅令第六十一号）による専門学校を含む。）を卒業した後受検しようとする種目に関し指導監督的実務経験一年以上を含む五年以上の実務経験を有する者で在学中に国土交通省令で定める学科を修めたもの

三　受検しようとする種目について二級の技術検定に合格した後同種目に関し指導監督的実務経験一年以上を含む五年以上の実務経験を有する者

四　国土交通大臣が前三号に掲げる者と同等以上の知識及び経験を有するものと認定した者

2　二級の技術検定を受けることができる者は、次の各号に掲げる種目の区分に応じ、当該各号に定める者とする。

一　建設機械施工　次のいずれかに該当する者

イ　学校教育法による高等学校（旧中等学校令（昭和十八年勅令第三十六号）による実業学校を含む。以下同じ。）又は中等教育学校を卒業した後受検しようとする種別に関し二年以上の実務経験を有する者で在学中に国土交通省令で定める学科を修めたもの

ロ　学校教育法による高等学校又は中等教育学校を卒業した後建設機械施工に関し、受検しようとする種別に関する一年六月以上の実務経験を含む三年以上の実務経験を有する者で在学中に国土交通省令で定める学科を修

めたもの

ハ　受検しようとする種別に関し六年以上の実務経験を有する者

ニ　建設機械施工に関し、受検しようとする種別に関する四年以上の実務経験を含む八年以上の実務経験を有する者

ホ　国土交通大臣がイからニまでに掲げる者と同等以上の知識及び経験を有するものと認定した者

二　土木施工管理又は建築施工管理（国土交通大臣が指定する種別のものに限る。）　次のいずれかに該当する者

イ　学校教育法による高等学校又は中等教育学校を卒業した後受検しようとする種別に関し三年以上の実務経験を有する者で在学中に国土交通省令で定める学科を修めたもの

ロ　受検しようとする種別に関し

八年以上の実務経験を有する者

ハ　国土交通大臣がイ又はロに掲げる者と同等以上の知識及び経験を有するものと認定した者

三　土木施工管理若しくは建築施工管理（前号の国土交通大臣が指定する種別のものを除く。以下「一般土木建築施工管理」という。）又は電気工事施工管理、管工事施工管理若しくは造園施工管理　次に掲げる試験の区分に応じ、それぞれに定める者

イ　学科試験　次のいずれかに該当する者

(1)　学校教育法による高等学校又は中等教育学校を卒業した者で在学中に国土交通省令で定める学科を修めたもの

(2)　受検しようとする種目（一般土木建築施工管理にあつては、種別。ロ(1)及び(2)において同じ。）に関し八年以上の

実務経験を有する者

(3)　国土交通大臣が(1)又は(2)に掲げる者と同等以上の知識及び経験を有するものと認定した者

ロ　実地試験　次のいずれかに該当する者

(1)　学校教育法による高等学校又は中等教育学校を卒業した後受検しようとする種目に関し三年以上の実務経験を有する者で在学中に国土交通省令で定める学科を修めたもの

(2)　受検しようとする種目に関し八年以上の実務経験を有する者

(3)　国土交通大臣が(1)又は(2)に掲げる者と同等以上の知識及び経験を有するものと認定した者

本条…追加〔昭三五政二五二〕、一項…一部改正〔昭四五政八二〕、二項…一部改正〔昭五八政一七四〕、二項…一部改正・旧二七条の四…繰下〔昭六三政一四八〕、二

項…一部改正〔平一〇政三五一〕、一・二項…一部改正〔平一二政三一二・一七政二一四〕

注 一項一・二号、二項一号の「国土交通省令で定める学科」＝施工技術検定規則二条

一項四号の「国土交通大臣が認定した者」＝昭和三七年建設省告示二七五五号、昭和四六年建設省告示二九二号、平成六年建設省告示二四〇号

二項三号の「国土交通大臣が認定した者」＝昭和四六年建設省告示二九二号

二項一号ホの「国土交通大臣が認定した者」＝平成一七年国土交通省告示六〇七号

二項二号の「国土交通大臣が指定する種別」＝平成一七年国土交通省告示六〇八号

二項二号ハの「国土交通大臣が認定した者」＝平成一七年国土交通省告示六〇九号

二項三号イ(3)の「国土交通大臣が認定した者」＝平成一七年国土交通省告示六一〇号

二項三号ロ(3)の「国土交通大臣が認定した者」＝平成一七年国土交通省告示六一一号

（受検欠格）

第二十七条の六 国土交通大臣が、種目ごとに、当該種目に係る建設工事に従事するのに障害となると認めて指定する精神上又は身体上の欠陥を

有する者は、前条の規定にかかわらず、当該種目に係る技術検定を受けることができない。

本条…追加〔昭三五政二五二〕、旧二七条の五…繰下〔昭六三政一四八〕、一部改正〔平一二政三一二〕

（試験の免除）

第二十七条の七　次の表の上欄に掲げる者については、申請により、それぞれ同表の下欄に掲げる試験を免除する。

一級の技術検定の学科試験に合格した者	種目を同じくする次回の一級の技術検定の学科試験の全部
二級の技術検定の学科試験に合格した者	次の各号に掲げる種目の区分に応じ、当該各号に定める技術検定の学科試験の全部 一　第二十七条の五第二項第一号又は第二号に掲げる種目　種目及び種別を同じくする次回の二

（検定等の指定）

第十七条の十五　令第二十七条の七の表の他の法令の規定による免許で国土交通大臣の定めるものを受けた者又は国土交通大臣の定める検定若しくは試験に合格した者の項の規定により国土交通大臣が指定する検定又は試験（以下この条において「検定等」という。）は、次のすべてに該当するものでなければならない。

一　一般社団法人又は一般財団法人で、検定等を行うのに必要かつ適切な組織及び能力を有するものが実施する検定等であること。

二　正当な理由なく受検又は受験を制限する検定等でないこと。

三　国土交通大臣が定める検定等の

	級の技術検定 二　第二十七条の五第二項第三号に掲げる種目（一般土木建築施工管理にあつては、種目及び種別）を同じくする二級の技術検定で国土交通大臣が定めるもの
一級の技術検定に合格した者	二級の技術検定の学科試験又は実地試験の一部で国土交通大臣が定めるもの
二級の技術検定に合格した者	種目を同じくする一級の技術検定の学科試験又は実地試験の一部で国土交通大臣が定めるもの
他の法令の規定による免許で国土交通大臣が定めるものを受けた者	国土交通大臣が定める学科試験又は実地試験の全部又は一部

実施要領に従って実施される検定等であること。

2　前項に規定するもののほか、令第二十七条の七の表の他の法令の規定による免許で国土交通大臣の定めるものを受けた者又は国土交通大臣の定める検定若しくは試験に合格した者の項の検定等の指定に関し必要な事項は、国土交通大臣が定める。

3　令第二十七条の七の表の他の法令の規定による免許で国土交通大臣の定めるものを受けた者又は国土交通大臣の定める検定若しくは試験に合格した者の項の規定による指定を受けた検定等を実施する者の名称及び主たる事務所の所在地並びに検定等の名称は、次のとおりとする。

検定等を実施する者		検定等の名称
名称	主たる事務所の所在地	
社団法人日本建設機械化協会（昭和二十五年八月十八日に社団法人日本建設機械化協会という名称で設立された法人をいう。以下同じ。）	東京都港区芝公園三丁目五番八号	二級建設機械施工技術研修の修了試験

又は国土交通大臣が定める検定若しくは試験に合格した者		

本条…追加〔昭三五政二五二〕、一部改正〔昭四四政二三一〕、一部改正・旧二七条の六…繰下〔昭六三政一四八〕、一部改正〔平一二政三一二・一七政二一四〕

注　表中「国土交通大臣の定める」＝昭和三七年建設省告示二七五四号、昭和四五年建設省告示七五八号、昭和五六年建設省告示五〇六号、昭和五九年建設省告示一一八号、昭和六二年建設省告示一九四六号、昭和六三年建設省告示二〇九三号、平成二年建設省告示一四六七号、平成五年建設省告示一六六一号、平成五年建設省告示一七六五号、平成六年建設省告示一四三七号、平成一七年国土交通省告示六一三号

（合格の取消し）

第二十七条の九　国土交通大臣は、技

財団法人全国建設研修センター（昭和三十七年四月七日に財団法人全国建設研修センターという名称で設立された法人をいう。以下同じ。）	東京都小平市喜平町二丁目一番二号	二級土木施工管理技術研修の修了試験
財団法人全国建設研修センター	東京都小平市喜平町二丁目一番二号	土木施工技術者試験
財団法人建設業振興基金（昭和五十年七月十六日に財団法人建設業振興基金という名称で設立された法人をいう。以下同じ。）	東京都港区虎ノ門四丁目二番十二号	二級建築施工管理技術研修の修了試験
財団法人建設業振興基金	東京都港区虎ノ門四丁目二番十二号	建築施工技術者試験
財団法人建設業振興基金	東京都港区虎ノ門四丁目二番十二号	電気工事施工技術者試験
財団法人全国建設研修センター	東京都小平市喜平町二丁目一番二号	二級管工事施工管理技術研修の修了試験
財団法人全国建設研修センター	東京都小平市喜平町二丁目一番二号	管工事施工技術者試験
財団法人全国建設研修センター	東京都小平市喜平町二丁目一番二号	造園施工技術者試験

本条…追加〔平一三国交令七二〕、旧一七条の二の三…繰下〔平一六国交令一〕、一部改正〔平二〇国交令九七〕

3　国土交通大臣は、第一項の検定に合格した者に、合格証明書を交付する。

4　合格証明書の交付を受けた者は、合格証明書を滅失

術検定に合格した者が不正の方法によつて技術検定を受けたことが明らかになつたときは、その合格を取り消さなければならない。

2　合格を取り消された者は、合格証明書を国土交通大臣に返付しなければならない。

本条…追加〔昭三五政二五二〕、二項…削除・旧三項…二項に繰上〔平六政三〇三〕、一・二項…一部改正〔平一二政三一二〕

（国土交通省令への委任）

第二十七条の十一　この政令で定めるもののほか、技術検定に関し必要な事項は、国土交通省令で定める。

本条…追加〔昭三五政二五二〕、見出・本条…一部改正〔平一二政三一二〕

注　「国土交通省令」＝施工技術検定規則三条―一一条

し、又は損傷したときは、合格証明書の再交付を申請することができる。

5　第一項の検定に合格した者は、政令で定める称号を称することができる。

本条…削除〔昭二八法二一三〕、追加〔昭三五法七四〕、一項…一部改正・二・四項…追加・三項…削り・追加・旧二項…一部改正し五項に繰下〔昭六二法六九〕、一・三項…一部改正〔平一一法一六〇〕

注　一項の「政令の定めるところ」＝施行令二七条の三～二七条の七・二七条の九・二七条の一一
五項の「政令で定める称号」＝施行令二七条の八

（指定試験機関の指定）

第二十七条の二　国土交通大臣は、その指定する者（以下「指定試験機関」という。）に、学科試験及び実地試験の実施に関する事務（以下「試験事務」という。）の全部又は一部を行わせることができる。

（称号）

第二十七条の八　法第二十七条第五項の政令で定める称号は、級及び種目の名称を冠する技士とする。

本条…追加〔昭三五政二五二〕、一部改正〔昭六三政一四八〕

（指定試験機関の指定）

第十七条の十六　法第二十七条の二第一項に規定する指定試験機関の名称及び主たる事務所の所在地並びに指定をした日は、次の表の検定種目の欄に掲げる検定種目に応じて、次のとおりとする。

検定種目	指定試験機関		指定をした日
	名称	主たる事務所の所在地	
建設機械施工	社団法人日本建設機械化協会	東京都港区芝公園三丁目五番八号	昭和六十三年十月十七日

2　前項の規定による指定は、試験事務を行おうとする者の申請により行う。

3　国土交通大臣は、指定試験機関に試験事務を行わせるときは、当該試験事務を行わないものとする。

本条…追加〔昭六二法六九〕、一・三項…一部改正〔平一一法一六〇〕

土木施工管理	財団法人全国建設研修センター	東京都小平市喜平町二丁目一番二号	昭和六十三年十月十七日
建築施工管理	財団法人建設業振興基金	東京都港区虎ノ門四丁目二番十二号	昭和六十三年十月十七日
電気工事施工管理	財団法人建設業振興基金	東京都港区虎ノ門四丁目二番十二号	昭和六十三年十月十七日
管工事施工管理	財団法人全国建設研修センター	東京都小平市喜平町二丁目一番二号	昭和六十三年十月十七日
造園施工管理	財団法人全国建設研修センター	東京都小平市喜平町二丁目一番二号	昭和六十三年十月十七日

本条…追加〔平一三国交令七二〕、旧一七条の二の四…繰下〔平一六国交令一〕

（指定試験機関の指定の申請）

第十七条の十七　法第二十七条の二第二項に規定する指定を受けようとする者は、次に掲げる事項を記載した申請書を国土交通大臣に提出しなければならない。

一　名称及び住所

二　試験事務を行おうとする事務所の名称及び所在地

三　行おうとする試験事務の範囲
四　試験事務を開始しようとする年月日
2　前項の申請書には、次に掲げる書類を添えなければならない。
一　定款及び登記事項証明書
二　申請の日の属する事業年度の前事業年度における財産目録及び貸借対照表（申請の日の属する事業年度に設立された法人にあっては、その設立時における財産目録）
三　申請の日の属する事業年度及び翌事業年度における事業計画書及び収支予算書
四　申請に係る意思の決定を証する書類
五　役員の氏名及び略歴を記載した書類
六　組織及び運営に関する事項を記載した書類

（指定の基準）

第二十七条の三　国土交通大臣は、前条第二項の規定による申請が次の各号に適合していると認めるときでな

七　試験事務を行おうとする事務所ごとの試験用設備の概要及び整備計画を記載した書類

八　現に行つている業務の概要を記載した書類

九　試験事務の実施の方法に関する計画を記載した書類

十　法第二十七条の六第一項に規定する試験委員の選任に関する事項を記載した書類

十一　法第二十七条の三第二項第四号イ又はロの規定に関する役員の誓約書

十二　その他参考となる事項を記載した書類

本条…追加〔昭六三建令一〇〕、一項…一部改正〔平一二建令四一〕、旧一七条の三…繰下〔平一六国交令一〕、二項…一部改正〔平一七国交令一二・二〇国交令九七〕

ければ、同条第一項の規定による指定をしてはならない。

一　職員、設備、試験事務の実施の方法その他の事項についての試験事務の実施に関する計画が試験事務の適正かつ確実な実施のために適切なものであること。

二　前号の試験事務の実施に関する計画の適正かつ確実な実施に必要な経理的及び技術的な基礎を有するものであること。

三　試験事務以外の業務を行つている場合には、その業務を行うことによつて試験事務が不公正になるおそれがないこと。

2　国土交通大臣は、前条第二項の規定による申請をした者が次の各号のいずれかに該当するときは、同条第一項の規定による指定をしてはならない。

一　一般社団法人又は一般財団法人以外の者であること。

二　この法律の規定に違反して、刑に処せられ、その執行を終わり、又は執行を受けることがなくなつた日から起算して二年を経過しない者であること。

三　第二十七条の十四第一項又は第二項の規定により指定を取り消され、その取消しの日から起算して二年を経過しない者であること。

四　その役員のうちに、次のいずれかに該当する者があること。

イ　第二号に該当する者

ロ　第二十七条の五第二項の規定による命令により解任され、その解任の日から起算して二年を経過しない者

本条…追加〔昭六二法六九〕、一・二項…一部改正〔平一一法一六〇〕、二項…一部改正〔平一八法五〇〕

（指定の公示等）

第二十七条の四　国土交通大臣は、第二十七条の二第一項の規定による指定をしたときは、当該指定を受けた者の名称及び主たる事務所の所在地並びに当該指定をした日を公示しなければならない。

2　指定試験機関は、その名称又は主たる事務所の所在地を変更しようとするときは、変更しようとする日の二週間前までに、その旨を国土交通大臣に届け出なければならない。

（名称等の変更の届出）

第十七条の十八　指定試験機関は、法第二十七条の四第二項の規定による届出をしようとするときは、次に掲

3　国土交通大臣は、前項の規定による届出があつたときは、その旨を公示しなければならない。

本条…追加〔昭六二法六九〕、一―三項…一部改正〔平一一法一六〇〕

注　二項の「名称等の変更の届出」＝施行規則一七条の一八

（役員の選任及び解任）

第二十七条の五　指定試験機関の役員の選任及び解任は、国土交通大臣の認可を受けなければ、その効力を生じない。

2　国土交通大臣は、指定試験機関の役員が、この法律（この法律に基づく命令又は処分を含む。）若しくは第二十七条の八第一項の試験事務規程に違反する行為をしたとき、又は試験事務に関し著しく不適当な行為をしたときは、指定試験機関に対して、その役員を解任すべきことを命ずることができる。

本条…追加〔昭六二法六九〕、一・二項…一部改正〔平一一法一六〇〕

げる事項を記載した届出書を国土交通大臣に提出しなければならない。

一　変更後の指定試験機関の名称又は主たる事務所の所在地

二　変更しようとする年月日

三　変更の理由

本条…追加〔昭六三建令一〇〕、一部改正〔平一二建令四一〕、旧一七条の四…繰下〔平一六国交令一〕

（役員の選任又は解任の認可の申請）

第十七条の十九　指定試験機関は、法第二十七条の五第一項の規定により認可を受けようとするときは、次に掲げる事項を記載した申請書を国土交通大臣に提出しなければならない。

一　役員として選任しようとする者又は解任しようとする役員の氏名

二　選任又は解任の理由

三　選任の場合にあつては、その者の略歴

注　「役員の選任及び解任の届出」＝施行規則一七条の一九

（試験委員）

第二十七条の六　指定試験機関は、国土交通省令で定める要件を備える者のうちから試験委員を選任し、試験の問題の作成及び採点を行わせなければならない。

2　指定試験機関は、前項の試験委員を選任し、又は解任したときは、遅滞なく、その旨を国土交通大臣に届け出なければならない。

2　前項の場合において、選任の認可を受けようとするときは、同項の申請書に、当該選任に係る者の就任承諾書及び法第二十七条の三第二項第四号イ又はロの規定に関する誓約書を添えなければならない。

本条…追加〔昭六三建令一〇〕、一項…一部改正〔平一二建令四一〕、旧一七条の五…繰下〔平一六国交令一〕

（試験委員の要件）

第十七条の二十　法第二十七条の六第一項の国土交通省令で定める要件は、技術検定に関し識見を有する者であつて、担当する検定種目について専門的な技術又は学識経験を有するものであることとする。

本条…追加〔昭六三建令一〇〕、一部改正〔平一二建令四一〕、旧一七条の六…繰下〔平一六国交令一〕

（試験委員の選任又は解任の届出）

第十七条の二十一　指定試験機関は、法第二十七条の六第二項の規定による届出をしようとするときは、次に

3　前条第二項の規定は、第一項の試験委員の解任について準用する。

本条…追加〔昭六二法六九〕、一・二項…一部改正〔平一一法一六〇〕

注　一項の「国土交通省令で定める要件」＝施行規則一七条の二〇
二項の「試験委員の選任又は解任の届出」＝施行規則一七条の二一

（秘密保持義務等）

第二十七条の七　指定試験機関の役員若しくは職員（前条第一項の試験委員を含む。次項において同じ。）又はこれらの職にあつた者は、試験事務に関して知り得た秘密を漏らしてはならない。

2　試験事務に従事する指定試験機関の役員及び職員

掲げる事項を記載した届出書を国土交通大臣に提出しなければならない。

一　試験委員の氏名

二　選任又は解任の理由

三　選任の場合にあつては、その者の略歴

本条…追加〔昭六三建令一〇〕、一部改正〔平一二建令四一〕、旧一七条の七…繰下〔平一六国交令一〕

は、刑法その他の罰則の適用については、法令により公務に従事する職員とみなす。

本条…追加〔昭六二法六九〕、二項…一部改正〔平六法六三〕

注　一項の「罰則」＝四八条

（試験事務規程）

第二十七条の八　指定試験機関は、国土交通省令で定める試験事務の実施に関する事項について試験事務規程を定め、国土交通大臣の認可を受けなければならない。これを変更しようとするときも、同様とする。

（試験事務規程の記載事項）

第十七条の二十二　法第二十七条の八第一項の国土交通省令で定める試験事務の実施に関する事項は、次のとおりとする。

一　試験事務を行う時間及び休日に関する事項

二　試験事務を行う事務所及び試験地に関する事項

三　試験事務の実施の方法に関する事項

四　受験手数料の収納の方法に関する事項

五　試験委員の選任又は解任に関する事項

六　試験事務に関する秘密の保持に関する事項

七　試験事務に関する帳簿及び書類の管理に関する事項

八　その他試験事務の実施に関し必要な事項

本条…追加〔昭六三建令一〇〕、一部改正〔平一二建令四一〕、旧一七条の八…繰下〔平一六国交令一〕

（試験事務規程の認可の申請）

第十七条の二十三　指定試験機関は、法第二十七条の八第一項前段の規定により認可を受けようとするときは、その旨を記載した申請書に、当該認可に係る試験事務規程を添え、これを国土交通大臣に提出しなければならない。

2　指定試験機関は、法第二十七条の八第一項後段の規定により認可を受けようとするときは、次に掲げる事項を記載した申請書を国土交通大臣に提出しなければならない。

一　変更しようとする事項

2　国土交通大臣は、前項の規定により認可をした試験事務規程が試験事務の適正かつ確実な実施上不適当となつたと認めるときは、指定試験機関に対して、これを変更すべきことを命ずることができる。

本条…追加〔昭六二法六九〕、一・二項…一部改正〔平一一法一六〇〕

注　一項の「国土交通省令で定める試験事務の実施に関する事項」＝施行規則一七条の二二
「試験事務規程の認可の申請」＝施行規則一七条の二三

（事業計画等）

第二十七条の九　指定試験機関は、毎事業年度、事業計画及び収支予算を作成し、当該事業年度の開始前に（第二十七条の二第一項の規定による指定を受けた日の属する事業年度にあつては、その指定を受けた後遅滞なく）、国土交通大臣の認可を受けなければならない。これを変更しようとするときも、同様とする。

二　変更しようとする年月日

三　変更の理由

本条…追加〔昭六三建令一〇〕、一・二項…一部改正〔平一二建令四一〕、旧一七条の九…繰下〔平一六国交令一〕

（事業計画等の認可の申請）

第十七条の二十四　指定試験機関は、法第二十七条の九第一項前段の規定により認可を受けようとするときは、その旨を記載した申請書に、当該認可に係る事業計画書及び収支予算書を添え、これを国土交通大臣に提出しなければならない。

2　指定試験機関は、毎事業年度、事業報告書及び収支決算書を作成し、当該事業年度の終了後三月以内に、国土交通大臣に提出しなければならない。

本条…追加〔昭六二法六九〕、一・二項…一部改正〔平一一法一六〇〕

注　「事業計画等の認可の申請」＝施行規則一七条の二四

（帳簿の備付け等）

第二十七条の十　指定試験機関は、国土交通省令で定めるところにより、試験事務に関する事項で国土交通省令で定めるものを記載した帳簿を備え、保存しなければ

2　指定試験機関は、法第二十七条の九第一項後段の規定により認可を受けようとするときは、次に掲げる事項を記載した申請書を国土交通大臣に提出しなければならない。

一　変更しようとする事項

二　変更しようとする年月日

三　変更の理由

本条…追加〔昭六三建令一〇〕、一・二項…一部改正〔平一二建令四一〕、旧一七条の一〇…繰下〔平一六国交令一〕

（帳簿）

第十七条の二十五　法第二十七条の十の国土交通省令で定める事項は、次のとおりとする。

ばならない。

本条…追加〔昭六二法六九〕、一部改正〔平一一法一六〇〕

注　「国土交通省令で定めるところ」＝施行規則一七条の二五第二項

「国土交通省令で定めるもの」＝施行規則一七条の二五第一項

「罰則」＝五一条二号

一　試験の区分

二　試験年月日

三　試験地

四　受験者の受験番号、氏名、生年月日及び合否の別

五　合格した者に書面でその旨を通知した日（以下「合格通知日」という。）

2　前項各号に掲げる事項が電子計算機に備えられたファイル又は磁気ディスク等に記録され、必要に応じ電子計算機その他の機器を用いて明確に紙面に表示されるときは、当該記録をもつて法第二十七条の十に規定する帳簿への記載に代えることができる。

3　法第二十七条の十に規定する帳簿（前項の規定による記録が行われた同項のファイル又は磁気ディスク等を含む。）は、試験の区分ごとに備え、試験事務を廃止するまで保存し

（監督命令）

第二十七条の十一　国土交通大臣は、試験事務の適正な実施を確保するため必要があると認めるときは、指定試験機関に対して、試験事務に関し監督上必要な命令をすることができる。

本条…追加〔昭六二法六九〕、一部改正〔平一一法一六〇〕

（報告及び検査）

第二十七条の十二　国土交通大臣は、試験事務の適正な実施を確保するため必要があると認めるときは、指定試験機関に対して、試験事務の状況に関し必要な報告を求め、又はその職員に、指定試験機関の事務所に立ち入り、試験事務の状況若しくは設備、帳簿、書類その他の物件を検査させることができる。

2　前項の規定により立入検査をする職員は、その身分を示す証明書を携帯し、関係人の請求があつたときは、

なければならない。

本条…追加〔昭六三建令一〇〕、二項…追加・旧二項…一部改正し三項に繰下〔平一二一〇建令二七〕、一項…一部改正〔平一二建令四一〕、二・三項…一部改正〔平一三国交令四二〕、旧一七条の一一…繰下〔平一六国交令一〕

（試験事務の実施結果の報告）

第十七条の二十六　指定試験機関は、試験事務を実施したときは、遅滞なく次に掲げる事項を試験の区分ごとに記載した報告書を国土交通大臣に提出しなければならない。

一　試験年月日

二　試験地

三　受験申請者数

これを提示しなければならない。

3　第一項の規定による立入検査の権限は、犯罪捜査のために認められたものと解してはならない。

本条…追加〔昭六二法六九〕、一項…一部改正〔平一一法一六〇〕

注　一項の「罰則」＝五一条三号

（試験事務の休廃止）

第二十七条の十三　指定試験機関は、国土交通大臣の許可を受けなければ、試験事務の全部又は一部を休止し、又は廃止してはならない。

2　国土交通大臣は、指定試験機関の試験事務の全部又は一部の休止又は廃止により試験事務の適正かつ確実な実施が損なわれるおそれがないと認めるときでなければ、前項の規定による許可をしてはならない。

3　国土交通大臣は、第一項の規定による許可をしたときは、その旨を公示しなければならない。

本条…追加〔昭六二法六九〕、一―三項…一部改正〔平一一法一

四　受験者数

五　合格者数

六　合格通知日

2　前項の報告書には、合格者の受験番号、氏名及び生年月日を記載した合格者一覧表を添えなければならない。

本条…追加〔昭六三建令一〇〕、一項…一部改正〔平一二建令四一〕、旧一七条の一二…繰下〔平一六国交令一〕

（試験事務の休廃止の許可）

第十七条の二十七　指定試験機関は、法第二十七条の十三第一項の規定により許可を受けようとするときは、次に掲げる事項を記載した申請書を国土交通大臣に提出しなければならない。

一　休止し、又は廃止しようとする試験事務の範囲

二　休止し、又は廃止しようとする年月日及び休止しようとする場合

六〇〕

注 「試験事務の休廃止の許可」＝施行規則一七条の二七一項の「罰則」＝五一条一号

（指定の取消し等）

第二十七条の十四 国土交通大臣は、指定試験機関が第二十七条の三第二項各号（第三号を除く。）の一に該当するに至つたときは、当該指定試験機関の指定を取り消さなければならない。

2 国土交通大臣は、指定試験機関が次の各号の一に該当するときは、当該指定試験機関に対して、その指定を取り消し、又は期間を定めて試験事務の全部若しくは一部の停止を命ずることができる。

一 第二十七条の三第一項各号の一に適合しなくなつたと認められるとき。

二 第二十七条の四第二項、第二十七条の六第一項若しくは第二項、第二十七条の九、第二十七条の十又は前条第一項の規定に違反したとき。

三 第二十七条の五第二項（第二十七条の六第三項において準用する場合を含む。）、第二十七条の八第二項又は第二十七条の十一の規定による命令に違反し

法＜二七条の一四＞ 施行規則＜一七条の二七＞

にあっては、その期間

三 休止又は廃止の理由

本条…追加〔昭六三建令一〇〕、一部改正〔平一二建令四一〕、旧一七条の一三…繰下〔平一六国交令一〕

たとき。

四　第二十七条の八第一項の規定により認可を受けた試験事務規程によらないで試験事務を行つたとき。

五　不正な手段により第二十七条の二第一項の規定による指定を受けたとき。

3　国土交通大臣は、前二項の規定により指定を取り消し、又は前項の規定により試験事務の全部若しくは一部の停止を命じたときは、その旨を公示しなければならない。

本条…追加〔昭六二法六九〕、一・二項…一部改正・四項…削除〔平五法八九〕、一—三項…一部改正〔平一一法一六〇〕

注　二項の「罰則」＝四九条

（国土交通大臣による試験事務の実施）

第二十七条の十五　国土交通大臣は、指定試験機関が第二十七条の十三第一項の規定により試験事務の全部若しくは一部を休止したとき、前条第二項の規定により指定試験機関に対して試験事務の全部若しくは一部の停止を命じたとき、又は指定試験機関が天災その他の事由により試験事務の全部若しくは一部を実施することが困難となつた場合において必要があると認めるときは、第二十七条の二第三項の規定にかかわらず、当該試験事務の全部又は一部を行うものとする。

2　国土交通大臣は、前項の規定により試験事務を行うこととし、又は同項の規定により行つている試験事務を行わないこととするときは、あらかじめ、その旨を公示しなければならない。

3　国土交通大臣が、第一項の規定により試験事務を行うこととし、第二十七条の十三第一項の規定により試験事務の廃止を許可し、又は前条第一項若しくは第二項の規定により指定を取り消した場合における試験事務の引継ぎその他の必要な事項は、国土交通省令で定める。

本条…追加〔昭六二法六九〕、見出・一―三項…一部改正〔平一一法一六〇〕

注　三項の「国土交通省令」＝施行規則一七条の二八

（手数料）

第二十七条の十六　学科試験若しくは実地試験を受けようとする者又は合格証明書の交付若しくは再交付を受

法〈二七条の一六〉　施行令〈二七条の一〇〉　施行規則〈一七条の二八〉

（受験手数料等）

第二十七条の十　学科試験又は実地試験の受験手数料の額は、次の表に掲

（試験事務の引継ぎ）

第十七条の二十八　指定試験機関は、法第二十七条の十五第三項に規定する場合には、次に掲げる事項を行わなければならない。

一　試験事務を国土交通大臣に引き継ぐこと。

二　試験事務に関する帳簿及び書類を国土交通大臣に引き継ぐこと。

三　その他国土交通大臣が必要と認める事項

本条…追加〔昭六三建令一〇〕、一部改正〔平一二建令四一〕、旧一七条の一四…繰下〔平一六国交令一〕

けようとする者は、実費を勘案して政令で定める額の手数料を国（指定試験機関が行う試験を受けようとする者は、指定試験機関）に納めなければならない。

2　前項の規定により指定試験機関に納められた手数料は、指定試験機関の収入とする。

本条…追加〔昭六二法六九〕

注　一項の「政令で定める額の手数料」＝施行令二七条の一〇

げるとおりとする。ただし、第二十七条の七の規定により学科試験又は実地試験の一部の免除を受けることができる者が当該学科試験又は実地試験を受けようとする場合においては、当該学科試験又は実地試験について同表に掲げる額から国土交通大臣が定める額を減じた額とする。

検定種目	一級 学科試験	一級 実地試験	二級 学科試験	二級 実地試験
建設機械施工	一万百円	二万七千八百円	一万百円	二万千六百円
土木施工管理	八千二百円	八千二百円	四千百円	四千百円
建築施工管理	九千四百円	九千四百円	四千七百円	四千七百円
電気工事施工管理	一万千八百円	一万千八百円	五千九百円	五千九百円
管工事施工管理	八千五百円	八千五百円	四千二百五十円	四千二百五十円
造園施工管理	一万四百円	一万四百円	五千二百円	五千二百円

2　技術検定の合格証明書の交付又は再交付の手数料の額は、二千二百円とする。

（指定試験機関がした処分等に係る審査請求）

第二十七条の十七　指定試験機関が行う試験事務に係る処分又はその不作為については、国土交通大臣に対して、行政不服審査法（昭和三十七年法律第百六十号）による審査請求をすることができる。

本条…追加〔昭六二法六九〕、一部改正〔平一一法一六〇〕

（監理技術者資格者証の交付）

第二十七条の十八　国土交通大臣は、監理技術者資格（建設業の種類に応じ、第十五条第二号イの規定により国

本条…追加〔昭三五政二五二〕、一項…一部改正〔昭四〇政六三・四四政二三一〕、一項…一部改正・二項…追加・旧三項…一部改正し四項に繰下・旧二項…三項に繰下〔昭四五政八二〕、一項…一部改正〔昭四七政二一九〕、一―三項…一部改正〔昭五〇政一三〇〕、一項…一部改正〔昭五三政三八・五八政一七四〕、一―三項…一部改正〔昭五九政一二〇〕、一項…一部改正〔昭六二政二七〇〕、本条…全部改正〔昭六三政一四八〕、一項…一部改正〔平元政七二〕、一・二項…一部改正〔平三政二五・六政六九・九政七四・一二政一二二〕、一項…一部改正〔平一二政三一二〕、二項…一部改正〔平一六政五四〕

注　一項の「国土交通大臣が定める額」＝昭和六三年建設省告示一三一八号

（資格者証の交付の申請）

第十七条の二十九　法第二十七条の十八第一項の規定による資格者証の交

土交通大臣が定める試験に合格し、若しくは同号イの規定により国土交通大臣が定める免許を受けていること、第七条第二号イ若しくはロに規定する実務の経験若しくは学科の修得若しくは同号ハの規定による国土交通大臣の認定があり、かつ、第十五条第二号ロに規定する実務の経験を有していること、又は同号ハの規定により同号イ若しくはロに掲げる者と同等以上の能力を有するものとして国土交通大臣がした認定を受けていることをいう。以下同じ。）を有する者の申請により、その申請者に対して、監理技術者資格者証（以下「資格者証」という。）を交付する。

付を受けようとする者は、次に掲げる事項を記載した資格者証交付申請書に交付の申請前六月以内に撮影した無帽、正面、上三分身、無背景の縦の長さ三・〇センチメートル、横の長さ二・四センチメートルの写真でその裏面に氏名及び撮影年月日を記入したもの（以下「資格者証用写真」という。）を添えて、これを国土交通大臣（指定資格者証交付機関が交付等事務を行う場合にあつては、指定資格者証交付機関。第十七条の三十一第一項並びに第十七条の三十二第一項及び第四項において同じ。）に提出しなければならない。

一　申請者の氏名、生年月日、本籍及び住所

二　申請者が有する監理技術者資格

三　建設業者の業務に従事している場合にあつては、当該建設業者の商号又は名称及び許可番号

2　前項の資格者証交付申請書には、次に掲げる書類を添付しなければならない。

一　監理技術者資格を有することを証する書面

二　建設業者の業務に従事している場合にあつては、当該建設業者の業務に従事している旨を証する書面

3　国土交通大臣（指定資格者証交付機関が交付等事務を行う場合にあつては、指定資格者証交付機関。第十七条の三十一において同じ。）は、資格者証の交付を受けようとする者に係る本人確認情報について、住民基本台帳法第三十条の七第三項の規定によるその提供を受けることができないときは、その者に対し、住民票の抄本又はこれに代わる書面を提出させることができる。

4　資格者証交付申請書の様式は、別記様式第二十五号の四によるものとする。

5　資格者証の交付の申請が既に交付された資格者証に記載されている監理技術者資格以外の監理技術者資格の記載に係るものである場合には、

2 資格者証には、交付を受ける者の氏名、交付の年月日、交付を受ける者が有する監理技術者資格、建設業の種類その他の国土交通省令で定める事項を記載するものとする。

当該申請により行う資格者証の交付は、その既に交付された資格者証と引換えに行うものとする。

本条…追加〔昭六三建令一〇〕、一・二・四項…一部改正〔平六建令三三〕、一・二項…一部改正〔平一二建令四一〕、三項…追加・旧三・四項…四・五項に繰下〔平一四国交令九三〕、二項…一部改正・三項…全部改正〔平一五国交令二六〕、一・三項…一部改正・旧一七条の一五…繰下〔平一六国交令一〕

（資格者証の記載事項及び様式）

第十七条の三十 法第二十七条の十八第二項の国土交通省令で定める事項は、次のとおりとする。

一 交付を受ける者の氏名、生年月日、本籍及び住所

二 最初に資格者証の交付を受けた年月日

三 現に所有する資格者証の交付を受けた年月日

四 交付を受ける者が有する監理技術者資格

五　建設業の種類
六　資格者証交付番号
七　資格者証の有効期間の満了する日
八　交付を受ける者が建設業者の業務に従事している場合にあつては、前条第一項第三号に掲げる事項

2　資格者証の様式は、別記様式第二十五号の五によるものとする。

3　資格者証の記載に用いる略語は、国土交通大臣が定めるところによるものとする。

本条…追加〔昭六三建令一〇〕、一項…一部改正・三項…全部改正〔平六建令三三〕、一・三項…一部改正〔平一二建令四一〕、一・二項…一部改正・旧一七条の一六…繰下〔平一六国交令一〕

注　三項の「国土交通大臣が定める略語」
＝平成七年建設省告示一二九七号

（資格者証の記載事項の変更）

第十七条の三十一　資格者証の交付を

受けている者は、次の各号の一に該当することとなつた場合においては、三十日以内に国土交通大臣に届け出て、資格者証に変更に係る事項の記載を受けなければならない。

一　氏名、本籍又は住所を変更したとき。

二　資格者証に記載されている監理技術者資格を有しなくなつたとき。

三　資格者証の交付を受けている者が建設業者の業務に従事している場合にあつては、第十七条の二十九第一項第三号に掲げる事項について変更があつたとき。

2　前項の規定による届出をしようとする者は、別記様式第二十五号の六による資格者証変更届出書を、前項第三号に該当することとなつた場合においてはこれに第十七条の二十九第二項第二号に掲げる書面を添えて、これを提出しなければならない。

3　国土交通大臣は、第一項の規定による届出をしようとする者に係る本人確認情報について、住民基本台帳法第三十条の七第三項の規定によるその提供を受けることができないときは、その者に対し、住民票の抄本又はこれに代わる書面を提出させることができる。

本条…追加〔昭六三建令一〇〕、一項…一部改正・二項…全部改正〔平六建令三三〕、一項…一部改正〔平一二建令四一〕、三項…追加〔平一四国交令九三〕、二項…一部改正・三項…全部改正〔平一五国交令二六〕、一・二項…一部改正・旧一七条の一七…繰下〔平一六国交令一〕

（資格者証の再交付等）

第十七条の三十二　資格者証の交付を受けている者は、資格者証を亡失し、滅失し、汚損し、又は破損したときは、国土交通大臣に資格者証の再交付を申請することができる。

3　第一項の場合において、申請者が二以上の監理技術者資格を有する者であるときは、これらの監理技術者資格を合わせて記載した資格者証を交付するものとする。

2　前項の規定による再交付を申請しようとする者は、資格者証用写真を添付した別記様式第二十五号の七による資格者証再交付申請書を提出しなければならない。

3　汚損又は破損を理由とする資格者証の再交付は、汚損し、又は破損した資格者証と引換えに新たな資格者証を交付して行うものとする。

4　資格者証を亡失してその再交付を受けた者は、亡失した資格者証を発見したときは、遅滞なく、発見した資格者証を国土交通大臣に返納しなければならない。

本条…追加〔昭六三建令一〇〕、一・四項…一部改正〔平一二建令四一〕、二項…一部改正・旧一七条の一八…繰下〔平一六国交令一〕

4　資格者証の有効期間は、五年とする。
5　資格者証の有効期間は、申請により更新する。
6　第四項の規定は、更新後の資格者証の有効期間について準用する。

本条…追加〔昭六二法六九〕、見出・一―三項…一部改正・四項…追加・旧四項・旧五項…一項ずつ繰下・旧六項…一部改正し七項に繰下〔平六法六三〕、一・二・四項…一部改正〔平一一法一六〇〕、四項…削除・旧五項・旧六項…一項ずつ繰上・旧七項…一部改正し六項に繰上〔平一五法九六〕

注　「資格者証の交付の申請」＝施行規則一七条の二九
二項の「国土交通省令で定める事項」＝施行規則一七条の三〇
「資格者証の記載事項の変更」＝施行規則一七条の三一
「資格者証の再交付等」＝施行規則一七条の三二
五項の「資格者証の有効期間の更新」＝施行規則一七条の三三

（指定資格者証交付機関）
第二十七条の十九　国土交通大臣は、その指定する者（以下「指定資格者証交付機関」という。）に、資格者証の

法＜二七条の一九＞　施行規則＜一七条の三三・一七条の三四＞

（資格者証の有効期間の更新）
第十七条の三十三　法第二十七条の十八第五項の規定による資格者証の有効期間の更新の申請は、新たな資格者証の交付を申請することにより行うものとする。
2　第十七条の二十九第一項から第四項までの規定は、前項の交付申請について準用する。
3　第一項の新たな資格者証の交付は、当該申請者が現に有する資格者証と引換えに行うものとする。

本条…追加〔昭六三建令一〇〕、一項…一部改正〔平六建令三三〕、二項…一部改正〔平一四国交令九三〕、一・二項…一部改正・旧一七条の一九…繰下〔平一六国交令一〕

（指定資格者証交付機関の指定）
第十七条の三十四　法第二十七条の十九第一項に規定する指定資格者証交

交付及びその有効期間の更新の実施に関する事務（以下「交付等事務」という。）を行わせることができる。

2　前項の規定による指定は、交付等事務を行おうとする者の申請により行う。

付機関の名称及び主たる事務所の所在地並びに指定をした日は、次のとおりとする。

指定資格者証交付機関		
名称	主たる事務所の所在地	指定をした日
財団法人建設業技術者センター（昭和六十三年六月一日に財団法人建設業技術者センターという名称で設立された法人をいう。）	東京都千代田区二番町三番地	昭和六十三年七月十一日

本条…追加〔平一三国交令七二〕、一部改正〔平一五国交令七一〕、旧一七条の二〇の二…繰下〔平一六国交令一〕、一部改正〔平二〇国交令九七〕

（指定資格者証交付機関の指定の申請）

第十七条の三十五　法第二十七条の十九第二項に規定する指定を受けようとする者は、次に掲げる事項を記載した申請書を国土交通大臣に提出しなければならない。

一　名称及び住所

二　交付等事務を行おうとする事務所の名称及び所在地
三　交付等事務を開始しようとする年月日
2　前項の申請書には、次に掲げる書類を添えなければならない。
一　定款及び登記事項証明書
二　申請の日の属する事業年度の前事業年度における財産目録及び貸借対照表（申請の日の属する事業年度に設立された法人にあつては、その設立時における財産目録）
三　申請の日の属する事業年度及び翌事業年度における事業計画書及び収支予算書
四　申請に係る意思の決定を証する書類
五　役員の氏名及び略歴を記載した書類
六　組織及び運営に関する事項を記載した書類

3　国土交通大臣は、前項の規定による申請をした者が次の各号のいずれかに該当するときは、第一項の規定による指定をしてはならない。

一　一般社団法人又は一般財団法人以外の者であること。

二　第五項において準用する第二十七条の十四第一項又は第二項の規定により指定を取り消され、その取

七　交付等事務を行おうとする事務所ごとの交付等に用いる設備の概要及び整備計画を記載した書類

八　現に行つている業務の概要を記載した書類

九　交付等事務の実施の方法に関する計画を記載した書類

十　その他参考となる事項を記載した書類

本条…追加〔昭六三建令一〇〕、旧一七条の二〇…繰下〔平六建令三三〕、一項…一部改正〔平一二建令四一〕、旧一七条の二一…繰下〔平一六国交令一〕、二項…一部改正〔平一七国交令一二・二〇国交令九七〕

消しの日から起算して二年を経過しない者であること。

4　国土交通大臣は、指定資格者証交付機関に交付等事務を行わせるときは、当該交付等事務を行わないものとする。

5　第二十七条の四、第二十七条の八、第二十七条の十二、第二十七条の十三、第二十七条の十四（同条第二項第一号を除く。）、第二十七条の十五及び第二十七条の十七の規定は、指定資格者証交付機関について準用する。この場合において、第二十七条の四第一項及び第二十七条の十四第二項第五号中「第二十七条の二第一項」とあるのは「第二十七条の十九第一項」と、第二十七条の八及び第二十七条の十四第二項第四号中「試験事務規程」とあるのは「交付等事務規程」と、第二十七条の十二第一項、第二十七条の十三第一項及び第二項、第二十七条の十四第二項及び第三項、第二十七条の十五並びに第二十七条の十七中「試験事務」とあるのは「交付等事務」と、第二十七条の十四第一項中「第二十七条の三第二項各号（第三号を除く。）の一に」とあるのは「第二十七条の十九第三項第一号に」と、同条第二項第二号中「第二十七条の六第一項若し

（交付等事務規程の記載事項）

第十七条の三十六　法第二十七条の十九第五項において準用する法第二十七条の八第一項の国土交通省令で定める交付等事務の実施に関する事項は、次のとおりとする。

一　交付等事務を行う時間及び休日に関する事項

二　交付等事務を行う事務所に関する事項

三　交付等事務の実施の方法に関する事項

四　手数料の収納の方法に関する事項

五　交付等事務に関する書類の管理に関する事項

くは第二項、第二十七条の九、第二十七条の十又は前条第一項」とあるのは「前条第一項又は第二十七条の二十」と、同項第三号中「第二十七条の五第二項（第二十七条の六第三項において準用する場合を含む。）、第二十七条の八第二項又は第二十七条の十一」とあるのは「第二十七条の八第二項」と、第二十七条の十五第一項中「第二十七条の二第三項」とあるのは「第二十七条の十九第四項」と読み替えるものとする。

本条…追加〔昭六二法六九〕、一・三・四項…一部改正〔平一一法一六〇〕

注　五項で準用する二七条の八の「国土交通省令」＝施行規則一七条の三六
五項で準用する二七条の一五の「国土交通省令」＝施行規則一七条の三九
「罰則」＝四九条・五一条

六　その他交付等事務の実施に関し必要な事項

本条…追加〔昭六三建令一〇〕、旧一七条の二一…繰下〔平六建令三三〕、一部改正〔平一二建令四一〕、旧一七条の二二…繰下〔平一六国交令一〕

（準用）

第十七条の三十九　第十七条の十八、第十七条の二十七及び第十七条の二十八の規定は、指定資格者証交付機関について準用する。この場合において、第十七条の十八中「法第二十七条の四第二項」とあるのは「法第二十七条の十九第五項において準用する法第二十七条の四第二項」と、第十七条の二十三第一項中「法第二十七条の八第一項前段」とあるのは「法第二十七条の十九第五項において準用する法第二十七条の八第一項前段」と、「試験事務規程」とあるのは「交付等事務規程」と、同条第二項中「法第二十

（事業計画等）

第二十七条の二十　指定資格者証交付機関は、毎事業年度、事業計画及び収支予算を作成し、国土交通省令で

法〈二七条の二〇〉　施行規則〈一七条の三七〉

七条の八第一項後段」とあるのは「法第二十七条の十九第五項において準用する法第二十七条の八第一項後段」と、第十七条の二十七中「法第二十七条の十三第一項」とあるのは「法第二十七条の十九第五項において準用する法第二十七条の十三第一項」と、同条第一号並びに第十七条の二十八第一号及び第二号中「試験事務」とあるのは「交付等事務」と、同条中「法第二十七条の十五第三項」とあるのは「法第二十七条の十九第五項において準用する法第二十七条の十五第三項」と読み替えるものとする。

本条…追加〔昭六三建令一〇〕、旧一七条の二四…繰下〔平六建令二三〕、一部改正・旧一七条の二五…繰下〔平一六国交令一〕

（事業計画等の届出）

第十七条の三十七　指定資格者証交付機関は、法第二十七条の二十第一項

定めるところにより、国土交通大臣に届け出なければならない。これを変更しようとするときも、同様とする。

2　指定資格者証交付機関は、毎事業年度、事業報告書及び収支決算書を作成し、国土交通省令で定めるところにより、国土交通大臣に提出しなければならない。

本条…追加〔昭六二法六九〕、一・二項…一部改正〔平一一法一

前段の規定による届出をしようとするときは、事業計画及び収支予算を記載した届出書を当該事業年度の開始前に国土交通大臣に提出しなければならない。

2　指定資格者証交付機関は、法第二十七条の二十第一項後段の規定による届出をしようとするときは、次に掲げる事項を記載した届出書を国土交通大臣に提出しなければならない。

一　変更しようとする事項

二　変更しようとする年月日

三　変更の理由

本条…追加〔昭六三建令一〇〕、旧一七条の二二…繰下〔平六建令三三〕、一・二項…一部改正〔平一二建令四一〕、旧一七条の二三…繰下〔平一六国交令一〕

（事業報告書等の提出）

第十七条の三十八　指定資格者証交付機関は、事業年度の終了後遅滞なく、当該事業年度における資格者証の交

六〇〕

注　一項の「国土交通省令で定めるところ」＝施行規則一七条の三七
　　二項の「国土交通省令で定めるところ」＝施行規則一七条の三八

（手数料）

第二十七条の二十一　資格者証の交付又は資格者証の有効期間の更新を受けようとする者は、実費を勘案して政令で定める額の手数料を国（指定資格者証交付機関が行う資格者証の交付又は資格者証の有効期間の更新を受けようとする者は、指定資格者証交付機関）に納めなければならない。

2　前項の規定により指定資格者証交付機関に納められた手数料は、指定資格者証交付機関の収入とする。

本条…追加〔昭六二法六九〕

注　一項の「政令で定める額」＝施行令二七条の一二

（国土交通省令への委任）

（資格者証交付等手数料）

第二十七条の十二　法第二十七条の二十一第一項の政令で定める額は、七千六百円とする。

本条…追加〔昭六三政一四八〕、一部改正〔平元政七二・九政七四・一六政五四〕

付等の件数、当該事業年度の末日において当該指定資格者証交付機関から資格者証の交付を受けている者の人数その他の事項を記載した事業報告書及び収支決算書を国土交通大臣に提出しなければならない。

本条…追加〔昭六三建令一〇〕、旧一七条の二三…繰下〔平六建令三三〕、一部改正〔平一二建令四一〕、旧一七条の二四…繰下〔平一六国交令一〕

第十七条の二十九〔二二三頁〕参照

第二十七条の二十二　この章に規定するもののほか、第二十六条第四項の登録及び講習の受講並びに第二十七条の十八第一項の資格者証に関し必要な事項は、国土交通省令で定める。

本条…追加〔昭六二法六九〕、見出・本条…一部改正〔平一一法一六〇〕、本条…一部改正〔平一五法九六〕

注　「国土交通省令」＝施行規則一七条の二九、一七条の三一―三三、一七条の三九

第四章の二　建設業者の経営に関する事項の審査等

本章…追加〔昭三六法八六〕、本章名…一部改正〔平一五法九六〕

（経営事項審査）

第二十七条の二十三　公共性のある施設又は工作物に関する建設工事で政令で定めるものを発注者から直接請け負おうとする建設業者は、国土交通省令で定めるところにより、その経営に関する客観的事項について審査を受けなければならない。

（公共性のある施設又は工作物に関する建設工事）

第二十七条の十三　法第二十七条の二十三第一項の政令で定める建設工事は、国、地方公共団体、法人税法（昭和四十年法律第三十四号）別表第一に掲げる公共法人（地方公共団体を除く。）又はこれらに準ずるものとして国土交通省令で定める法人が発注者であり、かつ、工事一件の請負代金の額が五百万円（当該建設工事が建築一式工事である場合にあつては、千五百万円）以上のものであつて、次に掲げる建設工事以外のものとする。

第十七条の三十一〔二二七頁〕参照
第十七条の三十二〔二二九頁〕参照
第十七条の三十三〔二三一頁〕参照
第十七条の三十九〔二三六頁〕参照

（令第二十七条の十三の法人）

第十八条　令第二十七条の十三の国土交通省令で定める法人は、関西国際空港株式会社、公害健康被害補償予防協会、首都高速道路株式会社、消防団員等公務災害補償等共済基金、地方競馬全国協会、東京地下鉄株式会社、東京湾横断道路の建設に関する特別措置法（昭和六十一年法律第四十五号）第二条第一項に規定する東京湾横断道路建設事業者、独立行政法人科学技術振興機構、独立行政法人勤労者退職金共済機構、独立行政法人新エネルギー・産業技術総合開発機構、独立行政法人中小企業基

一　堤防の欠壊、道路の埋没、電気設備の故障その他施設又は工作物の破壊、埋没等で、これを放置するときは、著しい被害を生ずるおそれのあるものによつて必要を生じた応急の建設工事

二　前号に掲げるもののほか、経営事項審査を受けていない建設業者が発注者から直接請け負うことについて緊急の必要その他やむを得ない事情があるものとして国土交通大臣が指定する建設工事

本条…追加〔平六政三九一〕、一部改正〔平一二政三一二・二〇政一八六〕

注　「国土交通省令で定めるもの」＝施行規則一八条

盤整備機構、独立行政法人日本原子力研究開発機構、独立行政法人農業者年金基金、独立行政法人理化学研究所、中日本高速道路株式会社、成田国際空港株式会社、西日本高速道路株式会社、日本環境安全事業株式会社、日本小型自動車振興会、日本自転車振興会、日本私立学校振興・共済事業団、日本たばこ産業株式会社、日本電信電話株式会社等に関する法律（昭和五十九年法律第八十五号）第一条第一項に規定する会社及び同条第二項に規定する地域会社、農林漁業団体職員共済組合、阪神高速道路株式会社、東日本高速道路株式会社、本州四国連絡高速道路株式会社並びに旅客鉄道株式会社及び日本貨物鉄道株式会社に関する法律（昭和六十一年法律第八十八号）第一条第三項に規定する会社とする。

本条…追加〔平七建令一六〕、一部改正〔平九建令四・一〇建令三六・一一建令三七・一二建令四一・一五国交令一〇九・一六国交令五六・七四、一七国交令九九、二〇国交令八四〕

（経営事項審査の受審）

2　前項の審査（以下「経営事項審査」という。）は、次に掲げる事項について、数値による評価をすることにより行うものとする。

一　経営状況

二　経営規模、技術的能力その他の前号に掲げる事項以外の客観的事項

第十八条の二　法第二十七条の二十三第一項の建設業者は、同項の建設工事について発注者と請負契約を締結する日の一年七月前の日の直後の事業年度終了の日以降に経営事項審査を受けていなければならない。

本条…追加〔昭三六建令二九〕、一部改正・旧二一条…繰上〔昭四七建令一〕、見出…全部改正・本条…一部改正〔昭六三建令一〇〕、一項…追加・旧一項…一部改正し二項に繰下〔平六建令一六〕、見出…一部改正・一項…追加・旧一・二項…一部改正し一項ずつ繰下・旧一八条…繰下〔平七建令一六〕、三項…全部改正〔平一二建令一〇〕、二・三項…一部改正〔平一二建令四一〕、旧一九条…繰上〔平一三国交令七二〕、見出…一部改正・二・三項…削除〔平一六国交令一〕、本条…一部改正〔平一八国交令六〇〕

（経営事項審査の客観的事項）

第十八条の三　法第二十七条の二十三

第二項第二号に規定する客観的事項は、経営規模、技術的能力及び次の各号に掲げる事項とする。

一　労働福祉の状況

二　建設業の営業年数

三　法令遵守の状況

四　建設業の経理に関する状況

五　研究開発の状況

六　防災活動への貢献の状況

2　前項に規定する技術的能力は、次の各号に掲げる事項により評価することにより審査するものとする。

一　法第七条第二号イ、ロ若しくはハ又は法第十五条第二号イ、ロ若しくはハに該当する者の数

二　工事現場において基幹的な役割を担うために必要な技能に関する講習であつて、次条から第十八条の三の四までの規定により国土交通大臣の登録を受けたもの（以下「登録基幹技能者講習」という。）を修了した者の数

三　元請完成工事高

3　第一項第四号に規定する事項は、次の各号に掲げる事項により評価することにより審査するものとする。

一　会計監査人又は会計参与の設置の有無

二　建設業の経理に関する業務の責任者のうち次に掲げる者に

よる建設業の経理が適正に行われたことの確認の有無

イ　公認会計士、会計士補、税理士及びこれらとなる資格を有する者

ロ　建設業の経理に必要な知識を確認するための試験であつて、第十八条の四、第十八条の五及び第十八条の七において準用する第七条の五の規定により国土交通大臣の登録を受けたもの（以下「登録経理試験」という。）に合格した者

三　建設業に従事する職員のうち前号イ又はロに掲げる者で建設業の経理に関する業務を遂行する能力を有するものと認められるものの数

本条…追加〔平一七国交令一一三〕、一項…一部改正・二項…全部改正・三項…追加〔平二〇国交令三〕

（登録の申請）

第十八条の三の二　前条第二項第二号の登録は、登録基幹技能者講習の実施に関する事務（以下「登録基幹技能者講習事務」という。）を行おうとする者の申請により行う。

2　前条第二項第二号の登録を受けようとする者（以下「登録基幹技能者講習事務申請者」という。）は、次に掲げる事項を記載した申請書を国土交通大臣に提出しなければならない。

一　登録基幹技能者講習事務申請者の氏名又は名称及び住所並

びに法人（法人でない社団又は財団で代表者又は管理人の定めがあるものを含む。以下この条から第十八条の三の四までにおいて同じ。）にあつては、その代表者の氏名

二　登録基幹技能者講習事務を行おうとする事務所の名称及び所在地

三　登録基幹技能者講習事務を開始しようとする年月日

四　登録基幹技能者講習委員（第十八条の三の四第一項第二号に規定する合議制の機関を構成する者をいう。以下同じ。）となるべき者の氏名及び略歴並びに同号イ又はロに該当する者にあつては、その旨

五　登録基幹技能者講習の種目

3　前項の申請書には、次に掲げる書類を添付しなければならない。

一　個人である場合においては、次に掲げる書類

イ　住民票の抄本又はこれに代わる書面

ロ　略歴を記載した書類

二　法人である場合においては、次に掲げる書類

イ　定款又は寄附行為及び登記事項証明書

ロ　株主名簿若しくは社員名簿の写し又はこれらに代わる書面

ハ　申請に係る意思の決定を証する書類

二　役員の氏名及び略歴を記載した書類
三　登録基幹技能者講習事務の概要を記載した書類
四　登録基幹技能者講習委員のうち、第十八条の三の四第一項第二号イ又はロに該当する者にあつては、その資格等を有することを証する書類
五　登録基幹技能者講習事務以外の業務を行おうとするときは、その業務の種類及び概要を記載した書類
六　登録基幹技能者講習事務申請者が次条各号のいずれにも該当しない者であることを誓約する書面
七　その他参考となる事項を記載した書類

本条…追加〔平二〇国交令三〕

（欠格条項）

第十八条の三の三　次の各号のいずれかに該当する者が行う講習は、第十八条の三第二項第二号の登録を受けることができない。
一　法の規定に違反し、罰金以上の刑に処せられ、その執行を終わり、又は執行を受けることがなくなつた日から起算して二年を経過しない者
二　第十八条の三の十三の規定により第十八条の三第二項第二号の登録を取り消され、その取消しの日から起算して二年を経過しない者
三　法人であつて、登録基幹技能者講習事務を行う役員のうち

に前二号のいずれかに該当する者があるもの

本条…追加〔平二〇国交令三〕

（登録の要件等）

第十八条の三の四　国土交通大臣は、第十八条の三の二の規定による登録の申請が次に掲げる要件のすべてに適合しているときは、その登録をしなければならない。

一　第十八条の三の六第三号の表の上欄に掲げる科目について講習が行われるものであること。

二　次のいずれかに該当する者を二名以上含む五名以上の者によって構成される合議制の機関により試験問題の作成及び合否判定が行われるものであること。

イ　学校教育法による大学若しくはこれに相当する外国の学校において登録基幹技能者講習の種目に関する科目を担当する教授若しくは准教授の職にあり、若しくはこれらの職にあった者又は登録基幹技能者講習の種目に関する科目の研究により博士の学位を授与された者

ロ　国土交通大臣がイに掲げる者と同等以上の能力を有すると認める者

2　第十八条の三第二項第二号の登録は、登録基幹技能者講習登録簿に次に掲げる事項を記載してするものとする。

一　登録年月日及び登録番号

二　登録基幹技能者講習事務を行う者（以下「登録基幹技能者講習実施機関」という。）の氏名又は名称及び住所並びに法人にあつては、その代表者の氏名
三　登録基幹技能者講習事務を行う事務所の名称及び所在地
四　登録基幹技能者講習事務を開始する年月日
五　登録基幹技能者講習の種目

本条…追加〔平二〇国交令三〕

（登録の更新）
第十八条の三の五　第十八条の三第二項第二号の登録は、五年ごとにその更新を受けなければ、その期間の経過によつて、その効力を失う。
2　前三条の規定は、前項の登録の更新について準用する。

本条…追加〔平二〇国交令三〕

（登録基幹技能者講習事務の実施に係る義務）
第十八条の三の六　登録基幹技能者講習実施機関は、公正に、かつ、第十八条の三の四第一項各号に掲げる要件及び次に掲げる基準に適合する方法により登録基幹技能者講習事務を行わなければならない。
一　講習は、講義及び試験により行うものであること。
二　受講者があらかじめ受講を申請した者本人であることを確認すること。

三　講義は、次の表の上欄に掲げる科目に応じ、それぞれ同表の下欄に掲げる内容について、合計十時間以上行うこと。

科目	内容
基幹技能一般知識に関する科目	工事現場における基幹的な役割及び当該役割を担うために必要な技能に関する事項
基幹技能関係法令に関する科目	労働安全衛生法その他関係法令に関する事項
建設工事の施工管理、工程管理、資材管理その他の技術上の管理に関する科目	イ　施工管理に関する事項 ロ　工程管理に関する事項 ハ　資材管理に関する事項 ニ　原価管理に関する事項 ホ　品質管理に関する事項 ヘ　安全管理に関する事項

四　前号の表の上欄に掲げる科目及び同表の下欄に掲げる内容に応じ、教本等必要な教材を用いて実施されること。

五　講師は、講義の内容に関する受講者の質問に対し、講義中に適切に応答すること。

六　試験は、第三号の表の上欄に掲げる科目に応じ、それぞれ同表の下欄に掲げる内容について、一時間以上行うこと。

七　終了した試験の問題及び合格基準を公表すること。

八　講習の課程を修了した者に対して、別記様式第三十号による登録基幹技能者講習修了証を交付すること。
九　講習を実施する日時、場所その他講習の実施に関し必要な事項及び当該講習が国土交通大臣の登録を受けた講習である旨を公示すること。
十　講習以外の業務を行う場合にあつては、当該業務が国土交通大臣の登録を受けた講習であると誤認されるおそれがある表示その他の行為をしないこと。

本条…追加〔平二〇国交令三〕

（登録事項の変更の届出）

第十八条の三の七　登録基幹技能者講習実施機関は、第十八条の三の四第二項第二号から第四号までに掲げる事項を変更しようとするときは、変更しようとする日の二週間前までに、その旨を国土交通大臣に届け出なければならない。

本条…追加〔平二〇国交令三〕

（規程）

第十八条の三の八　登録基幹技能者講習実施機関は、次に掲げる事項を記載した登録基幹技能者講習事務に関する規程を定め、当該事務の開始前に、国土交通大臣に届け出なければならない。これを変更しようとするときも、同様とする。

一　登録基幹技能者講習事務を行う時間及び休日に関する事項

二　登録基幹技能者講習事務を行う事務所及び講習の実施場所に関する事項
三　登録基幹技能者講習の日程、公示方法その他の登録基幹技能者講習事務の実施の方法に関する事項
四　登録基幹技能者講習の受講の申込みに関する事項
五　登録基幹技能者講習の受講手数料の額及び収納の方法に関する事項
六　登録基幹技能者講習委員の選任及び解任に関する事項
七　登録基幹技能者講習試験の問題の作成及び合否判定の方法に関する事項
八　終了した登録基幹技能者講習試験の問題及び合格基準の公表に関する事項
九　登録基幹技能者講習修了証の交付及び再交付に関する事項
十　登録基幹技能者講習事務に関する秘密の保持に関する事項
十一　登録基幹技能者講習事務に関する公正の確保に関する事項
十二　不正受講者の処分に関する事項
十三　第十八条の三の十四第三項の帳簿その他の登録基幹技能者講習事務に関する書類の管理に関する事項
十四　その他登録基幹技能者講習事務に関し必要な事項

本条…追加〔平二〇国交令三〕

（登録基幹技能者講習事務の休廃止）

第十八条の三の九　登録基幹技能者講習実施機関は、登録基幹技能者講習事務の全部又は一部を休止し、又は廃止しようとするときは、あらかじめ、次に掲げる事項を記載した届出書を国土交通大臣に提出しなければならない。

一　休止し、又は廃止しようとする登録基幹技能者講習事務の範囲

二　休止し、又は廃止しようとする年月日及び休止しようとする場合にあつては、その期間

三　休止又は廃止の理由

本条…追加〔平二〇国交令三〕

（財務諸表等の備付け及び閲覧等）

第十八条の三の十　登録基幹技能者講習実施機関は、毎事業年度経過後三月以内に、その事業年度の財産目録、貸借対照表及び損益計算書又は収支計算書並びに事業報告書（その作成に代えて電磁的記録の作成がされている場合における当該電磁的記録を含む。次項において「財務諸表等」という。）を作成し、五年間事務所に備えて置かなければならない。

2　登録基幹技能者講習を受講しようとする者その他の利害関係人は、登録基幹技能者講習実施機関の業務時間内は、いつでも、次に掲げる請求をすることができる。ただし、第二号又は第四

号の請求をするには、登録基幹技能者講習実施機関の定めた費用を支払わなければならない。

一　財務諸表等が書面をもつて作成されているときは、当該書面の閲覧又は謄写の請求

二　前号の書面の謄本又は抄本の請求

三　財務諸表等が電磁的記録をもつて作成されているときは、当該電磁的記録に記録された事項を紙面又は出力装置の映像面に表示したものの閲覧又は謄写の請求

四　前号の電磁的記録に記録された事項を電磁的方法であつて、次に掲げるもののうち登録基幹技能者講習実施機関が定めるものにより提供することの請求又は当該事項を記載した書面の交付の請求

イ　送信者の使用に係る電子計算機と受信者の使用に係る電子計算機とを電気通信回線で接続した電子情報処理組織を使用する方法であつて、当該電気通信回線を通じて情報が送信され、受信者の使用に係る電子計算機に備えられたファイルに当該情報が記録されるもの

ロ　磁気ディスク等をもつて調製するファイルに情報を記録したものを交付する方法

3　前項第四号イ又はロに掲げる方法は、受信者がファイルへの記録を出力することにより書面を作成することができるもので

なければならない。

本条…追加〔平二〇国交令三〕

（適合命令）

第十八条の三の十一 国土交通大臣は、登録基幹技能者講習実施機関の実施する登録基幹技能者講習が第十八条の三の四第一項の規定に適合しなくなつたと認めるときは、当該登録基幹技能者講習実施機関に対し、同項の規定に適合するため必要な措置をとるべきことを命ずることができる。

本条…追加〔平二〇国交令三〕

（改善命令）

第十八条の三の十二 国土交通大臣は、登録基幹技能者講習実施機関が第十八条の三の六の規定に違反していると認めるときは、当該登録基幹技能者講習実施機関に対し、同条の規定による登録基幹技能者講習事務を行うべきこと又は登録基幹技能者講習事務の方法その他の業務の方法の改善に関し必要な措置をとるべきことを命ずることができる。

本条…追加〔平二〇国交令三〕

（登録の取消し等）

第十八条の三の十三 国土交通大臣は、登録基幹技能者講習実施機関が次の各号のいずれかに該当するときは、当該登録基幹技能者講習実施機関が行う講習の登録を取り消し、又は期間を定めて登録基幹技能者講習事務の全部若しくは一部の停止を命ずることができる。
一　第十八条の三の三第一号又は第三号に該当するに至ったとき。
二　第十八条の三の七から第十八条の三の九まで、第十八条の三の十第一項又は次条の規定に違反したとき。
三　正当な理由がないのに第十八条の三の十第二項各号の規定による請求を拒んだとき。
四　前二条の規定による命令に違反したとき。
五　第十八条の三の十五の規定による報告を求められて、報告をせず、又は虚偽の報告をしたとき。
六　不正の手段により第十八条の三第二項第二号の登録を受けたとき。

本条…追加〔平二〇国交令三〕

（帳簿の記載等）
第十八条の三の十四　登録基幹技能者講習実施機関は、登録基幹技能者講習に関する次に掲げる事項を記載した帳簿を備えなければならない。
一　講習の実施年月日
二　講習の実施場所
三　受講者の受講番号、氏名、生年月日及び合否の別

四　登録基幹技能者講習修了証の交付年月日

2　前項各号に掲げる事項が、電子計算機に備えられたファイル又は磁気ディスク等に記録され、必要に応じ登録基幹技能者講習実施機関において電子計算機その他の機器を用いて明確に紙面に表示されるときは、当該記録をもつて同項に規定する帳簿への記載に代えることができる。

3　登録基幹技能者講習実施機関は、第一項に規定する帳簿（前項の規定による記録が行われた同項のファイル又は磁気ディスク等を含む。）を、登録基幹技能者講習事務の全部を廃止するまで保存しなければならない。

4　登録基幹技能者講習実施機関は、次に掲げる書類を備え、登録基幹技能者講習を実施した日から三年間保存しなければならない。

一　登録基幹技能者講習の受講申込書及び添付書類

二　終了した登録基幹技能者講習の試験問題及び答案用紙

本条…追加〔平二〇国交令三〕

（報告の徴収）

第十八条の三の十五　国土交通大臣は、登録基幹技能者講習事務の適切な実施を確保するため必要があると認めるときは、登録基幹技能者講習実施機関に対し、登録基幹技能者講習事務の状況に関し必要な報告を求めることができる。

本条…追加〔平二〇国交令三〕

（公示）

第十八条の三の十六　国土交通大臣は、次に掲げる場合には、その旨を官報に公示しなければならない。

一　第十八条の三第二項第二号の登録をしたとき。

二　第十八条の三の七の規定による届出があつたとき。

三　第十八条の三の九の規定による届出があつたとき。

四　第十八条の三の十三の規定により登録を取り消し、又は登録基幹技能者講習事務の停止を命じたとき。

本条…追加〔平二〇国交令三〕

（登録の申請）

第十八条の四　第十八条の三第三項第二号ロの登録は、登録経理試験の実施に関する事務（以下「登録経理試験事務」という。）を行おうとする者の申請により行う。

2　前条第二項第二号の登録を受けようとする者（以下「登録経理試験事務申請者」という。）は、次に掲げる事項を記載した申請書を国土交通大臣に提出しなければならない。

一　登録経理試験事務申請者の氏名又は名称及び住所並びに法人にあつては、その代表者の氏名

二　登録経理試験事務を行おうとする事務所の名称及び所在地

三　登録経理試験事務を開始しようとする年月日

四　登録経理試験委員（次条第一項第二号に規定する合議制の機関を構成する者をいう。以下同じ。）となるべき者の氏名及び略歴並びに同号イからニまでのいずれかに該当する者にあつては、その旨

3　前項の申請書には、次に掲げる書類を添付しなければならない。

一　個人である場合においては、次に掲げる書類

イ　住民票の抄本又はこれに代わる書面

ロ　略歴を記載した書類

二　法人である場合においては、次に掲げる書類

イ　定款又は寄附行為及び登記事項証明書

ロ　株主名簿若しくは社員名簿の写し又はこれらに代わる書面

ハ　申請に係る意思の決定を証する書類

ニ　役員の氏名及び略歴を記載した書類

三　登録経理試験委員のうち、次条第一項第二号イからニまでのいずれかに該当する者にあつては、その資格等を有することを証する書類

四　登録経理試験事務以外の業務を行おうとするときは、その業務の種類及び概要を記載した書類

五　登録経理試験事務申請者が第十八条の七において準用する

第七条の五各号のいずれにも該当しない者であることを誓約する書面

六　その他参考となる事項を記載した書類

本条…追加〔平一七国交令一一三〕、三項…一部改正〔平一八国交令六〇〕、一・三項…一部改正〔平二〇国交令三〕

（登録の要件等）

第十八条の五　国土交通大臣は、前条の規定による登録の申請が次に掲げる要件のすべてに適合しているときは、その登録をしなければならない。

一　次に掲げる内容について試験が行われるものであること。

イ　会計学

ロ　会社法その他会計に関する法令

ハ　建設業に関する法令（会計に関する部分に限る。）

ニ　その他建設業会計に関する知識

二　次のいずれかに該当する者を二名以上含む十名以上の者によつて構成される合議制の機関により試験問題の作成及び合否判定が行われるものであること。

イ　学校教育法による大学若しくはこれに相当する外国の学校において会計学その他の登録経理試験事務に関する科目を担当する教授若しくは准教授の職にあり、若しくはこれらの職にあつた者又は会計学その他の登録経理試験事務に

関する科目の研究により博士の学位を授与された者

ロ 建設業者のうち株式会社であつて総売上高のうち建設業に係る売上高の割合が五割を超えているものに対し、証券取引法（昭和二十三年法律第二十五号）第百九十三条の二に規定する監査証明又は会社法第三百九十六条に規定する監査に係る業務（ハにおいて「建設業監査等」という。）に五年以上従事した者

ハ 監査法人の行う建設業監査等にその社員として五年以上関与した公認会計士

ニ 国土交通大臣がイからハまでに掲げる者と同等以上の能力を有すると認める者

2 第十八条の三第二項第二号の登録は、登録経理試験登録簿に次に掲げる事項を記載してするものとする。

一 登録年月日及び登録番号

二 登録経理試験事務を行う者（以下「登録経理試験実施機関」という。）の氏名又は名称及び住所並びに法人にあつては、その代表者の氏名

三 登録経理試験事務を行う事務所の名称及び所在地

四 登録経理試験事務を開始する年月日

本条…追加〔平一七国交令一一三〕、一項…一部改正〔平一八国交令六〇・一九国交令二七〕

（登録経理試験事務の実施に係る義務）

第十八条の六　登録経理試験実施機関は、公正に、かつ、前条第一項各号に掲げる要件及び次に掲げる基準に適合する方法により登録経理試験事務を行わなければならない。

一　次の表の第一欄に掲げる級ごとに、同表の第二欄に掲げる科目の区分に応じ、それぞれ同表の第三欄に掲げる内容について、同表の第四欄に掲げる時間を標準として試験を行うこと。

級	科目	内容	時間
一級	一　建設業の原価計算に関する科目	建設工事の施工前における見積り、積算段階における工事原価予測並びに発生原価の把握及び測定による工事原価管理に関する一般的事項	四時間三十分
	二　建設業の財務諸表に関する科目	会計理論、会計基準及び建設業の計算書類の作成に関する一般的事項	
	三　建設業の財務分析に関する科目	財務諸表等を用いた建設業の経営分析に関する一般的事項	

二級	一　建設業の原価計算に関する科目	建設工事の施工前における見積り、積算段階における工事原価予測並びに発生原価の把握及び測定による工事原価管理に関する概略的事項	二時間
	二　建設業の財務諸表に関する科目	会計理論、会計基準及び建設業の計算書類の作成に関する概略的事項	

二　登録経理試験を実施する日時、場所その他登録経理試験の実施に関し必要な事項をあらかじめ公示すること。

三　登録経理試験に関する不正行為を防止するための措置を講じること。

四　終了した登録経理試験の問題及び合格基準を公表すること。

五　登録経理試験に合格した者に対し、別記様式第二十五号の七の二による合格証明書（以下「登録経理試験合格証明書」という。）を交付すること。

本条…追加〔平一七国交令一一三〕

（準用規定）

第十八条の七　第七条の五、第七条の七及び第七条の九から第七条の十八までの規定は、登録経理試験実施機関について準用する。この場合において、次の表の上欄に掲げる規定中同表の中欄に掲げる字句は、それぞれ同表の下欄に掲げる字句に読み替えるものとする。

第七条の五、第七条の七第一項、第七条の十五第六号、第七条の十八第一号	第七条の三第二号の表とび・土工工事業の項第四号	第十八条の三第二項第二号
第七条の五第二号、第七条の十八第四号	第七条の十五	第十八条の七において準用する第七条の十五
第七条の五第三号、第七条の十、第七条の十一（見出しを含む。）、第七条の十四、第七条の十五、第七条の十六第三項、第七条の十七、第七条の十八第四号	登録地すべり防止工事試験事務	登録経理試験事務
第七条の七第二項	前三条	第十八条の四、第十八条の五及び第十八条の七におい

		て準用する第七条の五
第七条の九から第七条の十一まで、第七条の十二第一項及び第二項、第七条の十三から第七条の十七まで	登録地すべり防止工事試験実施機関	登録経理試験実施機関
第七条の九	第七条の六第二項第二号	第十八条の五第二項第二号
第七条の十第三号	登録地すべり防止工事試験の	登録経理試験の
第七条の十第四号、第五号、第七号及び第八号、第七条の十六第四項各号	登録地すべり防止工事試験	登録経理試験
第七条の十第六号	登録地すべり防止工事試験委員	登録経理試験委員
第七条の十第九号	登録地すべり防止工事試験合格証明書	登録経理試験合格証明書

第七条の十第十三号	第七条の十六第三項	第十八条の七において準用する第七条の十六第三項
第七条の十二第二項、第七条の十六第四項	登録地すべり防止工事試験を	登録経理試験を
第七条の十三	登録地すべり防止工事試験が	登録経理試験が
	第七条の六第一項	第十八条の五第一項
第七条の十四	第七条の八	第十八条の六
第七条の十五第一号	第七条の五第一号	第十八条の七において準用する第七条の五第一号
第七条の十五第二号、第七条の十八第二号	第七条の九	第十八条の七において準用する第七条の九
第七条の十五第二号	次条	第七条の十六
第七条の十五第三号	第七条の十二第二項各号	第十八条の七において準用する第七条の十二第二項各号

3　前項に定めるもののほか、経営事項審査の項目及び基準は、中央建設業審議会の意見を聴いて国土交通大臣が定める。

本条…追加〔昭三六法八六〕、見出…全部改正・一項…一部改正・二・四―六項…追加・旧二項…一部改正し三項に繰下・旧二七条の二…繰下〔昭六二法六九〕、一項…全部改正・二・四・六項…一部改正〔平六法六三〕、一・三―六項…一部改正〔平一一法一六〇〕、一項…一部改正・二項…全部改正・四―六項…削除〔平一五法九六〕

注　一項の「政令で定めるもの」＝施行令二七条の一三
一項の「国土交通省令の定めるところ」＝施行規則一八条の二
三項の「審査の項目及び基準」＝平成六年建設省告示一四六一号

第七条の十五第四号	前二条	第十八条の七において準用する第七条の十三又は前条
第七条の十五第五号	第七条の十七	第十八条の七において準用する第七条の十七
第七条の十六第一項	登録地すべり防止工事試験に	登録経理試験に
第七条の十八第三号	第七条の十一	第十八条の七において準用する第七条の十一

本条…追加〔平一七国交令一一三〕

（経営状況分析）

第二十七条の二十四　前条第二項第一号に掲げる事項の分析（以下「経営状況分析」という。）については、第二十七条の三十一及び第二十七条の三十二において準用する第二十六条の五の規定により国土交通大臣の登録を受けた者（以下「登録経営状況分析機関」という。）が行うものとする。

2　経営状況分析の申請は、国土交通省令で定める事項を記載した申請書を登録経営状況分析機関に提出してしなければならない。

第二十一条の五〔二八一頁〕参照

（経営状況分析の申請）

第十九条の二　登録経営状況分析機関は、経営状況分析の申請の時期及び方法等を定め、その内容を公示するものとする。

2　法第二十七条の二十四第二項及び第三項の規定により提出すべき経営状況分析申請書及びその添付書類は、前項の規定に基づき公示されたところにより、提出しなければならない。

本条…追加〔昭六三建令一〇〕、一項…一部改正〔平一二建令四一〕、本条…全部改正〔平一六国交令一〕

3　前項の申請書には、経営状況分析に必要な事実を証する書類として国土交通省令で定める書類を添付しなければならない。

4　登録経営状況分析機関は、経営状況分析のため必要があると認めるときは、経営状況分析の申請をした建設業者に報告又は資料の提出を求めることができる。

本条…追加〔昭六二法六九〕、一・三・四項…一部改正〔平一一法一六〇〕、本条…全部改正〔平一五法九六〕

（経営状況分析申請書の記載事項及び様式）

第十九条の三　法第二十七条の二十四第二項の国土交通省令で定める事項は、次のとおりとする。

一　商号又は名称

二　主たる営業所の所在地

三　許可番号

2　経営状況分析申請書の様式は、別記様式第二十五号の八によるものとする。

本条…追加〔昭六三建令一〇〕、一項…一部改正〔平六建令一六〕、一項…一部改正・三項…追加〔平一〇建令二七〕、一・三項…一部改正〔平一二建令四一〕、本条…全部改正〔平一六国交令一〕

（経営状況分析申請書の添付書類）

第十九条の四　法第二十七条の二十四第三項の国土交通省令で定める書類は、次のとおりとする。

一　会社法第二条第六号に規定する大会社であつて有価証券報告書提出会社（金融商品取引法（昭和二十三年法律第二十五号）第二十四

注

一項の「登録」＝施行規則二一条の五
二項・三項の「経営状況分析申請書」＝施行規則一九条の二
二項の「申請書の記載事項」＝施行規則一九条の三
三項の「国土交通省令で定める書類」＝施行規則一九条の四
「罰則」＝五〇条四号・五二条四号

条第一項の規定による有価証券報告書を内閣総理大臣に提出しなければならない株式会社をいう。）である場合においては、一般に公正妥当と認められる企業会計の基準に準拠して作成された連結会社の直前三年の各事業年度の連結貸借対照表、連結損益計算書、連結株主資本等変動計算書及び連結キャッシュ・フロー計算書

二　前号の会社以外の法人である場合においては、別記様式第十五号から第十七号の二までによる直前三年の各事業年度の貸借対照表、損益計算書、株式資本等変動計算書及び注記表

三　個人である場合においては、別記様式第十八号及び第十九号による直前三年の各事業年度の貸借対照表及び損益計算書

四　建設業以外の事業を併せて営む者にあつては、別記様式第二十五号の九による直前三年の各事業年

（経営状況分析の結果の通知）

第二十七条の二十五　登録経営状況分析機関は、経営状況分析を行つたときは、遅滞なく、国土交通省令で定めるところにより、当該経営状況分析の申請をした建設業者に対して、当該経営状況分析の結果に係る数値を通知しなければならない。

本条…追加〔昭六二法六九〕、一項…一部改正〔平一一法一六〇〕、本条…全部改正〔平一五法九六〕

注　「国土交通省令」＝施行規則一九条の五

度の当該建設業以外の事業に係る売上原価報告書

五　その他経営状況分析に必要な書類

2　前項第一号から第四号までに掲げる書類のうち、既に提出され、かつ、その内容に変更がないものについては、同項の規定にかかわらず、その添付を省略することができる。

本条…追加〔昭和六三建令一〇〕、一項…一部改正〔平一二建令四一〕、本条…全部改正〔平一六国交令一〕、一項…一部改正〔平一八国交令六〇・二〇国交令三〕、二項…一部改正〔平二〇国交令八四〕

（経営状況分析の結果の通知）

第十九条の五　法第二十七条の二十五の通知は、別記様式第二十五号の十による通知書により行うものとする。

本条…追加〔昭六三建令一〇〕、一部改正〔平一二建令四一〕、本条…全部改正〔平一六国交令一〕

（経営規模等評価）

第二十七条の二十六　第二十七条の二十三第二項第二号に掲げる事項の評価（以下「経営規模等評価」という。）については、国土交通大臣又は都道府県知事が行うものとする。

2　経営規模等評価の申請は、国土交通省令で定める事項を記載した申請書を建設業の許可をした国土交通大臣又は都道府県知事に提出してしなければならない。

（経営規模等評価の申請）

第十九条の六　国土交通大臣又は都道府県知事は、経営規模等評価の申請の時期及び方法等を定め、その内容を公示するものとする。

2　法第二十七条の二十六第二項及び第三項の規定により提出すべき経営規模等評価申請書及びその添付書類は、前項の規定に基づき公示されたところにより、国土交通大臣の許可を受けた者にあつてはその主たる営業所の所在地を管轄する都道府県知事を経由して国土交通大臣に、都道府県知事の許可を受けた者にあつては当該都道府県知事に提出しなければならない。

本条…追加〔昭六三建令一〇〕、二項…追加・旧二項…一部改正し三項に繰下〔平一〇建令二七〕、一・三項…一部改正〔平一二建令四一〕、二・三項…一部改正〔平

3　前項の申請書には、経営規模等評価に必要な事実を証する書類として国土交通省令で定める書類を添付しなければならない。

4　国土交通大臣又は都道府県知事は、経営規模等評価のため必要があると認めるときは、経営規模等評価の申請をした建設業者に報告又は資料の提出を求めることができる。

本条…追加〔昭六二法六九〕、一項…一部改正〔平六法六三・一

一三国交令四二〕、本条…全部改正〔平一六国交令一〕

注　一項の「経営規模等評価の申請の時期及び方法等」＝平成一六年国土交通省告示四八二号

（経営規模等評価申請書の記載事項及び様式）

第十九条の七　法第二十七条の二十六第二項の国土交通省令で定める事項は、第十九条の三第一項各号に掲げる事項及び審査の対象とする建設業の種類とする。

2　経営規模等評価申請書の様式は、別記様式第二十五号の十一によるものとする。

本条…追加〔昭六三建令一〇〕、本条…全部改正〔平一六国交令一〕

（経営規模等評価申請書の添付書類）

第十九条の八　法第二十七条の二十六第三項の国土交通省令で定める書類は、別記様式第二号による工事経歴書とする。

2　法第六条第一項又は第十一条第二項（法第十七条において準用する場合を含む。）の規定により、経営規模等評価の申請をする日の属する事

一法一六〇〕、本条…全部改正〔平一五法九六〕

注　二項・三項の「国土交通省令」＝施行規則一九条の六
二項の「国土交通省令で定める事項」＝施行規則一九条の七
三項の「国土交通省令で定める書類」＝施行規則一九条の八
「罰則」＝五〇条四号・五二条四号

（経営規模等評価の結果の通知）

第二十七条の二十七　国土交通大臣又は都道府県知事は、経営規模等評価を行つたときは、遅滞なく、国土交通省令で定めるところにより、当該経営規模等評価の申請をした建設業者に対して、当該経営規模等評価の結果に係る数値を通知しなければならない。

本条…追加〔昭三六法八六〕、二項…一部改正〔昭四六法三一〕、一項…一部改正・二項…追加・旧二項…一部改正し三項に繰下・旧二七条の三…繰下〔昭六二法六九〕、一・三項…一部改正〔平六法六三〕、一―三項…一部改正〔平一一法一六〇〕、本条…全部改正〔平一五法九六〕

注　「国土交通省令で定めるところ」＝施行規則一九条の九

（再審査の申立）

第二十七条の二十八　経営規模等評価の結果について異議のある建設業者は、当該経営規模等評価を行つた国

業年度の開始の日の直前一年間についての別記様式第二号による工事経歴書を国土交通大臣又は都道府県知事に既に提出している者は、前項の規定にかかわらず、その添付を省略することができる。

本条…追加〔昭六三建令一〇〕、一部改正〔平一二建令四一〕、本条…全部改正〔平一六国交令一〕、二項…一部改正〔平一八国交令六〇〕、一・二項…一部改正〔平二〇国交令三〕

（経営規模等評価の結果の通知）

第十九条の九　法第二十七条の二十七の通知は、別記様式第二十五号の十二による通知書により行うものとする。

本条…追加〔昭六三建令一〇〕、一項…追加・旧一項…一部改正し二項に繰下〔平六建令一六〕、本条…全部改正〔平一六国交令一〕

（再審査の申立て）

第二十条　法第二十七条の二十八に規定する再審査（以下「再審査」とい

土交通大臣又は都道府県知事に対して、再審査を申し立てることができる。

本条…追加〔昭三六法八六〕、一部改正〔昭三七法一六一〕、一部改正・旧二七条の四…繰下〔昭六二法六九〕、一部改正〔平一一法一六〇〕、本条…全部改正〔平一五法九六〕

注　「再審査の申立」＝施行規則二〇条・二一条

う。）の申立ては、法第二十七条の二十七の規定による審査の結果の通知を受けた日から三十日以内にしなければならない。

2　法第二十七条の二十三第三項の経営事項審査の基準その他の評価方法（経営規模等評価に係るものに限る。）が改正された場合において、当該改正前の評価方法に基づく法第二十七条の二十七の規定による審査の結果の通知を受けた者は、前項の規定にかかわらず、当該改正の日から百二十日以内に限り、再審査（当該改正に係る事項についての再審査に限る。）を申し立てることができる。

3　再審査の申立ては、別記様式第二十五号の十一による申立書を経営規模等評価を行つた国土交通大臣又は都道府県知事に提出してしなければならない。

4　第二項の規定による再審査の申立てにおいては、前項の申立書に、再審査のために必要な書類を添付するものとする。

5　第二項の規定により再審査の申立てをする場合において提出する第三項の申立書及びその添付書類は、同項の規定にかかわらず、国土交通大臣の許可を受けた者にあってはその主たる営業所の所在地を管轄する都道府県知事を経由して国土交通大臣に、都道府県知事の許可を受けた者にあっては当該都道府県知事に提出しなければならない。

本条…追加〔昭三六建令二九〕、一部改正・旧二三条…繰上〔昭四七建令一〕、一部改正〔昭六三建令一〇〕、全部改正〔平八建令一〇〕、二項…一部改正・四・五項…追加〔平一〇建令二七〕、五項…全部改正〔平一二建令一〇〕、二・三・五項…一部改正〔平一二建令四一〕、一―五項…一部改正〔平一六国交令一〕

（再審査の結果の通知）

第二十一条　国土交通大臣又は都道府県知事は、法第二十七条の二十八の

（総合評定値の通知）

第二十七条の二十九　国土交通大臣又は都道府県知事は、経営規模等評価の申請をした建設業者から請求があつたときは、遅滞なく、国土交通省令で定めるところにより、当該建設業者に対して、総合評定値（経営状況分析の結果に係る数値及び経営規模等評価の結果に係る数値を用いて国土交通省令で定めるところにより算出した客観的事項の全体についての総合的な評定の結果に係る数値をいう。以下同じ。）を通知しなけ

規定による再審査を行つたときは、再審査の申立てをした者に、再審査の結果を通知するものとし、再審査の結果が法第二十七条の二十六第一項の規定による評価の結果と異なることとなつた場合において、法第二十七条の二十九第三項の規定による通知を受けた発注者があるときは、当該発注者に、再審査の結果を通知するものとする。

本条…追加〔昭三六建令二九〕、一部改正・旧二四条…繰上〔昭四七建令一〕、一部改正〔昭六三建令一〇・平一二建令四一・一六国交令一〕

（総合評定値の請求）

第二十一条の二　国土交通大臣又は都道府県知事は、総合評定値の請求（建設業者からの請求に限る。次項において同じ。）の時期及び方法等を定め、その内容を公示するものとする。

2　総合評定値の請求は、別記様式第二十五号の十一による請求書により

ればならない。

行うものとし、当該請求書には、第十九条の五に規定する通知書を添付するものとする。

3　前項の規定により提出すべき請求書及び通知書は、第一項の規定に基づき公示されたところにより、国土交通大臣の許可を受けた者にあつてはその主たる営業所の所在地を管轄する都道府県知事を経由して国土交通大臣に、都道府県知事の許可を受けた者にあつては当該都道府県知事に提出しなければならない。

本条…追加〔平一六国交令一〕

注　一項の「総合評定値の請求の時期及び方法等」＝平成一六年国土交通省告示一七〇号

（総合評定値の算出）

第二十一条の三　法第二十七条の二十九第一項の総合評定値は、次の式によつて算出するものとする。

$$P = 0.25X_1 + 0.15X_2 + 0.2Y + 0.25Z + 0.15W$$

この式において、P、X_1、X_2、Y及びWは、それぞれ次の数値を表すものとする。

P　総合評定値

X_1　経営規模等評価の結果に係る数値のうち、完成工事高に係るもの

X_2　経営規模等評価の結果に係る数値のうち、自己資本額及び利益額に係るもの

Y　経営状況分析の結果に係る数値

Z　経営規模等評価の結果に係る数値のうち、技術職員数及び元請完成工事高に係るもの

W　経営規模等評価の結果に係る数値のうち、X_1、X_2、Y及びZ以外に係るもの

本条…追加〔平一六国交令一〕、一部改正〔平二〇国交令三〕

2　前項の請求は、第二十七条の二十五の規定により登録経営状況分析機関から通知を受けた経営状況分析の結果に係る数値を当該建設業者の建設業の許可をした国土交通大臣又は都道府県知事に提出してしなければならない。

3　国土交通大臣又は都道府県知事は、第二十七条の二十三第一項の建設工事の発注者から請求があつたときは、遅滞なく、国土交通省令で定めるところにより、当該発注者に対して、同項の建設業者に係る総合評定値（当該発注者から同項の建設業者に係る経営状況分析の結果に係る数値及び経営規模等評価の結果に係る数値の請求があつた場合にあつては、これらの数値を含む。）を通知しなければならない。ただし、第一項の規定による請求をしていない建設業者に係る当該発注者からの請求にあつては、当該建設業者に係る経営規模等評価の結果に係る数値のみを通知すれば足りる。

本条…追加〔昭六二法六九〕、本条…全部改正〔平一五法九六〕

注　一項の「総合評定値の請求」＝施行規則二一条の二
一項の「総合評定値」＝施行規則二一条の三
一項・三項の「通知」＝施行規則二一条・二一条の四

第二十一条〔二七五頁〕参照

（総合評定値の通知）

第二十一条の四　法第二十七条の二十九第一項及び第三項の規定による通知は、別記様式第二十五号の十二による通知書により行うものとする。

本条…追加〔平一六国交令一〕

（手数料）

第二十七条の三十　国土交通大臣に対して第二十七条の二十六第二項の申請又は前条第一項の請求をしようとする者は、政令で定めるところにより、実費を勘案して政令で定める額の手数料を国に納めなければならない。

本条…追加〔昭六二法六九〕、二・三項…一部改正〔平一一法一六〇〕、本条…全部改正〔平一五法九六〕

注　「政令で定める手数料の額」＝施行令二七条の一四

（国土交通大臣が行う経営規模等評価等手数料）

第二十七条の十四　法第二十七条の三十の政令で定める手数料の額のうち経営規模等評価の申請に係るものは、八千百円に法第二十七条の二十三第一項に規定する建設業者が審査を受けようとする建設業（次項において「審査対象建設業」という。）一種類につき二千三百円として計算した額を加算した額とする。

2　法第二十七条の三十の政令で定める手数料の額のうち総合評定値の請求に係るものは、四百円に審査対象建設業一種類につき二百円として計算した額を加算した額とする。

本条…追加〔昭六三政一四八〕、一・二項…一部改正〔平元政七二・六政六九〕、一項…一部改正・旧二七条の一三…繰下〔平六政三九一〕、一項…一部改正〔平九政七四・一一政三五二〕、一・二項…一部改正〔平一二政一二二〕、本条…全部改正〔平一五政四九六〕

（登録）

第二十七条の三十一　第二十七条の二十四第一項の登録は、経営状況分析を行おうとする者の申請により行う。

2　国土交通大臣は、前項の規定により登録を申請した者（以下この項において「登録申請者」という。）が、電子計算機（入出力装置を含む。）及び経営状況分析に必要なプログラム（電子計算機に対する指令であって、一の結果を得ることができるように組み合わされたものをいう。）を有し、かつ、第二十七条の二十三第一項の規定により経営事項審査を受けなければならないこととされる建設業者（以下この項において単に「建設業者」という。）に支配されているものとして次のいずれかに該当するものでないときは、その登録をしなければならない。この場合において、登録に関して必要な手続は、国土交通省令で定める。

一　登録申請者が株式会社である場合にあっては、建設業者がその親法人であること。

二　登録申請者の役員（持分会社にあっては、業務を執行する社員）に占める建設業者の役員又は職員（過去二年間に当該建設業者の役員又は職員であっ

法＜二七条の三一＞　施行規則＜二一条の五＞

（登録経営状況分析機関の登録の申請）

第二十一条の五　法第二十七条の二十四第一項の登録（以下この条において「登録」という。）を受けようとする者は、別記様式第二十五号の十三の登録経営状況分析機関登録申請書に次に掲げる書類を添えて、これを国土交通大臣に提出しなければならない。

一　法人である場合においては、次に掲げる書類

イ　定款又は寄附行為及び登記事項証明書

ロ　株主名簿又は社員名簿の写し

ハ　申請に係る意思の決定を証する書類

た者を含む。）の割合が二分の一を超えていること。

三　登録申請者（法人にあつては、その代表権を有する役員）が建設業者の役員又は職員（過去二年間に当該建設業者の役員又は職員であつた者を含む。）であること。

3　登録は、登録経営状況分析機関登録簿に次に掲げる事項を記載してするものとする。

一　登録年月日及び登録番号

二　登録経営状況分析機関の氏名又は名称及び住所並びに法人にあつては、その代表者の氏名

三　登録経営状況分析機関が経営状況分析を行う事務所の所在地

本条…追加〔昭六二法六九〕、一・二項…一部改正・四項…追加〔平一一法八七〕、一・二項…一部改正〔平一一法一六〇〕、本条…全部改正〔平一五法九六〕、二項…一部改正〔平一七法八七〕

注　二項の「国土交通省令」＝施行規則二一条の五
　　二項の「電子計算機及び経営状況分析に必要なプログラムの内容等」＝平成一六年国土交通省告示六六号

ニ　役員の氏名及び略歴を記載した書類

二　個人である場合においては、登録を受けようとする者の略歴を記載した書類

三　電子計算機及び経営状況分析に必要なプログラムの概要を記載した書類

四　登録を受けようとする者が法第二十七条の三十二において準用する法第二十六条の五各号のいずれにも該当しない者であることを誓約する書面

五　その他参考となる事項を記載した書類

2　国土交通大臣は、登録を受けようとする者（個人である場合に限る。）に係る本人確認情報について、住民基本台帳法第三十条の七第三項の規定によるその提供を受けることができないときは、その者に対し、住民

（準用規定）

第二十七条の三十二　第二十六条の五、第二十六条の七から第二十六条の十六まで及び第二十六条の十九から第二十六条の二十一までの規定は、登録経営状況分析機関について準用する。この場合において、次の表の上欄に掲げる規定中同表の中欄に掲げる字句は、それぞれ同表の下欄に掲げる字句に読み替えるものとする。

第二十六条の五	該当する者が行う講習	該当する者
第二十六条の五、第二十六条の七第一項、第二十六条の十五第五号並びに第二十六条の二十一第一号及び第四号	第二十六条第四項	第二十七条の二十四第一項

票の抄本又はこれに代わる書面を提出させることができる。

本条…追加〔平一六国交令一〕、一項…一部改正〔平一六国交令一二一・一七国交令一一三・平一八国交令六〇〕

第二十一条の五　〔二八一頁〕参照

（経営状況分析の実施基準）

第二十一条の六　法第二十七条の三十二において準用する法第二十六条の八の国土交通省令で定める基準は、次に掲げるとおりとする。

一　法第二十七条の二十三第三項の規定により国土交通大臣が定める経営事項審査の項目及び基準に従い、電子計算機及びプログラムを用いて経営状況分析を行い、数値を算出すること。

二　経営状況分析申請書及び第十九条の四第一項各号に掲げる書類（次号、第四号及び第二十一条の八第四項において「経営状況分析

第二十六条の五第二号及び第二十六条の二十一第四号	第二十六条の十五	第二十七条の三十二において準用する第二十六条の十五
第二十六条の五第二号	第二十六条第四項の講習	第二十七条の二十四第一項
第二十六条の五第三号	第二十六条第四項の講習	経営状況分析の業務
第二十六条の七第二項	前三条	第二十七条の三十一及び第二十七条の三十二において準用する第二十六条の五
第二十六条の八の見出し	講習の実施に係る	経営状況分析の
第二十六条の八	第二十六条の六第一項第一号及び第二号に掲げる要件並びに国土交通省令	国土交通省令
第二十六条の八及び第二十六条の十六	講習	経営状況分析
第二十六条の九	第二十六条の六第二項第二号又は第三号	第二十七条の三十一第三項第二号又は第三号
第二十六条の十（見出しを含む。）	講習規程	経営状況分析規程

申請書等」という。）に記載された内容が、国土交通大臣が定めて通知する各勘定科目間の関係、各勘定科目に計上された金額等に関する基準に照らし、真正なものでない疑いがあると認める場合においては、国土交通大臣が定めて通知する方法によりその内容を確認すること。

三　経営状況分析申請書等に記載された内容が、適正でないと認める場合においては、申請をした建設業者から理由を聴取し、又はその補正を求めること。

四　登録経営状況分析機関が経営状況分析の申請を自ら行つた場合、申請に係る経営状況分析申請書等の作成に関与した場合その他の場合であつて、経営状況分析の公正な実施に支障を及ぼすおそれがあるものとして国土交通大臣が定め

第二十六条の十第一項	講習に	経営状況分析の業務に
	講習の	経営状況分析の業務の
第二十六条の十第二項及び第二十六条の十四	講習の	経営状況分析の
第二十六条の十第三項	講習に	経営状況分析に
第二十六条の十一並びに第二十六条の二十一第四号及び第五号	講習	経営状況分析の業務
第二十六条の十二第二項	建設業者	第二十七条の三十一第二項に規定する建設業者
第二十六条の十三	講習	登録経営状況分析機関
	第二十六条の六第一項	第二十七条の三十一第二項
第二十六条の十四	登録講習実施機関が第二十六条の八	登録経営状況分析機関が第二十七条の三十二において準用する第二十六条の八又は第二十七条の三十三

る場合においては、これらの申請に係る経営状況分析を行わないこと。

本条…追加〔平一六国交令二〕

注　四号の「経営状況分析の公正な実施に支障を及ぼすおそれがあるもの」＝平成一六年国土交通省告示六七号

（経営状況分析規程の記載事項）

第二十一条の七　法第二十七条の三十二において準用する法第二十六条の十第二項の国土交通省令で定める事項は、次に掲げるものとする。

一　経営状況分析を行う時間及び休日に関する事項

二　経営状況分析を行う事務所に関する事項

三　経営状況分析の実施に係る公示の方法に関する事項

四　経営状況分析の実施方法に関する事項

五　経営状況分析の業務に関する料金の額及び収納の方法に関する事項

	同条の規定による講習を	これらの規定による経営状況分析の業務を
第二十六条の十五	当該登録講習実施機関の行う講習の登録	その登録
	講習の全部	経営状況分析の業務の全部
第二十六条の十五第一号	第二十六条の五第一号又は第三号	第二十七条の三十二において準用する第二十六条の五第一号又は第三号
第二十六条の十五第二号及び第二十六条の二十一第二号	第二十六条の九	第二十七条の三十二において準用する第二十六条の九
第二十六条の十五第三号	第二十六条の十二第二項各号	第二十七条の三十二において準用する第二十六条の十二第二項各号
第二十六条の十五第四号	前二条	第二十七条の三十二において準用する第二十六条の十三又は前条

六　経営状況分析に関する秘密の保持に関する事項

七　電子計算機その他設備の維持管理に関する事項

八　次条第三項の帳簿その他の経営状況分析に関する書類の管理に関する事項

九　その他経営状況分析の実施に関し必要な事項

本条…追加〔平一六国交令一〕

（帳簿）

第二十一条の八　法第二十七条の三十二において準用する法第二十六条の十六の経営状況分析に関し国土交通省令で定める事項は、次に掲げるものとする。

一　経営状況分析を受けた建設業者の商号又は名称

二　経営状況分析を受けた建設業者の主たる営業所の所在地

三　経営状況分析を受けた建設業者の許可番号

第二十六条の二十一第三号	第二十六条の十一	第二十七条の三十二において準用する第二十六条の十一
第二十六条の二十一第五号	第二十六条の十七	第二十七条の三十五

本条…追加〔平一五法九六〕

注 「登録経営状況分析機関についての準用」＝施行規則二一条の五―二一条の八

「罰則」＝四九条・五一条・五四条

（経営状況分析の義務）

第二十七条の三十三 登録経営状況分析機関は、経営状況分析を行うことを求められたときは、正当な理由がある場合を除き、遅滞なく、経営状況分析を行わなければならない。

本条…追加〔平一五法九六〕

（秘密保持義務）

第二十七条の三十四 登録経営状況分析機関の役員若しくは職員又はこれらの職にあつた者は、経営状況分析の業務に関して知り得た秘密を漏らしてはならない。

本条…追加〔平一五法九六〕

注 「罰則」＝四八条

（国土交通大臣又は都道府県知事による経営状況分析の実施）

四 経営状況分析を行つた年月日

五 経営状況分析の結果

2 前項各号に掲げる事項が、電子計算機に備えられたファイル又は磁気ディスク等に記録され、必要に応じ登録経営状況分析機関において電子計算機その他の機器を用いて明確に紙面に表示されるときは、当該記録をもつて法第二十七条の三十二において準用する法第二十六条の十六に規定する帳簿への記載に代えることができる。

3 登録経営状況分析機関は、法第二十七条の三十二において準用する法第二十六条の十六に規定する帳簿（前項の規定による記録が行われた同項のファイル又は磁気ディスクを含む。）を、経営状況分析を行つた日から五年間保存しなければならない。

4 登録経営状況分析機関は、経営状況分析申請書等を経営状況分析を行

第二十七条の三十五　国土交通大臣又は都道府県知事は、第二十七条の二十四第一項の登録を受けた者がいないとき、第二十七条の三十二において準用する第二十六条の十一の規定による経営状況分析の業務の全部又は一部の休止又は廃止の届出があつたとき、第二十七条の三十二において準用する第二十六条の十五の規定により第二十七条の二十四第一項の登録を取り消し、又は登録経営状況分析機関に対し経営状況分析の業務の全部若しくは一部の停止を命じたとき、登録経営状況分析機関が天災その他の事由により経営状況分析の業務の全部又は一部を実施することが困難となつたとき、その他国土交通大臣が必要があると認めるときは、経営状況分析の業務の全部又は一部を自ら行うことができる。

2　国土交通大臣は、都道府県知事が前項の規定により経営状況分析を行うこととなる場合又は都道府県知事が同項の規定により経営状況分析を行うこととなる事由がなくなつた場合には、速やかにその旨を当該都道府県知事に通知しなければならない。

3　国土交通大臣又は都道府県知事が第一項の規定により経営状況分析の業務の全部又は一部を自ら行う場合における経営状況分析の業務の引継ぎその他の必要な

つた日から三年間保存しなければならない。

本条…追加〔平一六国交令一〕

（経営状況分析結果の報告）

第二十一条の九　登録経営状況分析機関は、経営状況分析を行つたときは、国土交通大臣の定める期日までに別記様式第二十五号の十四による報告書を国土交通大臣に提出しなければならない。

2　前項の報告書の提出については、当該報告書が電磁的記録で作成されている場合には、次に掲げる電磁的方法をもつて行うことができる。

一　登録経営状況分析機関の使用に係る電子計算機と国土交通大臣の使用に係る電子計算機とを電気通信回線で接続した電子情報処理組織を使用する方法であつて、当該電気通信回線を通じて情報が送信され、国土交通大臣の使用に係る電子計算機に備えられたファイル

事項については、国土交通省令で定める。

4　第二十七条の三十の規定は、第一項の規定により国土交通大臣が行う経営状況分析を受けようとする者について準用する。

5　都道府県知事は、第一項の規定により経営状況分析の業務の全部若しくは一部を自ら行うこととするとき、又は自ら行つていた経営状況分析の業務の全部若しくは一部を行わないこととするときは、その旨を当該都道府県の公報に公示しなければならない。

本条…追加〔平一五法九六〕

注　三項の「国土交通省令」＝施行規則二九条

（国土交通大臣が行う経営状況分析手数料）

第二十七条の十五　法第二十七条の三十五第四項において準用する法第二十七条の三十の政令で定める手数料の額は、一万五千九百円とする。

本条…追加〔平一五政四九六〕

に当該情報が記録されるもの

二　磁気ディスク等をもつて調製するファイルに情報を記録したものを交付する方法

本条…追加〔平一六国交令一〕

注　一項の「国土交通大臣の定める期日」＝平成一六年国土交通省告示六八号

（準用）

第二十一条の十　第十七条の五、第十七条の八から第十七条の十まで及び第十七条の十二の規定は登録経営状況分析機関について準用する。この場合において、次の表の上欄に掲げる規定中同表の中欄に掲げる字句は、それぞれ同表の下欄に掲げる字句に読み替えるものとする。

第十七条の五	前条	第二十一条の五
	法第二十六条の七第一項	法第二十七条の三十二において準用する法第二十六条の七第一項

（国土交通省令への委任）

第二十七条の三十六　この章に規定するもののほか、経営事項審査及び第二十七条の二十八の再審査に関し必要な事項は、国土交通省令で定める。

第十七条の八（見出しを含む。）、第十七条の十第一項及び第十七条の十二	登録講習実施機関	登録経営状況分析機関
第十七条の八	法第二十六条の十一	法第二十七条の三十二において準用する法第二十六条の十一
第十七条の八及び第十七条の十二（見出しを含む。）	講習業務	経営状況分析の業務
第十七条の九	法第二十六条の十二第二項第三号	法第二十七条の三十二において準用する法第二十六条の十二第二項第三号
第十七条の十第一項	法第二十六条の十二第二項第四号	法第二十七条の三十二において準用する法第二十六条の十二第二項第四号
第十七条の十第二項	前項各号	第二十一条の十において準用する第十七条の十第一項各号
第十七条の十二	法第二十六条の十七第二項	法第二十七条の三十五第三項
	前条第三項	第二十一条の八第三項

本条…追加〔平一六国交令一〕

本条…追加〔昭三六法八六〕、一部改正・旧二七条の五…繰下〔昭六二法六九〕、見出・本条…一部改正〔平一一法一六〇〕、旧二七条の三二…繰下〔平一五法九六〕

注　「国土交通省令」＝施行規則一八条―二一条の九

第四章の三　建設業者団体

本章…追加〔昭三六法八六〕

（届出）

第二十七条の三十七　建設業に関する調査、研究、指導等建設工事の適正な施工を確保するとともに、建設業の健全な発達を図ることを目的とする事業を行う社団又は財団で国土交通省令で定めるもの（以下「建設業者団体」という。）は、国土交通省令の定めるところにより、国土交通大臣又は都道府県知事に対して、国土交通省令で定める事項を届け出なければならない。

本条…追加〔昭三六法八六〕、一部改正・旧二七条の六…繰下〔昭六二法六九〕、一部改正〔平一一法一六〇〕、旧二七条の三三…繰下〔平一五法九六〕

注　「国土交通省令で定めるもの」＝施行規則二二条
「国土交通省令の定めるところ」＝施行規則二三条
「国土交通省令で定める事項」＝施行規則二三条

（建設業者団体）

第二十二条　法第二十七条の三十七に規定する国土交通省令で定める社団又は財団は、同条に規定する事業を行う社団又は財団のうち、その事業が一の都道府県（指定都市（地方自治法（昭和二十二年法律第六十七号）第二百五十二条の十九第一項に規定するものをいう。）の存する道府県にあつては、指定都市）の区域の全域に及ぶもの及びこれらの区域の全域を超えるものとする。

本条…追加〔昭三六建令二九〕、旧二五条…繰上〔昭四七建令一〕、一部改正〔昭五〇建令一一・六三建令一〇・平一二建令四一・一六国交令一〕

（建設業者団体の届出）

第二十三条　建設業者団体は、その設立の日から三十日以内に、次の各号に掲げる事項を書面で、その事業が二以上の都道府県にわたるものにあつては国土交通大臣に、その他のものにあつてはその事務所の所在地を管轄する都道府県知事に届け出なければならない。

一　目的
二　名称
三　設立年月日
四　法人の設立について認可を受けている場合においては、その年月日及び主務官庁の名称
五　事務所の所在地
六　役員又は代表者若しくは管理人の氏名及び住所
七　社団である場合においては、構成員の氏名（構成員が社団又は財団である場合においては、その名称及び役員又は代表者若しくは管

理人の氏名）

八　国土交通大臣又は都道府県知事の認可に係る法人以外の社団又は財団にあつては、定款若しくは寄附行為又は規約

2　建設業者団体は、前項各号に掲げる事項について変更があつたときは、遅滞なく、その旨を書面で国土交通大臣又は都道府県知事に届け出なければならない。

3　国土交通大臣又は都道府県知事の認可に係る法人以外の社団又は財団である建設業者団体が解散した場合においては、当該建設業者団体の役員又は代表者若しくは管理人であつた者は、解散の日から三十日以内に、その旨を書面で国土交通大臣又は都道府県知事に届け出なければならない。

本条…追加〔昭三六建令二九〕、旧二六条…繰上〔昭四七建令一〕、一―三項…一部改正〔平一二建令四一〕

（報告等）

第二十七条の三十八　国土交通大臣又は都道府県知事は、前条の届出のあつた建設業者団体に対して、建設工事の適正な施工を確保し、又は建設業の健全な発達を図るために必要な事項に関して報告を求めることができる。

本条…追加〔昭三六法八六〕、旧二七条の七…繰下〔昭六二法六九〕、一部改正〔平一一法一六〇〕、旧二七条の三四…繰下〔平一五法九六〕

第五章　監督

（指示及び営業の停止）

第二十八条　国土交通大臣又は都道府県知事は、その許可を受けた建設業者が次の各号のいずれかに該当する場合又はこの法律の規定（第十九条の三、第十九条の四及び第二十四条の三から第二十四条の五までを除き、公共工事の入札及び契約の適正化の促進に関する法律（平成十二年法律第百二十七号。以下「入札契約適正化法」という。）第十三条第三項の規定により読み替えて適用される第二十四条の七第四項を含む。第四項において同じ。）若しくは入札契約適正化法第十三条第一項若しくは第二項の規定に違反した場合においては、当該建設業者に対して、必要な指示をすることができる。特定建設業者が第四十一条第二項又は第三項の規定による勧告に従わない場合において必要があると認めるときも、同様とする。

注　第一項は、平成一九年五月法律第六六号により改正され、平成二一年一〇月一日から施行

「若しくは入札契約適正化法」を「、入札契約適正化法」に改め、「第二項の規定」の下に「若しくは特定住宅瑕疵担保責任の履行の確保等に関する法律（平成十九年法律第六十六号。以下この条において「履行確保法」という。）第三条第六項、第四条第一項、第七条第二項、第八条第一項若しくは第二項若しくは第十条の規定」を加える。

一　建設業者が建設工事を適切に施工しなかつたために公衆に危害を及ぼしたとき、又は危害を及ぼすおそれが大であるとき。

二　建設業者が請負契約に関し不誠実な行為をしたとき。

三　建設業者（建設業者が法人であるときは、当該法人又はその役員）又は政令で定める使用人がその業務に関し他の法令（入札契約適正化法及びこれに基づく命令を除く。）に違反し、建設業者として不適当であると認められるとき。

注　第三号は、平成一九年五月法律第六六号により改正され、平成二一年一〇月一日から施行

「これ」を「履行確保法並びにこれら」に改める。

四　建設業者が第二十二条の規定に違反したとき。
五　第二十六条第一項又は第二項に規定する主任技術者又は監理技術者が工事の施工の管理について著しく不適当であり、かつ、その変更が公益上必要であると認められるとき。
六　建設業者が、第三条第一項の規定に違反して同項の許可を受けないで建設業を営む者と下請契約を締結したとき。
七　建設業者が、特定建設業者以外の建設業を営む者と下請代金の額が第三条第一項第二号の政令で定め

第三条〔一二頁〕参照

第二条〔七頁〕参照

る金額以上となる下請契約を締結したとき。

八　建設業者が、情を知つて、第三項の規定により営業の停止を命ぜられている者又は第二十九条の四第一項の規定により営業を禁止されている者と当該停止され、又は禁止されている営業の範囲に係る下請契約を締結したとき。

九　履行確保法第三条第一項、第五条又は第七条第一項の規定に違反したとき。

注　第九号は、平成一九年五月法律第六六号により追加され、平成二一年一〇月一日から施行

2　都道府県知事は、その管轄する区域内で建設工事を施工している第三条第一項の許可を受けないで建設業を営む者が次の各号の一に該当する場合においては、当該建設業を営む者に対して、必要な指示をすることができる。

一　建設工事を適切に施工しなかつたために公衆に危害を及ぼしたとき、又は危害を及ぼすおそれが大であるとき。

二　請負契約に関し著しく不誠実な行為をしたとき。

3　国土交通大臣又は都道府県知事は、その許可を受けた建設業者が第一項各号の一に該当するとき若しくは同項若しくは次項の規定による指示に従わないとき又は建設業を営む者が前項各号の一に該当するとき若しくは同項の規定による指示に従わないときは、その者に対し、一年以内の期間を定めて、その営業の全部又は一部の停止を命ずることができる。

4　都道府県知事は、国土交通大臣又は他の都道府県知事の許可を受けた建設業者で当該都道府県の区域内において営業を行うものが、当該都道府県の区域内における営業に関し、第一項各号のいずれかに該当する場合又はこの法律の規定若しくは入札契約適正化法第十三条第一項若しくは第二項の規定に違反した場合においては、当該建設業者に対して、必要な指示をすることができる。

5　都道府県知事は、国土交通大臣又は他の都道府県知事の許可を受けた建設業者で当該都道府県の区域内において営業を行うものが、当該都道府県の区域内における営業に関し、第一項各号の一に該当するとき又は同項若しくは前項の規定による指示に従わないときは、その者に対し、一年以内の期間を定めて、当該営業の全部又は一部の停止を命ずることができる。

注　第二～五項は、平成一九年五月法律第六六号により改正され、平成二一年一〇月一日から施行

第二項及び第三項中「一に」を「いずれかに」に改め、第四項中「若しくは入札契約適正化法」を「、入札契約適正化法」に改め、「第二項の規定」の下に「若しくは履行確保法第三条第六項、第四条第一項、第七条第二項、第八条第一項若しくは第二項若しくは第十条の規定」を加え、第五項中「一に」を「いずれかに」に改める。

6　都道府県知事は、前二項の規定による処分をしたときは、遅滞なく、その旨を、当該建設業者が国土交通大臣の許可を受けたものであるときは国土交通大臣に報告し、当該建設業者が他の都道府県知事の許可を受けたものであるときは当該他の都道府県知事に通知しなければならない。

7　国土交通大臣又は都道府県知事は、第一項第一号若しくは第三号に該当する建設業者又は第二項第一号に該当する第三条第一項の許可を受けないで建設業を営む者に対して指示をする場合において、特に必要があると認めるときは、注文者に対しても、適当な措置をとるべきことを勧告することができる。

二項…一部改正〔昭二六法一七八〕、一・二項…一部改正〔昭二八法二一三〕、二項…一部改正〔昭三一法一二五〕、見出・一・三項…一部改正〔昭三六法八六〕、一項…一部改正・二項…追加・旧二・三項…一部改正し一項ずつ繰下・四・五項…削除〔昭四六法三一〕、三項…一部改正・四―六項…追加・旧四項…七項に繰下〔平六法六三〕、一・三―七項…一部改正〔平一一法一六〇〕、一・四項…一部改正〔平一二法一二七〕、一～五項…一部改正〔平一九法六六〕

注　一項三号の「政令で定める使用人」＝施行令三条
一項七号の「政令で定める金額」＝施行令二条
「参考人の意見聴取」＝三二条
「許可の取消し」＝二九条
「営業の禁止」＝二九条の四
三・五項の「罰則」＝四七条・五三条

（許可の取消し）

第二十九条　国土交通大臣又は都道府県知事は、その許可を受けた建設業者が次の各号の一に該当するときは、当該建設業者の許可を取り消さなければならない。

一　一般建設業の許可を受けた建設業者にあつては第七条第一号又は第二号、特定建設業者にあつては同条第一号又は第十五条第二号に掲げる基準を満たさなくなつた場合
二　第八条第一号又は第七号から第十一号まで（第十七条において準用する場合を含む。）のいずれかに該当するに至つた場合
二の二　第九条第一項各号（第十七条において準用する場合を含む。）の一に該当する場合において一般建設業の許可又は特定建設業の許可を受けないとき。
三　許可を受けてから一年以内に営業を開始せず、又は引き続いて一年以上営業を休止した場合
四　第十二条各号（第十七条において準用する場合を含む。）の一に該当するに至つた場合
五　不正の手段により第三条第一項の許可（同条第三項の許可の更新を含む。）を受けた場合
六　前条第一項各号の一に該当し情状特に重い場合又は同条第三項又は第五項の規定による営業の停止の処分に違反した場合
2　国土交通大臣又は都道府県知事は、その許可を受け

た建設業者が第三条の二第一項の規定により付された条件に違反したときは、当該建設業者の許可を取り消すことができる。

本条…一部改正〔昭二六法一七八・二八法二一三・三一法一二五〕、二項…追加〔昭三六法八六〕、見出・一項…一部改正・二項…削除〔昭四六法三一〕、見出・一項…一部改正・二項…追加〔平六法六三〕、一・二項…一部改正〔平一一法一六〇〕

注　「参考人の意見聴取」＝三二条
「営業の禁止」＝二九条の四

第二十九条の二　国土交通大臣又は都道府県知事は、建設業者の営業所の所在地を確知できないとき、又は建設業者の所在（法人である場合においては、その役員の所在をいい、個人である場合においては、その支配人の所在を含むものとする。）を確知できないときは、官報又は当該都道府県の公報でその事実を公告し、その公告の日から三十日を経過しても当該建設業者から申出がないときは、当該建設業者の許可を取り消すことができる。

2　前項の規定による処分については、行政手続法第三章の規定は、適用しない。

本条…追加〔昭二八法二一三〕、一部改正〔昭四六法三一〕、二項…追加〔平五法八九〕、一部改正〔平六法六三〕、一項…一部改正

〔平一一法一六〇〕

（許可の取消し等の場合における建設工事の措置）

第二十九条の三　第三条第三項の規定により建設業の許可がその効力を失つた場合にあつては当該許可に係る建設業者であつた者又はその一般承継人は、第二十八条第三項若しくは第五項の規定により営業の停止を命ぜられた場合又は前二条の規定により建設業の許可を取り消された場合にあつては当該処分を受けた者又はその一般承継人は、許可がその効力を失う前又は当該処分を受ける前に締結された請負契約に係る建設工事に限り施工することができる。この場合において、これらの者は、許可がその効力を失つた後又は当該処分を受けた後、二週間以内に、その旨を当該建設工事の注文者に通知しなければならない。

2　特定建設業者であつた者又はその一般承継人若しくは特定建設業者の一般承継人が前項の規定により建設工事を施工する場合においては、第十六条の規定は、適用しない。

3　国土交通大臣又は都道府県知事は、第一項の規定にかかわらず、公益上必要があると認めるときは、当該建設工事の施工の差止めを命ずることができる。

4　第一項の規定により建設工事を施工する者で建設業者であつたもの又はその一般承継人は、当該建設工事を完成する目的の範囲内においては、建設業者とみなす。

5　建設工事の注文者は、第一項の規定により通知を受けた日又は同項に規定する許可がその効力を失つたこと、若しくは処分があつたことを知つた日から三十日以内に限り、その建設工事の請負契約を解除することができる。

本条…追加〔昭四六法三一〕、一項…一部改正〔平六法六三〕、三項…一部改正〔平一一法一六〇〕

注　一項後段の「罰則」＝五二条・五三条

（営業の禁止）

第二十九条の四　国土交通大臣又は都道府県知事は、建設業者その他の建設業を営む者に対して第二十八条第三項又は第五項の規定により営業の停止を命ずる場合においては、その者が法人であるときはその役員及び当該処分の原因である事実について相当の責任を有する政令で定める使用人（当該処分の日前六十日以内に

第三条〔一二頁〕参照

おいてその役員又はその政令で定める使用人であつた者を含む。次項において同じ。）に対して、個人であるときはその者及び当該処分の原因である事実について相当の責任を有する政令で定める使用人（当該処分の日前六十日以内においてその政令で定める使用人であつた者を含む。次項において同じ。）に対して、当該停止を命ずる範囲の営業について、当該停止を命ずる期間と同一の期間を定めて、新たに営業を開始すること（当該停止を命ずる範囲の営業をその目的とする法人の役員になることを含む。）を禁止しなければならない。

2　国土交通大臣又は都道府県知事は、第二十九条第一項第五号又は第六号に該当することにより建設業者の許可を取り消す場合においては、当該建設業者が法人であるときはその役員及び当該処分の原因である事実について相当の責任を有する政令で定める使用人に対して、個人であるときは当該処分の原因である事実について相当の責任を有する政令で定める使用人に対して、五年間、新たに営業（第三条第一項ただし書の政令で定める軽微な建設工事のみを請け負うものを除く。）を開始することを禁止しなければならない。

第三条〔一二頁〕参照
第一条の二〔六頁〕参照

本条…追加〔昭四六法三一〕、一・二項…一部改正〔平六法六三・一一法一六〇〕

注　一・二項の「政令で定める使用人」＝施行令三条

二項の「政令で定める軽微な建設工事」＝施行令一条の二

「参考人の意見聴取」＝三二条

一項の「罰則」＝四七条・五三条

（監督処分の公告等）

第二十九条の五　国土交通大臣又は都道府県知事は、第二十八条第三項若しくは第五項、第二十九条又は第二十九条の二第一項の規定による処分をしたときは、国土交通省令で定めるところにより、その旨を公告しなければならない。

（監督処分の公告）

第二十三条の二　法第二十九条の五第一項の規定による公告は、次に掲げる事項について、国土交通大臣にあつては官報で、都道府県知事にあつては当該都道府県の公報で行うものとする。

一　処分をした年月日

二　処分を受けた者の商号又は名称、主たる営業所の所在地及び代表者の氏名並びに当該処分を受けた者が建設業者であるときは、その者の許可番号

三　処分の内容

四　処分の原因となつた事実

2　国土交通省及び都道府県に、それぞれ建設業者監督処分簿を備える。

3　国土交通大臣又は都道府県知事は、その許可を受けた建設業者が第二十八条第一項若しくは第四項の規定による指示又は同条第三項若しくは第五項の規定による営業停止の命令を受けたときは、建設業者監督処分簿に、当該処分の年月日及び内容その他国土交通省令で定める事項を登載しなければならない。

本条…追加〔平六建令三三〕、一部改正〔平一二建令四一〕

（建設業者監督処分簿）

第二十三条の三　法第二十九条の五第三項の国土交通省令で定める事項は、次のとおりとする。

一　処分を行つた者

二　処分を受けた建設業者の商号又は名称、主たる営業所の所在地、代表者の氏名、当該建設業者が許可を受けて営む建設業の種類及び許可番号

三　処分の根拠となる法令の条項

四　処分の原因となつた事実

五　その他参考となる事項

2　建設業者監督処分簿は、法第二十九条の五第三項に規定する処分一件ごとに作成するものとし、その保存

期間は、それぞれ当該処分の日から五年間とする。

3　次項前段の場合を除き、建設業者監督処分簿の様式は、別記様式第二十六号によるものとする。

4　国土交通大臣又は都道府県知事は、建設業者監督処分簿を国土交通省又は都道府県の使用に係る電子計算機に備えられたファイルをもつて調製することができる。この場合における法第二十九条の五第四項の規定による閲覧は、当該ファイルに記録されている事項を紙面又は入出力装置（国土交通省又は当該都道府県の使用に係るものに限る。）の映像面に表示する方法で行うものとする。

本条…追加〔平六建令三三〕、四項…一部改正〔平一〇建令二七〕、一・四項…一部改正〔平一二建令四一〕、一項…一部改正〔平一六国交令一〕

4　建設業者監督処分簿は、第十三条（第十七条において準用する場合を含む。）に規定する閲覧所において公衆の閲覧に供しなければならない。

本条…追加〔平六法六三〕、一―三項…一部改正〔平一一法一六〇〕

注　一項の「国土交通省令で定めるところ」＝施行規則二三条の二

三項の「国土交通省令で定める事項」＝施行規則二三条の三第一項

四項の「閲覧所」＝施行令五条

「建設業者監督処分簿の作成、保存期間、様式」＝施行規則二三条の三第二～四項

（不正事実の申告）

第三十条　建設業者に第二十八条第一項各号の一に該当する事実があるときは、その利害関係人は、当該建設業者が許可を受けた国土交通大臣若しくは都道府県知事又は営業としてその建設工事の行われる区域を管轄する都道府県知事に対し、その事実を申告し、適当な措置をとるべきことを求めることができる。

2　第三条第一項の許可を受けないで建設業を営む者に第二十八条第二項各号の一に該当する事実があるときは、その利害関係人は、当該建設業を営む者が当該建

第五条〔七八頁〕参照

設工事を施工している地を管轄する都道府県知事に対し、その事実を申告し、適当な措置をとるべきことを求めることができる。

本条…一部改正〔昭二八法二一三〕、一項…一部改正・二項…追加〔昭四六法三一〕、一項…一部改正〔平六法六三・一一法一六〇〕

（報告及び検査）

第三十一条　国土交通大臣は、建設業を営むすべての者に対して、都道府県知事は、当該都道府県の区域内で建設業を営む者に対して、特に必要があると認めるときは、その業務、財産若しくは工事施工の状況につき、必要な報告を徴し、又は当該職員をして営業所その他営業に関係のある場所に立ち入り、帳簿書類その他の物件を検査させることができる。

2　当該職員は、前項の規定により立入検査をする場合においては、その身分を示す証票を携帯し、関係人の請求があつたときは、これを呈示しなければならない。

（立入検査をする職員の証票）

第二十四条　法第三十一条第二項の規定により立入検査をする職員が携帯すべき証票は、別記様式第二十七号による。

3　当該職員の資格に関し必要な事項は、政令で定める。

一項…一部改正・二項…削除・旧三・四項…一部改正し一項ずつ繰上〔昭二八法二一三〕、一項…一部改正〔昭四六法三一・平一一法一六〇〕

注　二項の「身分を示す証票」＝施行規則二四条
三項の「政令」＝施行令二八条
一項の「罰則」＝五二条・五三条

（参考人の意見聴取）

第三十二条　第二十九条の規定による許可の取消しに係る聴聞の主宰者は、必要があると認めるときは、参考

（立入検査をする職員の資格）

第二十八条　法第三十一条第一項の規定により立入検査をすることができる職員は、一般職の職員の給与に関する法律（昭和二十五年法律第九十五号）第六条第一項第一号イに規定する行政職俸給表㈠の適用を受ける国家公務員又はこれに準ずる都道府県の公務員で、一年以上建設に関する行政の経験を有する者でなければならない。

本条…一部改正〔昭三五政二五二・六〇政三一七・平六政二五一、平一八政一四〕

一項…一部改正・二項…削除・旧一一条…繰下〔昭二八建令一九〕、旧一〇条…繰下〔昭三一建令二八〕、本条…一部改正・旧一二条…繰下〔昭三六建令二九〕、一部改正・旧二七条…繰上〔昭四七建令一〕

人の意見を聴かなければならない。

2　前項の規定は、国土交通大臣又は都道府県知事が第二十八条第一項から第五項まで又は第二十九条の四第一項若しくは第二項の規定による処分に係る弁明の機会の付与を行う場合について準用する。

本条…一部改正〔昭二六法一七八〕、二項…追加〔昭二八法二一三〕、一項…一部改正・二項…削除〔昭四六法三一〕、本条…全部改正〔平五法八九〕、二項…一部改正〔平六法六三・平一一法一六〇〕

注　一項の「聴聞」、二項の「弁明の機会の付与」＝行政手続法三章

第六章　中央建設業審議会等

章名…改正〔昭三一法一二五・平一一法一〇二〕

第三十三条　削除

一項…一部改正〔昭二六法一七八・二七法一八四〕、本条…全部改正〔昭三一法一二五〕、削除〔平一一法一〇二〕

（中央建設業審議会の設置等）

第三十四条　この法律、公共工事の前払金保証事業に関する法律及び入札契約適正化法によりその権限に属させられた事項を処理するため、国土交通省に、中央建設業審議会を設置する。

2　中央建設業審議会は、建設工事の標準請負契約約款、入札の参加者の資格に関する基準並びに予定価格を構成する材料費及び役務費以外の諸経費に関する基準を作成し、並びにその実施を勧告することができる。

二項…一部改正〔昭三一法一二五〕、一項…一部改正〔昭三一法一二五〕、見出・一項…一部改正〔平一一法一〇二〕、一項…一部改正〔平一二法一二七・一五法九六〕

（中央建設業審議会の組織）

第三十五条　中央建設業審議会は、委員二十人以内をもつて組織する。

2　中央建設業審議会の委員は、学識経験のある者、建設工事の需要者及び建設業者のうちから、国土交通大臣が任命する。

3　建設工事の需要者及び建設業者のうちから任命する委員の数は同数とし、これらの委員の数は、委員の総数の三分の二以上であることができない。

一―三項…一部改正〔昭三一法一二五〕、二項…一部改正〔昭五三法五五〕、一・二項…一部改正〔平一一法一〇二〕

（準用規定）

第三十六条　第二十五条の三第一項、第二項及び第四項

並びに第二十五条の四の規定は、中央建設業審議会の委員について準用する。

本条…全部改正〔昭三一法一二五〕、一部改正〔昭五三法五五〕

（専門委員）

第三十七条 建設業に関する専門の事項を調査審議させるために、中央建設業審議会に専門委員を置くことができる。

2 専門委員は、当該専門の事項に関する調査審議が終了したときは、解任されるものとする。

3 第二十五条の三第四項、第二十五条の四及び第三十五条第二項の規定は、専門委員について準用する。

本条…削除〔昭三一法一二五〕、追加〔昭三六法八六〕

（中央建設業審議会の会長）

第三十八条 中央建設業審議会に会長を置く。会長は、学識経験のある者である委員のうちから、委員が互選する。

2 会長は、会務を総理する。

3 会長に事故があるときは、学識経験のある者である委員のうちからあらかじめ互選された者が、その職務を代理する。

一項…一部改正〔昭三一法一二五〕

（政令への委任）

第三十九条　この章に規定するもののほか、中央建設業審議会の所掌事務その他中央建設業審議会について必要な事項は、政令で定める。

本条…一部改正〔昭三一法一二五・平一一法一〇二〕

注　「政令」＝施行令二八条の二―三二条

（中央建設業審議会の所掌事務）

第二十八条の二　中央建設業審議会は、法第三十四条第一項に規定するもののほか、資源の有効な利用の促進に関する法律（平成三年法律第四十八号）第十七条第三項及び第三十六条第三項の規定に基づきその権限に属させられた事項を処理する。

本条…追加〔平一二政三一二〕

（中央建設業審議会の議事）

第二十九条　中央建設業審議会は、委員の総数の二分の一以上が出席しなければ、会議を開くことができない。

2　学識経験のある者、建設工事の需要者又は建設業者のいずれか一に属する委員の出席者の数が出席委員の総数の二分の一を超えるときは、議決をすることができない。

3　中央建設業審議会の議事は、出席委員の過半数をもつて決する。可否同数のときは、会長が決する。

二項…一部改正〔昭五三政一九八〕

（部会）

第三十条　中央建設業審議会は、その定めるところにより、部会を置くことができる。

2　部会は、それぞれ学識経験のある者、建設工事の需要者及び建設業者である委員のうちから会長が指名した者で組織する。法第三十五条第三項の規定は、この場合に準用する。

3　部会に部会長を置き、会長が指名する。

4　部会長は、部会の事務を掌理する。

5　中央建設業審議会は、その定めるところにより、部会の議決をもつて中央建設業審議会の議決とすることができる。

（都道府県建設業審議会）

第三十九条の二　都道府県知事の諮問に応じ建設業の

6　前条の規定は、部会の議事に準用する。この場合において、同条第三項中「会長」とあるのは、「部会長」と読み替えるものとする。

二項…一部改正〔昭五三政一九八〕、見出・三項…全部改正・一・二・四・五項…一部改正・六項…追加〔平一二政三一二〕

（中央建設業審議会の庶務）

第三十一条　中央建設業審議会の庶務は、国土交通省総合政策局建設業課において処理する。

本条…一部改正〔昭三六政三三九・五九政二〇九・平一二政三一二〕

（中央建設業審議会の運営）

第三十二条　この政令で定めるもののほか、中央建設業審議会の運営に関し必要な事項は、中央建設業審議会が定める。

改善に関する重要事項を調査審議させるため、都道府県は、条例で、都道府県建設業審議会を設置することができる。

2　都道府県建設業審議会に関し必要な事項は、条例で定める。

本条…追加〔昭三一法一二五〕

（社会資本整備審議会の調査審議等）

第三十九条の三　社会資本整備審議会は、国土交通大臣の諮問に応じ、建設業の改善に関する重要事項を調査審議する。

2　社会資本整備審議会は、建設業に関する事項について関係各庁に意見を述べることができる。

本条…追加〔平一一法一〇二〕

第七章　雑則

（電子計算機による処理に係る手続の特例等）

第三十九条の四　許可申請書の提出その他のこの法律の規定による国土交通大臣又は都道府県知事（指定経営状況分析機関を含む。）に対する手続であって国土交通省令で定めるもの（以下「特定手続」という。）については、国土交通省令で定めるところにより、磁気ディスク（これに準ずる方法により一定の事項を確実に記録しておくことができる物を含む。以下同じ。）の提出により行うことができる。

2　前項の規定により行われた特定手続については、当該特定手続を書面の提出により行うものとして規定したこの法律の規定に規定する書面の提出により行われたものとみなして、この法律の規定（これに係る罰則を含む。）を適用する。この場合においては、磁気ディスクへの記録をもつて書面への記載とみなす。

本条…追加〔平六法六三〕、旧三九条の三…繰下〔平一一法一〇二〕、一・三項…一部改正〔平一一法一六〇〕、三項…削除〔平一四法一五二〕

（標識の掲示）

第四十条　建設業者は、その店舗及び建設工事の現場ごとに、公衆の見易い場所に、国土交通省令の定めるところにより、許可を受けた別表第一の下欄の区分による建設業の名称、一般建設業又は特定建設業の別その他国土交通省令で定める事項を記載した標識を掲げなければならない。

法〈四〇条〉　施行規則〈二五条〉

（標識の記載事項及び様式）

第二十五条　法第四十条の規定により建設業者が掲げる標識の記載事項は、店舗にあつては第一号から第四号までに掲げる事項、建設工事の現場にあつては第一号から第五号までに掲げる事項とする。

本条…一部改正〔昭三六法八六・四六法三一・平一一法一六〇・一五法九六〕

注「国土交通省令の定めるところ」＝施行規則二五条二項
「国土交通省令で定める事項」＝施行規則二五条一項
「罰則」＝五五条

（表示の制限）

第四十条の二　建設業を営む者は、当該建設業について、第三条第一項の許可を受けていないのに、その許可を受けた建設業者であると明らかに誤認されるおそれのある表示をしてはならない。

本条…追加〔昭三六法八六〕、全部改正〔昭四六法三一〕

注「罰則」＝五五条

一　一般建設業又は特定建設業の別
二　許可年月日、許可番号及び許可を受けた建設業
三　商号又は名称
四　代表者の氏名
五　主任技術者又は監理技術者の氏名

2　法第四十条の規定により建設業者の掲げる標識は店舗にあっては別記様式第二十八号、建設工事の現場にあっては別記様式第二十九号による。

本条…追加〔昭四七建令一〕

（帳簿の備付け等）

第四十条の三　建設業者は、国土交通省令で定めるところにより、その営業所ごとに、その営業に関する事項で国土交通省令で定めるものを記載した帳簿を備え、かつ、当該帳簿及びその営業に関する図書で国土交通省令で定めるものを保存しなければならない。

本条…追加〔平六法六三〕、一部改正〔平一一法一六〇・一八法一一四〕

注　「国土交通省令で定めるところ」＝施行規則二六条二―五項・二七条・二八条
「国土交通省令で定めるもの」＝施行規則二六条一項
「罰則」＝五五条

（帳簿の記載事項等）

第二十六条　法第四十条の三の国土交通省令で定める事項は、次のとおりとする。

一　営業所の代表者の氏名及びその者が当該営業所の代表者となつた年月日

二　注文者と締結した建設工事の請負契約に関する次に掲げる事項

イ　請け負つた建設工事の名称及び工事現場の所在地

ロ　イの建設工事について注文者と請負契約を締結した年月日、当該注文者（その法定代理人を含む。）の商号、名称又は氏名及び住所並びに当該注文者が建設業者であるときは、その者の許可番号

ハ　イの建設工事の完成を確認するための検査が完了した年月日及び当該建設工事の目的物の引

渡しをした年月日

三　下請負人と締結した建設工事の下請契約に関する次に掲げる事項

イ　下請負人に請け負わせた建設工事の名称及び工事現場の所在地

ロ　イの建設工事について下請負人と下請契約を締結した年月日、当該下請負人（その法定代理人を含む。）の商号又は名称及び住所並びに当該下請負人が建設業者であるときは、その者の許可番号

ハ　イの建設工事の完成を確認するための検査を完了した年月日及び当該建設工事の目的物の引渡しを受けた年月日

ニ　ロの下請契約が法第二十四条の五第一項に規定する下請契約であるときは、当該下請契約に関する次に掲げる事項

(1)　支払った下請代金の額、支払った年月日及び支払手段

(2)　下請代金の全部又は一部の支払につき手形を交付したときは、その手形の金額、手形を交付した年月日及び手形の満期

(3)　下請代金の一部を支払ったときは、その後の下請代金の残額

(4)　遅延利息を支払ったときは、その遅延利息の額及び遅延利息を支払った年月日

注　第三号は、平成二〇年三月国土交通省令第一〇号により改正され、平成二一年一〇月一日から施行

第三号を第四号とし、第二号の次に次の一号を加える。

三　発注者（宅地建物取引業法（昭和二十七年法律第百七十六号）第二条第三号に規定する宅地建物取引業者を除く。以下この号及び第二十八条において同

じ。）と締結した住宅を新築する建設工事の請負契約に関する次に掲げる事項

イ　当該住宅の床面積

ロ　当該住宅が特定住宅瑕疵担保責任の履行の確保等に関する法律施行令（平成十九年政令第三百九十五号）第三条第一項の建設新築住宅であるときは、同項の書面に記載された二以上の建設業者それぞれの建設瑕疵《かし》負担割合（同項に規定する建設瑕疵《かし》負担割合をいう。以下この号において同じ。）の合計に対する当該建設業者の建設瑕疵《かし》負担割合の割合

ハ　当該住宅について、住宅瑕《か》疵《し》担保責任保険法人（特定住宅瑕疵担保責任の履行の確保等に関する法律（平成十九年法律第六十六号）第十七条第

一項に規定する住宅瑕疵《かし》担保責任保険法人をいう。）と住宅建設瑕疵《かし》担保責任保険契約（同法第二条第五項に規定する住宅建設瑕疵《かし》担保責任保険契約をいう。）を締結し、保険証券又はこれに代わるべき書面を発注者に交付しているときは、当該住宅瑕疵《かし》担保責任保険法人の名称

2　法第四十条の三に規定する帳簿には、次に掲げる書類を添付しなければならない。

一　法第十九条第一項及び第二項の規定による書面又はその写し

二　前項第三号ロの下請契約が法第二十四条の五第一項に規定する下請契約であるときは、当該下請契約に関する同号ニ(1)に掲げる事項を証する書面又はその写し

三　前項第二号イの建設工事について施工体制台帳を作成しなければならないときは、当該施工体制台帳のうち次に掲げる事項が記載された部分（第十四条の五第一項の規定により次に掲げる事項の記載が省略されているときは、当該事項が記載された同項の書類を含む。）

イ　監理技術者の氏名及びその有する監理技術者資格並びに第十四条の二第一項第二号ヘに規定する者を置くときは、その者の氏名、その者が管理をつかさどる建設工事の内容及びその有する主任技術者資格

ロ　当該建設工事の下請負人の商号又は名称及び当該下請負人が建設業者であるときは、その者の許可番号

ハ　ロの下請負人が請け負つた建

設工事の内容及び工期

二　ロの下請負人が置いた主任技術者の氏名及びその有する主任技術者資格並びにロの下請負人が第十四条の二第一項第四号へに規定する者を置くときは、その者の氏名、その者が管理をつかさどる建設工事の内容及びその有する主任技術者資格

3　第十四条の七に規定する時までの間は、前項第三号に掲げる書類を法第四十条の三に規定する帳簿に添付することを要しない。

4　第二項の規定により添付された書類に第一項各号に掲げる事項が記載されているときは、同項の規定にかかわらず、法第四十条の三に規定する帳簿の当該事項を記載すべき箇所と当該書類との関係を明らかにして、当該事項の記載を省略することができる。

5　法第四十条の三の国土交通省令で定める図書は、発注者から直接建設工事を請け負つた建設業者（作成特定建設業者を除く。）にあつては第一号及び第二号に掲げるもの又はその写し、作成特定建設業者にあつては第一号から第三号までに掲げるもの又はその写しとする。

一　建設工事の施工上の必要に応じて作成し、又は発注者から受領した完成図（建設工事の目的物の完成時の状況を表した図をいう。）

二　建設工事の施工上の必要に応じて作成した工事内容に関する発注者との打合せ記録（請負契約の当事者が相互に交付したものに限る。）

三　施工体系図

6　第一項各号に掲げる事項が電子計算機に備えられたファイル又は磁気ディスク等に記録され、必要に応じ当該営業所において電子計算機その他の機器を用いて明確に紙面に表示されるときは、当該記録をもつて法第四十条の三に規定する帳簿への記載に代えることができる。

7　法第十九条第三項に規定する措置が講じられた場合にあつては、契約事項等が電子計算機に備えられたファイル又は磁気ディスク等に記録され、必要に応じ当該営業所において電子計算機その他の機器を用いて明確に紙面に表示されるときは、当該記録をもつて第二項第一号に規定する添付書類に代えることができる。

8　第五項各号に掲げる図書が電子計算機に備えられたファイル又は磁気ディスク等に記録され、必要に応じ当該営業所において電子計算機その他の機器を用いて明確に紙面に表示されるときは、当該記録をもつて同項各号の図書に代えることができる。

本条…追加〔平六建令三三〕、一項…一部改正・二項…全部改正・三項…追加・旧三項…一部改正し四項に繰下・旧四項…五項に繰下〔平七建令一六〕、五項…一部改正〔平一〇建令二七〕、一項…一部改正〔平一二建令四一〕、五項…一部改正・六項…追加〔平一三国交令四二〕、一項…一部改正〔平二〇国交令一〇〕、五項…追加・旧五項…六項に繰下・旧六項…七項に繰下・八項追加〔平二〇国交令八四〕

（帳簿の記載方法等）

第二十七条　前条第一項各号に掲げる事項の記載（同条第六項の規定による記録を含む。次項において同じ。）及び同条第二項各号に掲げる書類の添付は、請け負つた建設工事ごとに、それぞれの事項又は書類に係る事実が生じ、又は明らかになつたとき（同条第一項第一号に掲げる事項にあつては、当該建設工事を請け負つたとき）に、遅滞なく、当該事項又は書類について行わなければならない。

2　前条第一項各号に掲げる事項について変更があつたときは、遅滞なく、当該変更があつた年月日を付記して変更後の当該事項を記載しなければならない。

本条…追加〔平六建令三三〕、一項…一部改正〔平七建令一六・二〇国交令八四〕

（帳簿及び図書の保存期間）

第二十八条　法第四十条の三に規定する帳簿（第二十六条第六項の規定による記録が行われた同項のファイル又は磁気ディスクを含む。）及び第二十六条第二項の規定により添付された書類の保存期間は、請け負つた建設工事ごとに、当該建設工事の目的物の引渡しをしたとき（当該建設工事について注文者と締結した請負契約に基づく債権債務が消滅した場合にあつては、当該債権債務の消滅したとき）から五年間とする。

（建設業を営む者及び建設業者団体に対する指導、助言及び勧告）

第四十一条　国土交通大臣又は都道府県知事は、建設業を営む者又は第二十七条の三十七の届出のあつた建設業者団体に対して、建設工事の適正な施工を確保し、又は建設業の健全な発達を図るために必要な指導、助言及び勧告を行うことができる。

2　特定建設業者が発注者から直接請け負つた建設工事

注　第一項は、平成二〇年三月国土交通省令第一〇号により改正され、平成二一年一〇月一日から施行

「五年間」の下に「（発注者と締結した住宅を新築する建設工事に係るものにあつては、十年間）」を加える。

2　第二十六条第五項に規定する図書（同条第八項の規定による記録が行われた同項のファイル又は磁気ディスクを含む。）の保存期間は、請け負つた建設工事ごとに、当該建設工事の目的物の引渡しをしたときから十年間とする。

本条…追加〔平六建令三三〕、一部改正〔平七建令一六・二〇国交令一〇〕、見出し・一項…一部改正・二項追加〔平二〇国交令八四〕

の全部又は一部を施工している他の建設業を営む者が、当該建設工事の施工のために使用している労働者に対する賃金の支払を遅滞した場合において、必要があると認めるときは、当該特定建設業者の許可をした国土交通大臣又は都道府県知事は、当該特定建設業者に対して、支払を遅滞した賃金のうち当該建設工事における労働の対価として適正と認められる賃金相当額を立替払することその他の適切な措置を講ずることを勧告することができる。

3 特定建設業者が発注者から直接請け負つた建設工事の全部又は一部を施工している他の建設業を営む者が、当該建設工事の施工に関し他人に損害を加えた場合において、必要があると認めるときは、当該特定建設業者の許可をした国土交通大臣又は都道府県知事は、当該特定建設業者に対して、当該他人が受けた損害につき、適正と認められる金額を立替払することその他の適切な措置を講ずることを勧告することができる。

本条…削除〔昭三七法一六一〕、追加〔昭四六法三一〕、一項…一部改正〔昭六二法六九〕、一―三項…一部改正〔平一一法一六〇〕、一項…一部改正〔平一五法九六〕

注 「監督処分」＝二八条・二九条・二九条の四

（公正取引委員会への措置請求等）

第四十二条 国土交通大臣又は都道府県知事は、その許可を受けた建設業者が第十九条の三、第十九条の四、

第二十四条の三第一項、第二十四条の四又は第二十四条の五第三項若しくは第四項の規定に違反している事実があり、その事実が私的独占の禁止及び公正取引の確保に関する法律第十九条の規定に違反していると認めるときは、公正取引委員会に対し、同法の規定に従い適当な措置をとるべきことを求めることができる。

2　国土交通大臣又は都道府県知事は、中小企業者（中小企業基本法（昭和三十八年法律第百五十四号）第二条第一項に規定する中小企業者をいう。次条において同じ。）である下請負人と下請契約を締結した元請負人について、前項の規定により措置をとるべきことを求めたときは、遅滞なく、中小企業庁長官にその旨を通知しなければならない。

本条…一部改正〔昭二八法二一三〕、全部改正〔昭四六法三一〕、二項…一部改正〔平一一法一四六〕、一・二項…一部改正〔平一一法一六〇〕

第四十二条の二　中小企業庁長官は、中小企業者である下請負人の利益を保護するため特に必要があると認めるときは、元請負人若しくは下請負人に対しその取引に関する報告をさせ、又はその職員に元請負人若しくは下請負人の営業所その他営業に関係のある場所に立ち入り、帳簿書類その他の物件を検査させることができる。

2　前項の規定により職員が立ち入るときは、その身分を示す証票を携帯し、関係人の請求があつたときは、これを提示しなければならない。

3　中小企業庁長官は、第一項の規定による報告又は検査の結果中小企業者である下請負人と下請契約を締結した元請負人が第十九条の三、第十九条の四、第二十四条の三第一項、第二十四条の四又は第二十四条の五第三項若しくは第四項の規定に違反している事実があり、その事実が私的独占の禁止及び公正取引の確保に関する法律第十九条の規定に違反していると認めるときは、公正取引委員会に対し、同法の規定に従い適当な措置をとるべきことを求めることができる。

4　中小企業庁長官は、前項の規定により措置をとるべきことを求めたときは、遅滞なく、当該元請負人につき第三条第一項の許可をした国土交通大臣又は都道府県知事に、その旨を通知しなければならない。

本条…追加〔昭四六法三一〕、四項…一部改正〔平一一法一六〇〕

注　一項の「罰則」＝五二条・五三条

（都道府県の費用負担）

第四十三条　都道府県知事がこの法律を施行するために必要とする経費は、当該都道府県の負担とする。

（参考人の費用請求権）

第四十四条　第三十二条の規定により意見を求められて出頭した参考人は、政令の定めるところにより、旅費、日当その他の費用を請求することができる。

法〈四三条・四四条〉　施行令〈三三条〉

（参考人に支給する費用）

第三十三条　法第四十四条に規定する旅費、日当その他の費用は、国土交通大臣に意見を求められて出頭した

本条…一部改正〔昭二八法二二三・三一法一二五〕
注「政令の定めるところ」＝施行令三三条

（経過措置）

第四十四条の二　この法律の規定に基づき、命令を制定し、又は改廃する場合においては、その命令で、その制定又は改廃に伴い合理的に必要と判断される範囲内において、所要の経過措置（罰則に関する経過措置を含む。）を定めることができる。

本条…追加〔昭六二法六九〕

（権限の委任）

第四十四条の三　この法律に規定する国土交通大臣の権限は、国土交通省令で定めるところにより、その一部を地方整備局長又は北海道開発局長に委任することができる。

本条…追加〔平一一法一六〇〕
注「国土交通省令で定めるところ」＝施行規則二九条

参考人に係るものにあつては国家公務員等の旅費に関する法律の定めるところにより、都道府県知事に意見を求められて出頭した参考人に係るものにあつては当該都道府県の条例の定めるところによる。

旧三四条…繰上〔昭四六政三八〇〕、一部改正〔平一二政三一二〕

（権限の委任）

第三十四条　この政令に規定する国土交通大臣の権限は、国土交通省令で定めるところにより、その一部を地方整備局長又は北海道開発局長に委任することができる。

本条…追加〔平一二政三一二〕

（権限の委任）

第二十九条　法、令及びこの省令に規定する国土交通大臣の権限のうち、次に掲げるもの以外のものは、建設業者若しくは法第三条第一項の許可を受けようとする者の主たる営業所の所在地、法第七条第一号ロ、第二

注

「国土交通省令で定めるところ」＝施行規則二九条

号ハ若しくは法第十五条第二号ハの認定若しくは法第二十七条第三項の合格証明書の交付を受けようとする者若しくは令第二十七条の九第一項の規定により合格を取り消された者の住所地又は建設業者団体の主たる事務所の所在地を管轄する地方整備局長及び北海道開発局長に委任する。ただし、法第二十五条の二十七第二項、法第二十七条の三十八、法第二十八条第一項、第三項及び第七項、法第二十九条、法第二十九条の二第一項、法第二十九条の三第三項、法第二十九条の四、法第三十一条第一項並びに法第四十一条の規定に基づく権限については、国土交通大臣が自ら行うことを妨げない。

一　法第七条第一号ロの規定により認定すること（外国における経験に関するものに限る。）。

二　法第七条第二号ハの規定により認定すること（外国における学歴

又は実務経験に関するものに限る。）。
三　法第十五条第二号イの規定により試験及び免許を定め、並びに同号ハの規定により認定すること（外国における学歴、資格又は実務経験に関するものに限る。）。
四　中央建設工事紛争審査会に関する法第二十五条の二第二項並びに法第二十五条の五第一項及び第二項（法第二十五条の七第三項においてこれらの規定を準用する場合を含む。）、法第二十五条の十並びに法第二十五条の二十五の規定による権限
五　登録講習実施機関及び登録経営状況分析機関に関する法第二十六条の六（法第二十六条の七第二項において準用する場合を含む。）、法第二十六条の九から法第二十六条の十一まで（法第二十六条の十第二項を除く。）並びに法第二十

六条の十三から法第二十六条の三十二において準用する場合を含む。）、法第二十六条の十七（法第二十七条の三十二においてこれらの規定を準用する場合を含む。）、法第二十六条の十七第一項、法第二十六条の十九、法第二十六条の二十第一項並びに法第二十六条の二十一（法第二十七条の三十二においてこれらの規定を準用する場合を含む。）、法第二十七条の三十一第二項及び第三項（法第二十七条の三十二において準用する法第二十六条の七第二項において準用する場合を含む。）並びに法第二十七条の三十五第一項及び第二項の規定による権限

六　法第二十七条第一項の規定により技術検定を行うこと。

七　指定試験機関及び指定資格者証交付機関に関する法第二十七条の二第一項及び第三項、法第二十七条の三、法第二十七条の四（法第二十七条の十九第五項において準

用する場合を含む。)、法第二十七条の五第一項、同条第二項(法第二十七条の六第三項において準用する場合を含む。)、法第二十七条の六第二項、法第二十七条の八(法第二十七条の十九第五項において準用する場合を含む。)、法第二十七条の九、法第二十七条の十一、法第二十七条の十二第一項(法第二十七条の十九第五項において準用する場合を含む。)、法第二十七条の十三から法第二十七条の十五まで(同条第三項を除く。)並びに法第二十七条の十七(法第二十七条の十九第五項においてこれらの規定を準用する場合を含む。)、法第二十七条の十九第一項、第三項及び第四項並びに法第二十七条の二十の規定による権限

八　法第二十七条の十八第一項の規定により監理技術者資格者証を交付すること。

九　法第二十七条の二十三第三項の規定により経営事項審査の項目及び基準を定めること。
十　法第二十九条の五第一項の規定により公告すること（国土交通大臣の処分に係るものに限る。）。
十一　法第三十二条第二項において準用する同条第一項の規定により意見を聴くこと（国土交通大臣の処分に係るものに限る。）。
十二　法第三十五条第二項（法第三十七条第三項において準用する場合を含む。）の規定により任命すること。
十三　法第三十九条の三第一項の規定による諮問をすること。
十四　中央建設工事紛争審査会に関する令第十二条、令第十五条第四号並びに令第二十五条第二号及び第三号の規定による権限
十五　技術検定に関する令第二十七条の三第三項、令第二十七条の五

第一項第四号及び第二項第三号、令第二十七条の六、令第二十七条の七、令第二十七条の九第一項並びに令第二十七条の十の規定による権限

十六　令第二十七条の十三第二号の規定により指定すること。

十六の二　登録地すべり防止工事試験実施機関、登録計装試験実施機関及び登録経理試験実施機関に関する第七条の四第二項及び第七条の六第一項（第七条の七第二項（第七条の二十二及び第十八条の七において準用する場合を含む。）においてこれらの規定を準用する場合を含む。）、第七条の九から第七条の十一まで及び第七条の十三から第七条の十五まで（第七条の二十二及び第十八条の七においてこれらの規定を準用する場合を含む。）、第七条の十七及び第七条の十八（第七条の二十二及び第十八条の七においてこれらの規定を準用する場合を含む。）、第七条の十九第二項、第七条の二十第一項、第十八条の四第二項並びに第十八条の五第一項の規定による権限

十七　登録講習実施機関及び登録経営状況分析機関に関する第十七条の四（第十七条の五（第二十一条の十において準用する場合を含む。）において準用する場合を含む。）、第十七条の八及び第十七条の十二（第二十一条の十においてこれらの規定を準用する場合を含む。）、第十七条の十三第一項、第二十一条の六第二号並びに第二十一条の九第一項の規定による権限
十八　指定試験機関及び指定資格者証交付機関に関する第十七条の十七第一項、第十七条の十八（第十七条の三十九において準用する場合を含む。）、第十七条の十九第一項、第十七条の二十一、第十七条の二十三（第十七条の三十九において準用する場合を含む。）、第十七条の二十四、第十七条の二十六第一項、第十七条の二十七及び第十七条の二十八（第十七条の三十九においてこれらの規定を準用する場合を含む。）、第十七条の三十五第一項、第十七条の三十七並びに第十七条の三十八の規定による権限

（都道府県知事の経由）

第四十四条の四　第三条第一項の許可を受けようとする者、建設業者及び第十二条各号に掲げる者がこの法律又はこの法律に基づく命令で定めるところにより国土交通大臣に提出する許可申請書その他の書類で国土交通省令で定めるものは、国土交通省令で定める都道府県知事を経由しなければならない。

本条…追加〔平一一法八七〕、一部改正・旧四四条の三…繰下〔平一一法一六〇〕

（事務の区分）

十九　資格者証に関する第十七条の二十九第一項及び第三項（第十七条の三十三第二項において準用する場合を含む。）、第十七条の三十第三項、第十七条の三十一第一項及び第三項並びに第十七条の三十二第一項及び第四項の規定による権限

二十　別記様式第十五号及び第十六号の規定により勘定科目の分類を定めること。

二十一　別記様式第二十五号の八及び第二十五号の十一の規定により認定すること。

本条…追加〔平一二建令四一〕、一部改正〔平一六国交令一・一六国交令一〇三・一八国交令六〇・二〇国交令八四〕

第四十四条の五　前条の規定により都道府県が処理することとされている事務は、地方自治法（昭和二十二年法律第六十七号）第二条第九項第一号に規定する第一号法定受託事務とする。

本条…追加〔平一一法八七〕、旧四四条の四…繰下〔平一一法一六〇〕、一部改正〔平一八法二一四〕

第八章　罰則

第四十五条　登録経営状況分析機関（その者が法人である場合にあつては、その役員）又はその職員で経営状況分析の業務に従事するものが、その職務に関し、賄賂《ろ》を収受し、又は要求し、若しくは約束したときは、三年以下の懲役に処する。よつて不正の行為をし、又は相当の行為をしないときは、七年以下の懲役に処する。

2　前項に規定する者であつた者が、その在職中に請託を受けて職務上不正の行為をし、又は相当の行為をしなかつたことにつき賄賂を収受し、又は要求し、若しくは約束したときは、三年以下の懲役に処する。

3　第一項に規定する者が、その職務に関し、請託を受けて第三者に賄賂を供与させ、又はその供与を約束したときは、三年以下の懲役に処する。

4　犯人又は情を知つた第三者の収受した賄賂は、没収する。その全部又は一部を没収することができないときは、その価額を追徴する。

本条…追加〔平一五法九六〕、一～三項…一部改正〔平一八法九二〕

第四十六条　前条第一項から第三項までに規定する賄賂を供与し、又はその申込み若しくは約束をした者は、三年以下の懲役又は二百万円以下の罰金に処する。

2　前項の罪を犯した者が自首したときは、その刑を減軽し、又は免除することができる。

本条…追加〔平一五法九六〕

第四十七条　次の各号の一に該当する者は、三年以下の懲役又は三百万円以下の罰金に処する。

一　第三条第一項の規定に違反して許可を受けないで建設業を営んだ者

一の二　第十六条の規定に違反して下請契約を締結した者

二　第二十八条第三項又は第五項の規定による営業停止の処分に違反して建設業を営んだ者

二の二　第二十九条の四第一項の規定による営業の禁止の処分に違反して建設業を営んだ者

三　虚偽又は不正の事実に基づいて第三条第一項の許可（同条第三項の許可の更新を含む。）を受けた者

2　前項の罪を犯した者には、情状により、懲役及び罰金を併科することができる。

一項…一部改正〔昭四六法三一・六二法六九・平六法六三〕、旧四五条…繰下〔平一五法九六〕

第四十八条　第二十七条の七第一項又は第二十七条の三十四の規定に違反した者は、一年以下の懲役又は百万円以下の罰金に処する。

本条…追加〔昭六二法六九〕、一部改正・旧四五条の二…繰下

〔平一五法九六〕、一部改正〔平一八法九二〕

第四十九条　第二十六条の十五（第二十七条の三十二において準用する場合を含む。）又は第二十七条の十四第二項（第二十七条の十九第五項において準用する場合を含む。）の規定による講習、試験事務、交付等事務又は経営状況分析の停止の命令に違反したときは、その違反行為をした登録講習実施機関（その者が法人である場合にあつては、その役員）若しくはその職員、指定試験機関若しくは指定資格者証交付機関の役員若しくは職員又は登録経営状況分析機関（その者が法人である場合にあつては、その役員）若しくはその職員（第五十一条において「登録講習実施機関等の役員等」という。）は、一年以下の懲役又は百万円以下の罰金に処する。

本条…追加〔昭六二法六九〕、一部改正・旧四五条の三…繰下〔平一五法九六〕、一部改正〔平一八法九二〕

第五十条　次の各号のいずれかに該当する者は、六月以下の懲役又は百万円以下の罰金に処する。

一　第五条（第十七条において準用する場合を含む。）の規定による許可申請書又は第六条第一項（第十七条において準用する場合を含む。）の規定による書類に虚偽の記載をしてこれを提出した者

二　第十一条第一項から第四項まで（第十七条において準用する場合を含む。）の規定による書類を提出せず、又は虚偽の記載をしてこれを提出した者

三　第十一条第五項（第十七条において準用する場合を含む。）の規定による届出をしなかつた者

四　第二十七条の二十四第二項若しくは第二十七条の二十六第二項の申請書又は第二十七条の二十四第三項若しくは第二十七条の二十六第三項の書類に虚偽の記載をしてこれを提出した者

2　前項の罪を犯した者には、情状により、懲役及び罰金を併科することができる。

本条…一部改正〔昭三六法八六・四六法三一・六二法六九〕、一項…一部改正・二項…追加〔平六法六三〕、一項…一部改正・旧四六条…繰下〔平一五法九六〕、一項…一部改正〔平一八法九二〕

第五十一条　次の各号のいずれかに該当するときは、その違反行為をした登録講習実施機関等の役員等は、五十万円以下の罰金に処する。

一　第二十六条の十一（第二十七条の三十二において準用する場合を含む。）の規定による届出をしないで講習若しくは経営状況分析の業務の全部を廃止し、又は第二十七条の十三第一項（第二十七条の十九第五項において準用する場合を含む。）の規定による許可を受けないで試験事務若しくは交付等事務の全部を廃止したとき。

二　第二十六条の十六（第二十七条の三十二において準用する場合を含む。）又は第二十七条の十の規定に違反して帳簿を備えず、帳簿に記載せず、若しくは

は帳簿に虚偽の記載をし、又は帳簿を保存しなかったとき。

三　第二十六条の十九（第二十七条の三十二において準用する場合を含む。）若しくは第二十七条の十二第一項（第二十七条の十九第五項において準用する場合を含む。以下同じ。）の規定による報告を求められて、報告をせず、若しくは虚偽の報告をし、又は第二十六条の二十（第二十七条の三十二において準用する場合を含む。）若しくは第二十七条の十二第一項の規定による検査を拒み、妨げ、若しくは忌避したとき。

本条…追加〔平一五法九六〕、一部改正〔平一八法九二〕

第五十二条　次の各号のいずれかに該当する者は、百万円以下の罰金に処する。

一　第二十六条第一項から第三項までの規定による主任技術者又は監理技術者を置かなかつた者

二　第二十六条の二の規定に違反した者

三　第二十九条の三第一項後段の規定による通知をしなかつた者

四　第二十七条の二十四第四項又は第二十七条の二十六第四項の規定による報告をせず、若しくは資料の提出をせず、又は虚偽の報告をし、若しくは虚偽の資料を提出した者

五　第三十一条第一項又は第四十二条の二第一項の規

定による報告をせず、又は虚偽の報告をした者

六　第三十一条第一項又は第四十二条の二第一項の規定による検査を拒み、妨げ、又は忌避した者

本条…一部改正〔昭二八法二一三・四六法三一・六二法六九・平六法六三〕、一部改正・旧四七条…繰下〔平一五法九六〕、一部改正〔平一八法九二〕

第五十三条　法人の代表者又は法人若しくは人の代理人、使用人、その他の従業者が、その法人又は人の業務又は財産に関し、次の各号に掲げる規定の違反行為をしたときは、その行為者を罰するほか、その法人に対して当該各号に定める罰金刑を、その人に対して各本条の罰金刑を科する。

一　第四十七条　一億円以下の罰金刑

二　第五十条又は前条　各本条の罰金刑

本条…一部改正〔昭六二法六九〕、一部改正・旧四八条…繰下〔平一五法九六〕、一部改正〔平一八法九二〕

第五十四条　第二十六条の十二第一項（第二十七条の三十二において準用する場合を含む。）の規定に違反して財務諸表等を備えて置かず、財務諸表等に記載すべき事項を記載せず、若しくは虚偽の記載をし、又は正

当な理由がないのに第二十六条の十二第二項各号（第二十七条の三十二において準用する場合を含む。）の規定による請求を拒んだ者は、二十万円以下の過料に処する。

本条…追加〔平一五法九六〕

第五十五条　次の各号のいずれかに該当する者は、十万円以下の過料に処する。

一　第十二条（第十七条において準用する場合を含む。）の規定による届出を怠つた者

二　正当な理由がなくて第二十五条の十三第三項の規定による出頭の要求に応じなかつた者

三　第四十条の規定による標識を掲げない者

四　第四十条の二の規定に違反した者

五　第四十条の三の規定に違反して、帳簿を備えず、帳簿に記載せず、若しくは帳簿に虚偽の記載をし、又は帳簿若しくは図書を保存しなかつた者

本条…一部改正〔昭二八法二一三・三一法一二五・三六法八六・四六法三一・六二法六九・平六法六三〕、旧四九条…繰下〔平一五法九六〕、一部改正〔平一八法一一四〕

附　則

（施行期日）

附　則

この省令は、建設業法施行の日〔昭

1　この法律は、公布の日から起算して六十日をこえ九十日をこえない期間内において政令で定める日から施行する。

注　「政令で定める日」＝昭和二四年七月政令二八三号により、昭和二四・八・二〇から施行

（この法律施行の際建設業を営んでいる者）

2　この法律施行の際、現に建設業を営んでいる者は、第四条第一項の規定による登録を受けないでも、その施行の日から六十日を限り、建設業者とみなす。その者がその期間内に第六条の規定により登録を申請した場合においてその期間を経過したときは、その申請に対する処分のある日まで、また同様とする。

3　第十八条から第二十四条まで、第二十六条、第二十七条及び第四十条の規定は、前項の規定により建設業者とみなされた者については、適用しない。

4　第十七条の規定は、附則第二項後段の規定により建設業者とみなされた者の登録が第十一条第一項の規定により拒否された場合に、準用する。

5　前項において準用する第十七条第一項後段の規定による通知をしなかつた者は、二万円以下の罰金に処する。

和二四年八月二〇日」から施行する。

附　則〔昭和二五年四月七日建設省令第九号〕

この省令は、公布の日から施行する。

附　則〔昭和二六年二月六日建設省令第二号〕

1　この省令は、公布の日から施行する。但し、第六条及び別記様式第二号中添附書類㈭及び㈮の改正規定は、昭和二十六年七月一日から施行する。

2　前項但書の場合において、施行の日前に始まる事業年度に係る書類の様式については、なお従前の例によることができる。

（最初に建設業審議会の委員となる者の任期）

6　最初に建設業審議会の委員となる者の任期は、関係各庁の職員のうちから命ぜられた委員を除き、その半数は二年、他の半数は四年とし、最初の会議において抽せんで定める。

附　則〔昭和二六年六月一日法律第一七八号抄〕

1　この法律は、公布の日から施行する。

附　則〔昭和二六年六月八日法律第二一一号抄〕

1　この法律は、昭和二十六年七月一日から施行する。

附　則〔昭和二七年六月一二日法律第一八四号抄〕

1　この法律は、公布の日から起算して六十日をこえない期間内において政令で定める日から施行する。

注「政令で定める日」＝昭和二七年七月政令二八五号により、昭和二七・七・三一から施行

附　則〔昭和二八年八月一七日法律第二二三号抄〕

1　この法律は、公布の日から施行する。但し、第十一条第一項第二号及び第三号並びに第二十二条の改正規定は、この法律公布の日から起算して六十日を経過した日から施行する。

附　則〔昭和三一年六月二日法律第一二五号抄〕

附　則

附　則〔昭和二六年七月二一日建設省令第二二号〕

この省令は、公布の日から施行する。

附　則〔昭和二七年四月二五日建設省令第一三号〕

この省令は、公布の日から施行する。

附　則〔昭和二八年八月一七日建設省令第一九号抄〕

1　この省令は、公布の日から施行する。

附　則〔昭和三一年八月二九日建設

（施行期日）

1　この法律は、公布の日から起算して九十日をこえない範囲内において政令で定める日から施行する。

注　「政令で定める日」＝昭和三一年八月政令二七二号により、昭和三一・八・三〇から施行

附　則〔昭和三五年五月二日法律第七四号抄〕

1　この法律は、公布の日から施行する。

附　則〔昭和三六年五月一六日法律第八六号抄〕

（施行期日）

1　この法律は、公布の日から起算して六月をこえ一年

この政令は、昭和三十一年八月三十日から施行する。

附　則〔昭和三五年六月二八日政令第一八二号〕

この政令は、国有鉄道運賃法の一部を改正する法律の施行の日から施行する。

附　則〔昭和三五年九月一〇日政令第二五二号抄〕

1　この政令は、公布の日から施行する。

附　則〔昭和三六年一〇月三一日政令第三三六号〕

この政令は、昭和三十六年十二月一

省令第二八号〕

この省令は、昭和三十一年八月三十日から施行する。

附　則〔昭和三三年一二月八日建設省令第三一号〕

この省令は、昭和三十四年一月一日から施行する。

附　則〔昭和三六年一〇月三一日建設省令第二九号抄〕

改正　昭和三七年二月九日建設省令

をこえない範囲内において政令で定める日から施行する。

注　「政令で定める日」＝昭和三六年一〇月政令三三五号により、昭和三六・一二・一から施行。ただし、三七条の改正規定は昭和三六・一一・一六から施行

附　則〔昭和三六年六月一七日法律第一四五号抄〕

この法律は、〔中略〕建設業法の一部を改正する法律（昭和三十六年法律第八十六号）の施行の日〔昭和三六年一二月一日〕から施行する。

附　則〔昭和三七年九月一五日法律第一六一号抄〕

1　この法律は、昭和三十七年十月一日から施行する。

日から施行する。

附　則〔昭和三六年一一月一日政令第三三九号抄〕

（施行期日）

1　この政令は、公布の日から施行する。

附　則〔昭和三七年七月三一日政令第三一四号抄〕

1　この政令は、会計法の一部を改正する法律（昭和三十六年法律第二百三十六号）の施行の日（昭和三十七年八月二十日）から施行する。

附　則〔昭和三七年九月二九日政令第三九一号抄〕

1　この政令は、行政不服審査法（昭和三十七年法律第百六十号）の施行の日（昭和三十七年十月一日）から施行する。

第二号

1　この省令は、昭和三十六年十二月一日から施行する。

附　則〔昭和三七年二月九日建設省令第二号〕

この省令は、公布の日から施行する。

附　則〔昭和三九年九月一〇日建設省令第二三号抄〕

1　この省令は、昭和三十九年十二月

附　則〔昭和四二年六月一二日法律第三六号抄〕

1　この法律は、登録免許税法の施行の日〔昭和四二年八月一日〕から施行する。

附　則〔昭和四六年四月一日法律第三一号抄〕

（施行期日）

1　この法律は、公布の日から起算して一年を経過した日から施行する。

（経過措置）

2　この法律の施行の際現にこの法律による改正後の建設業法（以下「新法」という。）第二条第一項及び第二項の規定により新たに建設業となる事業を営んでいる

附　則〔昭和四〇年三月三〇日政令第六三号〕

この政令は、昭和四十年四月一日から施行する。

附　則〔昭和四四年八月二五日政令第二三一号〕

この政令は、公布の日から施行する。

附　則〔昭和四五年四月二一日政令第八二号〕

この政令は、公布の日から施行する。

附　則〔昭和四六年一二月二七日政令第三八〇号抄〕

（施行期日）

1　この政令は、建設業法の一部を改正する法律（昭和四十六年法律第三十一号）の施行の日（昭和四十七年四月一日）から施行する。

一日から施行する。

附　則〔昭和四二年八月一日建設省令第二〇号〕

この省令は、公布の日から施行する。

附　則〔昭和四七年一月一八日建設省令第一号抄〕

（施行期日）

1　この省令は、建設業法の一部を改正する法律（昭和四十六年法律第三十一号）の施行の日（昭和四十七年四月一日）から施行する。

者は、この法律の施行の日から六十日間は、新法第三条第一項の許可（以下「新法の許可」という。）を受けないでも、引き続き当該建設業を営むことができる。その者がその期間内に当該許可の申請をした場合において、その期間を経過したときは、その申請に対し許可をするかどうかの処分がある日まで、同様とする。

3　前項の規定により引き続き建設業を営むことができる者が、同項前段に規定する期間内に新法の許可を受けなかつた場合においては、その者は、新法第三条第一項の規定にかかわらず、当該期間内に新法の許可の申請をしてその期間が経過する際まだ申請に対し許可をするかどうかの処分がされていないときはこの法律の施行の日から当該処分がある日まで、その他のときはこの法律の施行の日から六十日を経過する日までの間に締結した請負契約に係る建設工事に限り、施工することができる。

4　この法律の施行の際現にこの法律による改正前の建設業法（以下「旧法」という。）の規定により登録を受けて建設業を営んでいる者（新法第三条第一項ただし書の規定により、新法の許可を受けないで建設業を営むことができる者に該当するものを除く。）は、この法

（経過措置）

2　建設業法の一部を改正する法律（昭和四十六年法律第三十一号）附則第六項の規定により建設業法の許可を申請する場合においては、別記様式第一号中「申請時においてすでに許可を受けている建設業」とあるのは「申請時の登録」と、「建設大臣知事許可（　）第　号　工事業昭和年月日許可」とあるのは「建設大臣知事登録第　号　昭和　年　月　日登録」とし、別記様式第二十号中「許可申請直前の過去3年間で許可を受けて継続して営業した期間」とあるのは「許可申請直前の過去3年間で許可又は登録を受けて継続して営業した期間」とするものとする。

律の施行の日から二年間は、新法の許可を受けないでも、引き続き当該登録（その更新を含む。）を受けている限り、旧法第二条第一項に規定する建設工事に係る建設業を引き続き営むことができる。その者がその期間内に当該許可の申請をした場合において、その期間を経過したときは、その申請に対し許可をするかどうかの処分がある日まで、同様とする。

5　前項の場合において、同項の登録を受けて建設業を営んでいる者の営む旧法第二条第一項に規定する建設工事については、この法律附則に別段の定めがあるものを除くほか、なお従前の例による。

6　附則第四項の規定により引き続き建設業を営むことができる者は、同項前段に規定する期間内においても新法の許可を受けることができるものとし、その者がその期間内に新法の許可を受けたときは、その者に係る前項の規定によりその例によるものとされる旧法第八条第一項の規定による登録は、その効力を失う。

7　建設大臣又は都道府県知事は、前項の規定により新法の許可を申請した者が新法第七条第三号及び第四号に掲げる基準に適合しているかどうかを審査する場合には、その者の建設業についての実績を配慮しなければばならない。

8　新法第二条第四項及び第五項、第三章（第二十四条の五及び第二十四条の六を除く。）並びに第三章の二の規定（第二十五条の十三第三項の規定に係る罰則を含む。）は、附則第四項の規定により引き続き建設業を営むことができる者についても、適用する。この場合においては、その引き続き建設業を営むことができる者を新法の建設業者とみなすものとし、新法第二十五条の九第一項及び第二項中「許可」とあるのは、「登録」とする。

9　附則第四項の規定により引き続き建設業を営むことができる者が、同項前段に規定する期間内に新法の許可を受けた場合においては、その者は、当該許可を受ける前に締結した請負契約に係る旧法第二条第一項に規定する建設工事を施工することができる。

10　附則第四項の規定により引き続き建設業を営むことができる者が、同項前段に規定する期間内に新法の許可を受けなかつた場合において、当該期間内に新法の許可の申請をしてその期間が経過する際まだ申請に対し許可をするかどうかの処分がされていないときはこの法律の施行の日から当該処分がある日まで、その他のときはこの法律の施行の日から二年を経過する日までの間に締結した請負契約があるときは、当該請負契約に係る建設工事の施工に関しては、その者につき当該処分がある日又は当該期間が経過する日において附則第五項の規定によりその例によるものとされる旧法第十五条第一項の規定による登録の抹《まつ》消があつたものとみなし、なお従前の例による。

11　この法律の施行の際旧法第二十五条の十九第一項の規定による異議の申出がされている事件の処理については、なお従前の例による。

12　新法の許可を受けた建設業者が、旧法の建設業者であつた間に旧法第二十八条第一項に規定する場合に該当した場合における当該建設業者に対する処分及び注文者に対する勧告については、新法第二十八条第一項に規定する相当の場合に該当したものとみなして、新法第二十八条及び第二十九条の規定を適用する。この場合において、新法第二十八条第三項中「一年以内」とあるのは、「六月以内」とする。

13　旧法第二十九条第一項第五号又は第六号に該当した場合における同項の規定による登録の取消しは、新法第八条（第十七条において準用する場合を含む。）の規定の適用については、新法第二十九条第五号又は第六号に該当した場合における同条の規定による許可の取消しとみなす。

14　この法律の施行前にした行為及びこの法律附則の規定により従前の例によることとされる建設工事に係るこの法律の施行後にした行為に対する罰則の適用については、なお従前の例による。

附　則〔昭和四七年六月一二日政令第二二九号〕

この政令は、公布の日から施行する。

附　則〔昭和四七年八月一九日政令第三一八号抄〕

（施行期日）

第一条　この政令は、昭和四十七年十月一日から施行する。〔後略〕

附　則〔昭和四七年一二月八日政令第四二〇号抄〕

（施行期日）

1　この政令は、法の施行の日（昭和四十七年十二月二十日）から施行する。

附　則〔昭和四七年一二月二一日政令第四三七号抄〕

（施行期日）

1　この政令は、法の施行の日（昭和四十七年十二月二十五日）から施行する。

附　則〔昭和四九年九月一八日政令第三二七号〕

この政令は、昭和四十九年十月一日から施行する。

附　則〔昭和五〇年一月九日政令第二号抄〕

（施行期日）

1　この政令は、都市計画法及び建築基準法の一部を改正する法律（昭和四十九年法律第六十七号）の施行の日（昭和五十年四月一日）から施行する。

附　則〔昭和五〇年四月二二日政令第一三〇号〕

この政令は、公布の日から施行する。

附　則〔昭和五〇年四月二五日建設省令第一一号〕

（施行期日）

附　則〔昭和五〇年一二月二六日法律第九〇号抄〕

（施行期日）

1　この法律は、公布の日から施行する。

附　則〔昭和五二年六月八日政令第一九四号抄〕

1　この政令は、昭和五十二年十月一日から施行する。

2　昭和五十二年十月一日前に建設大

1　この省令は、公布の日から施行する。

（経過措置）

2　この省令の施行の日の前日までに決算期の到来した営業年度又はこの省令の施行後最初に決算期の到来する営業年度（この省令の施行の際現に存する株式会社にあつては、昭和五十年九月三十日までに決算期の到来するものに限る。）に係る別記様式第十五号から第十九号までの書類の様式については、なお、従前の例によることができる。

附　則〔昭和五三年五月二三日法律第五五号抄〕

（施行期日等）

1　この法律は、公布の日から施行する。〔後略〕

臣に対し許可の申請がされたもの（許可の更新の申請にあつては、昭和五十三年三月三十一日までに更新を受けるべきものに限る。）に係る許可手数料は、改正後の建設業法施行令第四条の規定にかかわらず、なお従前の例による。

附　則〔昭和五三年三月二二日政令第三八号〕

この政令は、昭和五十三年四月一日から施行する。

附　則〔昭和五三年五月二三日政令第一九八号〕

この政令は、公布の日から施行する。

附　則〔昭和五六年三月三一日政令第五八号〕

この政令は、昭和五十六年四月一日から施行する。

附　則〔昭和五四年三月三〇日建設省令第五号〕

この省令は、公布の日から施行する。

附　則〔昭和五六年九月二八日建設省令第一二号抄〕

（施行期日）

第一条　この省令は、公布の日から施行する。ただし、附則第二条から第二十条までの規定は、昭和五十六年十月一日から施行する。

附　則〔昭和五七年九月二〇日建設省令第一二号〕

（施行期日）

1　この省令は、昭和五十七年十月一日から施行する。

（経過措置）

2　この省令の施行前に到来した最終の決算期に作成された貸借対照表に記載されている商法等の一部を改正する法律（昭和五十六年法律第七十四号。以下「改正法」という。）による改正前の商法第二百八十七条ノ二に規定する引当金で改正法による改正後の同条の規定により引当金とし

附　則〔昭和五八年一二月一〇日法律第八三号抄〕

（施行期日）

第一条　この法律は、公布の日から施行する。〔後略〕

附　則〔昭和五八年七月二九日政令第一七四号〕

この政令は、公布の日から施行する。

附　則〔昭和五九年四月二七日政令第一二〇号〕

1　この政令は、昭和五十九年十月一日から施行する。ただし、第二十七条の十第一項から第三項までの改正規定は、公布の日から施行する。

2　この政令の施行後に特定建設業の許可（その更新を含む。）を受けよう

て計上することができないものは、取り崩したものを除き、この省令の施行後最初に到来する決算期に作成すべき貸借対照表においては、資本の部中剰余金の部にその目的のための任意積立金として記載しなければならない。

附　則〔昭和五八年一二月一〇日建設省令第一八号〕

この省令は、公布の日から施行する。

附　則〔昭和五九年四月二七日建設省令第六号〕

この省令は、昭和五十九年十月一日から施行する。

とする者がその営業所ごとに置くべき建設業法第十五条第二号イの実務の経験を有する者のこの政令の施行前における実務の経験の基礎となる建設工事に係る請負代金の額については、改正後の第五条の二の規定にかかわらず、なお従前の例による。

附　則〔昭和五九年六月二一日政令第二〇九号〕

この政令は、昭和五十九年七月一日から施行する。

附　則〔昭和六〇年三月五日政令第

附　則〔昭和五九年六月一日建設省令第一〇号〕

1　この省令は、公布の日から施行する。

2　この省令の施行の日の前日までに決算期の到来した営業年度に係る貸借対照表及び損益計算書の様式については、なお従前の例によることができる。

二四号抄〕

（施行期日）

第一条　この政令は、昭和六十年四月一日から施行する。

附　則〔昭和六〇年三月一五日政令第三一号抄〕

（施行期日）

第一条　この政令は、昭和六十年四月一日から施行する。

附　則〔昭和六〇年一二月二一日政令第三一七号抄〕

（施行期日等）

1　この政令は、公布の日から施行する。ただし、第四十二条の規定は、昭和六十一年一月一日から施行する。

2　この政令（第四十二条の規定を除く。）による改正後の次に掲げる政令の規定は、昭和六十年七月一日から適用する。

七　建設業法施行令

附　則〔昭和六一年三月二八日政令第五〇号〕

この政令は、雇用の分野における男女の均等な機会及び待遇の確保を促進するための労働省関係法律の整備等に関する法律の施行の日（昭和六十一年四月一日）から施行する。

附　則〔昭和六一年六月六日政令第二〇三号〕

この政令は、労働者派遣事業の適正な運営の確保及び派遣労働者の就業条件の整備等に関する法律の施行の日（昭和六十一年七月一日）から施行する。

附　則〔昭和六一年一一月二六日政令第三五二号〕

1　この政令は、昭和六十二年一月一日から施行する。

2　この政令の施行前にした建設大臣に対する許可の申請（許可の更新の申請にあつては、更新を受けようとする許可の期間が昭和六十二年六月三十日までに満了するものに限る。）に係る許可手数料については、改正後の第四条の規定にかかわらず、なお従前の例による。

附　則〔昭和六二年三月二〇日政令第五四号抄〕

（施行期日）

第一条　この政令は、昭和六十二年四月一日から施行する。

附　則〔昭和六二年八月四日政令第二七〇号〕

この政令は、公布の日から施行する。

附　則〔昭和六二年一月二八日建設省令第一号〕

1　この省令は、昭和六十二年四月一日から施行する。

2　改正後の第三条第三項及び第十三条第三項の規定は、この省令の施行の際現に建設業の許可を受けている者でこの省令の施行後初めて当該建設業の許可の更新を申請するものについては、適用しない。

3　改正後の第四条第二項及び第三項の規定は、この省令の施行後初めて許可を申請する者については、適用しない。

4　この省令の施行の際現に提出されている許可申請書の添付書類並びに

附　則〔昭和六二年六月六日法律第六九号〕

（施行期日）

1　この法律は、公布の日から起算して一年を経過した日から施行する。

（経過措置）

2　この法律の施行の際現に建設工事紛争審査会の特別委員に任命されている者の任期については、なお従前の例による。

3　この法律の施行前に申出をした建設業者についての経営に関する事項の審査については、なお従前の例による。

4　この法律の施行前に行った経営に関する事項の審査及び前項の規定によりなお従前の例によることとされる場合におけるこの法律の施行後に行った経営に関する事項の審査に関する再審査については、なお従前の例による。

5　この法律の施行前にした行為に対する罰則の適用については、なお従前の例による。

附　則〔昭和六三年五月二〇日政令第一四八号抄〕

（施行期日）

1　この政令は、建設業法の一部を改正する法律（昭和六十二年法律第六十九号）の施行の日（昭和六十三年六月六日）から施行する。ただし、第五条の三の改正規定（金額を改める部分に限る。）及び第七条の二の改正規定は、昭和六十四年一月一日から施行する。

（経過措置）

2　この政令の施行の際現に特定建設業の許可を受けて土木工事業、建築工事業、管工事業、鋼構造物工事業若しくは舗装工事業（以下「五業種」という。）を営んでいる者又はこの政令の施行前に五業種に係る特定建設業の許可の申請をした者に関して

許可申請書及びその添付書類の様式は、なお従前の例による。

附　則〔昭和六三年六月六日建設省令第一〇号〕

この省令は、公布の日から施行する。

は、その営業所ごとに置くべき専任の者の資格及び監理技術者の資格については、この政令の施行の日から起算して二年を経過する日までの間は、なお従前の例による。

3　この政令の施行の日から起算して二年を経過する日までの間は、五業種に係る建設工事は、建設業法第二十六条第四項及び第五項の規定の適用については、指定建設業以外の建設業に係る建設工事とみなす。

4　この政令の施行前にした行為に対する罰則の適用については、なお従前の例による。

附　則〔平成元年三月二八日政令第

附　則〔昭和六三年一一月三〇日建設省令第二四号〕

この省令は、公布の日から施行する。

附　則〔平成元年三月二七日建設省令第三号〕

この省令は、公布の日から施行する。

七二号抄〕

（施行期日）

1　この政令は、平成元年四月一日から施行する。

（建設業法施行令及び浄化槽法関係手数料令の一部改正に伴う経過措置）

3　この政令の施行前に実施の公告がされた技術検定の学科試験若しくは実地試験又は浄化槽設備士試験を受けようとする者が納付すべき手数料の額については、なお従前の例による。

附　則〔平成元年四月一日建設省令第九号〕

1　この省令は、公布の日から施行する。

2　この省令の施行の日の前日までに決算期の到来した営業年度に係る貸借対照表及び損益計算書の様式については、なお従前の例によることが

附　則〔平成三年三月一三日政令第二五号抄〕

（施行期日）

1　この政令は、平成三年四月一日から施行する。

（建設業法施行令の一部改正に伴う経過措置）

3　この政令の施行前に実施の公告がされた技術検定の学科試験又は実地試験を受けようとする者が納付すべき手数料の額については、なお従前の例による。

できる。

附　則〔平成三年六月二〇日建設省令第一一号〕

（施行期日）

1　この省令は、公布の日から施行する。

（経過措置）

2　この省令の施行の日の前日までに

決算期の到来した営業年度に係る利益処分に関する書類の様式については、なお従前の例によることができる。

附　則〔平成五年四月二六日建設省令第五号〕

1　この省令は、公布の日から施行する。

2　別記様式第二十二号の三による変更届出書の様式については、平成五年六月三十日までの間は、なお従前の例によることができる。

附　則〔平成六年一月二三日建設省令第四号抄〕

（施行期日）

1　この省令は、公布の日から施行する。

（経過措置）

2　この省令による改正前の建設業法施行規則〔中略〕に規定する様式による書面は、平成六年三月三十一日までの間は、これを使用することができる。

附　則〔平成六年三月二四日政令第六九号抄〕

（施行期日）

1　この政令は、平成六年四月一日から施行する。

（建設業法施行令の一部改正に伴う経過措置）

3　この政令の施行前にした建設大臣に対する許可の申請（許可の更新の申請にあっては、更新を受けようとする許可の期間が平成六年九月三十日までに満了するものに限る。）に係る許可手数料及びこの政令の施行前に実施の公告がされた技術検定の学科試験又は実地試験を受けようとする者が納付すべき手数料の額については、なお従前の例による。

附　則〔平成六年六月八日建設省令第一六号〕

附　則〔平成五年一一月一二日法律第八九号抄〕

（施行期日）

第一条　この法律は、行政手続法（平成五年法律第八十八号）の施行の日〔平成六年一〇月一日〕から施行する。

（諮問等がされた不利益処分に関する経過措置）

第二条　この法律の施行前に法令に基づき審議会その他の合議制の機関に対し行政手続法第十三条に規定する聴聞又は弁明の機会の付与の手続その他の意見陳述のための手続に相当する手続を執るべきことの諮問その他の求めがされた場合においては、当該諮問その他の求めに係る不利益処分の手続に関しては、この法律による改正後の関係法律の規定にかかわらず、なお従前

附　則〔平成六年七月二七日政令第二五一号〕

この政令は、一般職の職員の勤務時間、休暇等に関する法律の施行の日（平成六年九月一日）から施行する。

附　則〔平成六年九月一九日政令第三〇三号抄〕

（施行期日）

第一条　この政令は、行政手続法の施行の日（平成六年十月一日）から施行する。

この省令は、公布の日から施行する。ただし、第十八条及び第十九条の九の改正規定は、平成七年一月十五日から施行する。

の例による。

（罰則に関する経過措置）

第十三条　この法律の施行前にした行為に対する罰則の適用については、なお従前の例による。

（聴聞に関する規定の整理に伴う経過措置）

第十四条　この法律の施行前に法律の規定により行われた聴聞、聴問若しくは聴聞会（不利益処分に係るものを除く。）又はこれらのための手続は、この法律による改正後の関係法律の相当規定により行われたものとみなす。

（政令への委任）

第十五条　附則第二条から前条までに定めるもののほか、この法律の施行に関して必要な経過措置は、政令で定める。

附　則〔平成六年六月二九日法律第六三号〕

（施行期日）

附　則〔平成六年一二月一四日政令第三九一号抄〕

附　則〔平成六年九月二九日建設省令第二八号〕

この省令は、公布の日から施行する。ただし、別記様式第十五号の改正規定は、平成六年十月一日から施行する。

附　則〔平成六年一二月一六日建設省令第三三号〕

1　この法律は、公布の日から起算して六月を超えない範囲内において政令で定める日から施行する。ただし、次の各号に掲げる規定は、当該各号に定める日から施行する。

一　第六条、第十一条第一項から第四項まで及び第十三条の改正規定、第十七条の改正規定（「第六条第五号」を「第六条第一項第五号」に改める部分に限る。）並びに第四十六条第一号の改正規定並びに附則第四項の規定　この法律の公布の日

二　目次の改正規定（「第二十四条の六」を「第二十四条の七」に改める部分に限る。）、第二十四条の六の次に一条を加える改正規定、第二十七条の十八、第二十七条の二十三、第二十七条の二十六及び第二十七条の二十七の改正規定、第四十六条の改正規定（第三号の次に一号を加える部分に限る。）並びに第四十七条の改正規定（第三号の次に一号を加える部分に限る。）並びに附則第五項から第九項までの規定　この法律の公布の日から起算して一年を経過した日

三　第二十六条の改正規定　この法律の公布の日から起算して二年を経過した日

（施行期日）

1　この政令は、建設業法の一部を改正する法律の施行の日（平成六年十二月二十八日）から施行する。ただし、第五条の二、第五条の四及び第七条の二の改正規定、第七条の三の次に一条を加える改正規定、第二十七条の十三の改正規定、同条を第二十七条の十四とし、第二十七条の十二の次に一条を加える改正規定並びに次項、附則第三項、第五項、第六項及び第八項の規定は、平成七年六月二十九日から施行する。

（経過措置）

2　前項ただし書に規定する改正規定の施行の際現に特定建設業の許可を受けて電気工事業若しくは造園工事業（以下「二業種」という。）を営んでいる者又は当該改正規定の施行前に二業種に係る特定建設業の許可の申請をした者に関しては、その営業

（施行期日）

1　この省令は、建設業法の一部を改正する法律の施行の日（平成六年十二月二十八日）から施行する。ただし、第十七条の十五から第十七条の十七まで及び第十七条の十九の改正規定、第十七条の二十四を第十七条の二十五とし、第十七条の二十から第十七条の二十三までを一条ずつ繰り下げ、第十七条の十九の次に一条を加える改正規定、別表を削る改正規定並びに別記様式第二十五号の二から別記様式第二十五号の六までの改正規定は、平成七年六月二十九日から施行する。

（経過措置）

2　この省令の施行前に注文者と締結した建設工事の請負契約又はこの省令の施行前に下請負人と締結した建設工事の下請契約に関する事項については、建設業法第四十条の三の規

【法＜附則＞】

注　「政令で定める日」＝平成六年一二月一四日政令三九〇号により、平成六・一二・二八から施行

（許可の有効期間に関する経過措置）

2　この法律の施行の際現に改正前の建設業法第三条第一項の許可を受けている者又はこの法律の施行前にした許可（同条第三項の許可の更新を含む。）の申請に基づきこの法律の施行後に同条第一項の許可を受けた者（許可の更新の場合にあっては、この法律の施行後に許可の有効期間が満了する者を除く。）の当該許可の有効期間については、なお従前の例による。

（許可の基準に関する経過措置）

3　この法律の施行前に改正前の建設業法第三条第一項の許可（同条第三項の許可の更新を含む。）の申請をした者（許可の更新の場合にあっては、この法律の施行後に許可の有効期間が満了する者を除く。）の当該申請に係る許可の基準については、なお従前の例による。

（変更の届出等に関する経過措置）

4　附則第一項第一号に掲げる改正規定の施行前に生じた事由に係る変更届出書の提出、当該改正規定の施行前に終了した営業年度に係る営業年度終了の時における書類の提出又は当該営業年度に係る書類の記載事項

【施行令＜附則＞】

所ごとに置くべき専任の者の資格及び監理技術者の資格については、平成八年六月二十八日までの間は、なお従前の例による。

3　二業種に係る建設工事は、建設業法第二十六条第四項及び第五項の規定の適用については、平成八年六月二十八日までの間は、指定建設業以外の建設業に係る建設工事とみなす。

4　この政令の施行後に特定建設業の許可（その更新を含む。）を受けようとする者がその営業所ごとに置くべき建設業法第十五条第二号ロの実務の経験を有する者の当該改正規定の施行前における実務の経験の基礎となる建設工事に係る請負代金の額については、改正後の第五条の三の規定にかかわらず、なお従前の例による。

5　特定建設業の許可の更新の申請を

【施行規則＜附則＞】

定は、適用しない。

3　平成七年十二月三十一日までの間に注文者と締結した建設工事の請負契約又は同日までの間に下請負人と締結した建設工事の下請契約に関する事項については、この省令による改正後の第二十六条の規定にかかわらず、同条第一項第二号ハ及び第三号ハに掲げる事項の記載並びに同条第二項に規定する書類の添付を省略することができる。

4　この省令の施行の際現に提出されている許可申請書の添付書類並びに附則第一項ただし書に規定する改正規定の施行の際現に提出されている資格者証交付申請書、資格者証変更届出書、資格者証再交付申請書及び経営事項審査申請書並びにこれらの書類（経営事項審査申請書を除く。）により行われた申請に対して交付する資格者証の様式は、なお従前の例

に変更が生じた旨の書面による届出については、改正後の建設業法第十一条第一項から第三項までの規定にかかわらず、なお従前の例による。

（監理技術者資格者証及び監理技術者の選任に関する経過措置）

5　附則第一項第二号に掲げる改正規定の施行の際現に改正前の建設業法第二十七条の十八第一項の規定により交付されている指定建設業監理技術者資格者証及び現に指定建設業監理技術者資格者証の交付を受けている者は、それぞれ、改正後の建設業法第二十七条の十八第一項の規定により交付されている監理技術者資格者証及び監理技術者資格者証の交付を受けている者とみなす。

6　附則第一項第二号に掲げる改正規定の施行の時から同項第三号に掲げる改正規定の施行の時までの間（以下この項において「移行期間」という。）における建設業法第二十六条第四項の規定の適用については、同項中「第二十七条の十八第一項の規定による指定建設業監理技術者資格者証の交付を受けている者」とあるのは「建設業法の一部を改正する法律（平成六年法律第六十三号）附則第五項の規定により監理技術者資格者

した者（平成九年三月三十一日までの間に許可の有効期間が満了する者に限る。）又は附則第一項ただし書に規定する改正規定の施行前に特定建設業の許可の申請をした者に係る建設業法第十五条第三号に掲げる基準については、改正後の第五条の四の規定にかかわらず、なお従前の例による。

6　附則第一項ただし書に規定する改正規定の施行前に特定建設業者が注文者となって締結された下請契約に関しては、法第二十四条の五第一項の下請契約の範囲を定める下請負人の資本金額については、改正後の第七条の二の規定にかかわらず、なお従前の例による。

7　この政令の施行前にした行為に対する罰則の適用については、なお従前の例による。

による。

附　則〔平成七年六月一三日建設省令第一六号〕

（施行期日）

1　この省令は、平成七年六月二十九日から施行する。ただし、第一条、第四条第二項、第十条第二項及び第三項、第十三条第一項、別記様式第七号及び別記様式第八号⑴の改正規定、別記様式第八号⑵を削る改正規定、別記様式第八号⑶の改正規定、同様式を別記様式第八号⑵とする改正規定並びに別記様式第九号から別記様式第十一号の二まで、別記様式第二十二号の三及び別記様式第二十二号の四の改正規定並びに次項及び附則第三項の規定は、平成八年六月二十九日から施行する。

（経過措置）

2　前項ただし書に規定する改正規定の施行後初めて特定建設業の許可

証の交付を受けている者とみなされた者又は同法による改正前の建設業法第二十七条の十八第一項に規定する指定建設業監理技術者資格を有する者で同法による改正後の建設業法第二十七条の十八第一項の規定による監理技術者資格者証の交付を受けている者」とし、移行期間における建設業法第二十六条第五項の規定の適用については、同項中「指定建設業監理技術者資格者証」とあるのは「建設業法の一部を改正する法律附則第五項の規定により監理技術者資格者証とみなされた指定建設業監理技術者資格者証又は同法による改正後の建設業法第二十七条の十八第一項の規定による監理技術者資格者証」とする。

（経営事項審査に関する経過措置）

7　附則第一項第二号に掲げる改正規定の施行前にされた改正前の建設業法第二十七条の二十三の経営事項審査の申請は、改正後の建設業法第二十七条の二十三の経営事項審査の申請とみなす。

8　附則第一項第二号に掲げる改正規定の施行前一年以内に改正前の建設業法第二十七条の二十七第一項の規定により経営事項審査の結果の通知を受けた建設業者で改正後の建設業法第二十七条の二十三第一項に規定

（その更新を除く。）を申請する者で当該申請に係る建設業以外の建設業の特定建設業の許可を受けているもの又は当該改正規定の施行後初めて特定建設業の許可の更新を申請する者は、改正後の建設業法施行規則（以下「新規則」という。）第十三条第一項において準用する新規則第四条第二項及び第三項の規定にかかわらず、建設業法第十五条第二号ロに該当する者及び同号ハの規定により建設大臣が同号ロに掲げる者と同等以上の能力を有するものと認定した者に係る新規則第十三条第一項において準用する新規則第四条第一項第二号に掲げる書類を提出しなければならない。ただし、当該改正規定の施行後同条又はこの項本文の定めるところにより既に当該書類を提出した者については、この限りでない。

3　附則第一項ただし書に規定する改

する建設工事を発注者から直接請け負おうとするものは、当該改正規定の施行後一年間に限り、同項の規定にかかわらず、同項の経営事項審査を受けることを要しない。

9　前項の経営事項審査の結果は、改正後の建設業法第二十七条の二十七第三項の規定の適用については、同法第二十七条の二十三第一項の経営事項審査の結果とみなす。

（監督処分に関する経過措置）

10　附則第二項に規定する者に対する許可の取消しその他の監督上の処分に関しては、この法律の施行前に生じた事由については、なお従前の例による。

（罰則に関する経過措置）

11　この法律（附則第一項第一号に掲げる改正規定にあっては、当該改正規定）の施行前にした行為及び附則の規定によりなお従前の例によることとされる場合における当該規定の施行後にした行為に対する罰則の適用については、なお従前の例による。

附　則〔平成七年五月一二日法律第九一号抄〕

（施行期日）

第一条　この法律は、公布の日から起算して二十日を経

正規定の施行の際現に提出されている許可申請書の添付書類及びその様式は、なお従前の例による。

4　この省令の施行前に特定建設業者が発注者と締結した請負契約に係る建設工事については、建設業法第二十四条の七の規定は、適用しない。

5　平成七年十二月三十一日までの間に注文者と締結した建設工事の請負契約又は同日までの間に下請負人と締結した建設工事の下請契約に関する事項については、新規則第二十六条の規定にかかわらず、同条第一項第三号ニに掲げる事項の記載及び同条第二項各号に掲げる書類の添付を省略することができる。

過した日から施行する。

附　則〔平成八年六月二六日法律第一一〇号抄〕

この法律は、新民訴法の施行の日〔平成一〇年一月一日〕から施行する。〔後略〕

附　則〔平成九年三月二六日政令第七四号抄〕

（施行期日）

1　この政令は、平成九年四月一日から施行する。

（建設業法施行令の一部改正に伴う経過措置）

3　この政令の施行前に実施の公告がされた技術検定の学科試験又は実地試験を受けようとする者が納付すべき手数料の額については、第七条の規定による改正後の建設業法施行令第二十七条の十第一項の規定にかかわらず、なお従前の例による。

附　則〔平成八年七月二五日建設省令第一〇号〕

この省令は、公布の日から施行する。

附　則〔平成九年三月二六日建設省令第四号〕

（施行期日）

1　この省令は、平成九年四月一日から施行する。ただし、第十八条の改正規定は、公布の日から施行する。

（経過措置）

2　この省令の施行の日の前日までに決算期の到来した営業年度に係る別記様式第十五号及び第十八号の書類の様式については、なお従前の例によることができる。

附　則〔平成九年一二月五日建設省令第二一号〕

この省令は、平成十年二月二日から施行する。

附　則〔平成一〇年六月一八日建設省令第二七号〕

改正　平成一二年一一月二〇日建設省令第四一号

1　この省令は、平成十年七月一日から施行する。

2　この省令の施行の日の前日までに決算期の到来した営業年度に係る工事経歴書、貸借対照表及び損益計算書の様式については、なお従前の例によることができる。

3　この省令の施行の日の前日までに決算期の到来した営業年度については、建設業者は、附属明細表を添付又は提出することを要しない。

4　この省令の施行の日以後経営事項審査の申請をする者であつて、法第六条第一項又は第十一条第二項（法

附　則〔平成一〇年六月一二日法律第一〇一号抄〕

（施行期日）

第一条　この法律は、平成十一年四月一日から施行する。

〔後略〕

附　則〔平成一〇年一〇月三〇日政令第三五一号抄〕

（施行期日）

1　この政令は、平成十一年四月一日から施行する。

第十七条において準用する場合を含む。）の規定により、経営事項審査の申請をする日の属する営業年度の開始の日の直前一年間についての別記様式第二号による工事経歴書（この省令の施行の日の前日までに決算期の到来した営業年度に係るものに限る。）を国土交通大臣又は都道府県知事に既に提出しているものは、第十九条の三第一項の規定にかかわらず、同項第一号に掲げる書面の提出を省略することができる。

四項…一部改正〔平一二建令四一〕

附　則〔平成一〇年九月三〇日建設省令第三六号〕

この省令は、平成十年十月一日から施行する。

附　則〔平成一一年三月三〇日建設省令第五号〕

1　この省令中、第一条の規定は平成十一年三月三十一日から、第二条の規定は平成十一年四月一日から、第三条の規定は平成十一年七月一日から施行する。

2　第一条の規定による改正後の建設業法施行規則別記様式第十五号及び第十六号は、平成十一年三月三十一日以後に決算期の到来した営業年度に係る貸借対照表及び損益計算書について適用し、同日前に決算期の到来した営業年度に係るものについては、なお従前の例による。

3　第二条の規定による改正後の建設業法施行規則別記様式第十五号及び第十六号は、平成十一年四月一日以後に開始した営業年度に係る決算期に関して作成すべき貸借対照表、損益計算書及び完成工事原価報告書について適用し、同日前に開始した営業年度に係る決算期に関して作成すべきものについては、なお従前の例による。ただし、平成十一年一月一日以後に決算期の到来した営業年度に係る貸借対照表、損益計算書及び完成工事原価報告書について適用することができる。

4　第二条の規定による改正後の建設業法施行規則別記様式第十五号及び第十六号を適用して貸借対照表、損益計算書及び完成工事原価報告書を作成する最初の営業年度においては、当該営業年度よりも前の営業年度に係る法人税等（法人税、住民税及び利益に関連する金額を課税標準として課される事業税をいう。次項において同じ。）の調整額は、前期繰越利益又は前期繰越損失の調整項目として処理するものとする。

5　第二条の規定による改正後の建設

附　則〔平成一一年七月一六日法律第八七号抄〕

（施行期日）

第一条　この法律は、平成十二年四月一日から施行する。

附　則〔平成一一年一一月一〇日政令第三五二号抄〕

（施行期日）

第一条　この政令は、平成十二年四月一日から施行する。

附　則〔平成一一年一一月一七日政令第三六七号〕

この政令は、平成十一年十二月一日から施行する。

業法施行規則別記様式第十五号及び第十六号を適用して貸借対照表、損益計算書及び完成工事原価報告書を作成する最初の営業年度の期間中において法人税等の税率が変更された場合には、当該営業年度の期首及び期末における繰延税金資産、長期繰延税金資産、繰延税金負債及び長期繰延税金負債は、変更後の法人税等の税率により計算するものとする。

附　則〔平成一一年七月一日建設省令第三七号〕

この省令は、公布の日から施行する。

附　則〔平成一二年一月三一日建設省令第一〇号〕

この省令は、平成十二年四月一日から施行する。

附　則〔平成一一年七月一六日法律第一〇二号抄〕

（施行期日）

第一条　この法律は、内閣法の一部を改正する法律（平成十一年法律第八十八号）の施行の日〔平成一三年一月六日〕から施行する。〔後略〕

附　則〔平成一一年一二月三日法律第一四六号抄〕

（施行期日）

第一条　この法律は、公布の日から施行する。

附　則〔平成一一年一二月八日法律第一五一号抄〕

（施行期日）

第一条　この法律は、平成十二年四月一日から施行する。

附　則〔平成一一年一二月二二日法律第一六〇号抄〕

（施行期日）

第一条　この法律（第二条及び第三条を除く。）は、平成十三年一月六日から施行する。〔ただし書略〕

附　則〔平成一二年三月二九日政令第一二二号抄〕

（施行期日）

1　この政令は、平成十二年四月一日から施行する。

（建設業法施行令の一部改正に伴う経過措置）

附　則〔平成一二年五月一九日法律第七一号抄〕

（施行期日）

第一条　この法律は、公布の日から施行する。

附　則〔平成一二年一一月二七日法律第一二六号抄〕

（施行期日）

第一条　この法律は、公布の日から起算して五月を超えない範囲内において政令で定める日から施行する。

3　この政令の施行前に実施の公告がされた技術検定の学科試験又は実地試験を受けようとする者が納付すべき手数料の額については、第四条の規定による改正後の建設業法施行令第二十七条の十第一項の規定にかかわらず、なお従前の例による。

附　則〔平成一二年六月七日政令第三一二号抄〕

（施行期日）

1　この政令は、内閣法の一部を改正する法律（平成十一年法律第八十八号）の施行の日（平成十三年一月六日）から施行する。〔ただし書略〕

附　則〔平成一三年一月四日政令第四号抄〕

（施行期日）

1　この政令は、書面の交付等に関す

附　則〔平成一二年一一月二〇日建設省令第四一号抄〕

（施行期日）

1　この省令は、内閣法の一部を改正する法律（平成十一年法律第八十八号）の施行の日（平成十三年一月六日）から施行する。

附　則〔平成一二年一二月四日建設省令第四六号〕

この省令は、平成十三年一月四日から施行する。

附　則〔平成一三年三月二六日国土交通省令第四二号〕

この省令は、書面の交付等に関する情報通信の技術の利用のための関係法

〔ただし書略〕

注　「政令で定める日」＝平成一三年一月政令三号により、平成一三・四・一から施行。

附　則〔平成一二年一一月二七日法律第一二七号抄〕

（施行期日）

第一条　この法律は、公布の日から起算して三月を超えない範囲内において政令で定める日から施行する。ただし、〔中略〕附則第三条（建設業法第二十八条の改正規定に係る部分に限る。）の規定は平成十三年四月一日から〔中略〕施行する。

（経過措置）

第二条　〔中略〕

2　第四章及び次条（建設業法第二十八条の改正規定に係る部分に限る。）の規定は、これらの規定の施行前に締結された契約に係る公共工事については、適用しない。

注　「政令で定める日」＝平成一三年二月政令三三号により、平成一三・二・一六から施行。

る情報通信の技術の利用のための関係法律の整備に関する法律の施行の日（平成十三年四月一日）から施行する。〔ただし書略〕

附　則〔平成一三年二月二二日政令第五六号抄〕

（施行期日）

第一条　この政令は、平成十三年四月

律の整備に関する法律の施行の日（平成十三年四月一日）から施行する。

附　則〔平成一三年三月三〇日国土交通省令第七二号〕

この省令は、平成十三年四月一日から施行する。

附　則〔平成一三年一二月五日法律第一三八号抄〕

（施行期日）

第一条　この法律は、公布の日から起算して二十日を経過した日から施行する。

（経過措置）

第二条　この法律の施行前にした行為の処罰については、なお従前の例による。

一日から施行する。

附　則〔平成一三年三月三〇日国土交通省令第七六号〕

1　この省令は、平成十三年十月一日から施行する。

2　この省令の施行前に特定建設業者が発注者と締結した請負契約に係る建設工事については、なお従前の例による。

附　則〔平成一三年三月三〇日国土交通省令第七七号〕

この省令は、公布の日から施行する。

附　則〔平成一三年一一月三〇日国土交通省令第一四二号〕

この省令は、公布の日から施行する。

附　則〔平成一四年三月二九日国土交通省令第三一号〕

附　則〔平成一四年五月二九日法律第四五号抄〕

（施行期日）

1　この法律は、公布の日から起算して一年を超えない範囲内において政令で定める日から施行する。

注　「政令で定める日」＝平成一四年六月政令二一七号により、平成一五・四・一から施行。

この省令は平成十四年四月一日から施行する。

附　則〔平成一四年三月二九日国土交通省令第三二号〕

この省令は、公布の日から施行する。

附　則〔平成一四年六月二八日国土交通省令第八一号〕

1　この省令は、公布の日から施行する。

2　この省令による改正後の建設業法施行規則別記様式第十五号及び第十七号は、平成十五年三月三十一日以後に決算期の到来した営業年度に係る貸借対照表及び利益処分に関する書類について適用し、同日前に決算期の到来した営業年度に係るものに

附　則〔平成一四年一二月一三日法律第一五二号抄〕

附　則〔平成一四年一二月一八日政令第三八六号抄〕

（施行期日）

第一条　この政令は、平成十五年四月一日から施行する。

附　則〔平成一五年一月三一日政令第二八号抄〕

ついては、なお従前の例による。ただし、施行日前に開始する事業年度に係る貸借対照表及び利益処分に関する書類のうち、施行日以後に終了する事業年度に係るものについては、改正後の建設業法施行規則を適用して作成することができる。

附　則〔平成一四年八月二日国土交通省令第九三号〕

この省令は、住民基本台帳法の一部を改正する法律の施行の日（平成十四年八月五日）から施行する。

附　則〔平成一四年一〇月一日国土交通省令第一〇六号〕

この省令は、公布の日から施行する。

（施行期日）

第一条　この法律は、行政手続等における情報通信の技術の利用に関する法律（平成十四年法律第百五十一号）の施行の日〔平成一五年二月三日〕から施行する。〔ただし書略〕

附　則〔平成一五年六月一八日法律第九六号抄〕

（施行期日）

第一条　この法律は、平成十六年三月一日から施行する。

（施行期日）

第一条　この政令は、行政手続等における情報通信の技術の利用に関する法律の施行の日（平成十五年二月三日）から施行する。

附　則〔平成一五年二月二〇日国土交通省令第一四号〕

この省令は、平成十五年三月一日から施行する。

附　則〔平成一五年三月二〇日国土交通省令第二六号〕

この省令は、公布の日から施行する。

附　則〔平成一五年五月一三日国土交通省令第六五号〕

この省令は、公布の日から施行する。

附　則〔平成一五年五月二九日国土交通省令第七一号〕

この省令は、公布の日から施行する。

（建設業法の一部改正に伴う経過措置）

第三条　第二条の規定による改正後の建設業法（以下この条において「新建設業法」という。）第二十六条第四項の登録を受けようとする者は、第二条の規定の施行前においても、その申請を行うことができる。新建設業法第二十六条の十第一項の規定による講習規程の届出についても、同様とする。

2　第二条の規定の施行の際現に同条の規定による改正前の建設業法（以下この条において「旧建設業法」という。）第二十七条の十八第四項の指定を受けている講習は、第二条の規定の施行の日から起算して六月を経過する日までの間は、新建設業法第二十六条第四項の登録を受けた講習とみなす。

3　第二条の規定の施行前五年以内に受講した旧建設業法第二十七条の十八第四項の指定を受けた講習は、その講習を修了した日から起算して五年を経過する日までの間は、新建設業法第二十六条第四項の登録を受けた講習とみなす。

4　新建設業法第二十七条の二十四第一項の登録を受けようとする者は、第二条の規定の施行前においても、その申請を行うことができる。新建設業法第二十七条の三十二において準用する新建設業法第二十六条の十第一項の規定による経営状況分析規程の届出についても、同様とする。

5　第二条の規定の施行の際現に旧建設業法第二十七条の二十四第一項の指定を受けている者は、第二条の規定の施行の日から起算して六月を経過する日までの間は、新建設業法第二十七条の二十四第一項の登録を受けているものとみなす。

6　第二条の規定の施行前にされた旧建設業法第二十七条の二十三第四項の規定による旧建設業法第二十七条の二十三第二項に規定する経営事項審査（以下この条において「旧経営事項審査」という。）の申請又は旧建設業法第二十七条の二十六第一項の規定による旧建設業法第二十七条の二十四第一項に規定する経営状況分析（以下この条において「旧経営状況分析」という。）の申請であって、第二条の規定の施行の際、これらの結果の通知がなされていないものについての結果の通知については、なお従前の例による。

7　旧建設業法第二十七条の二十四第一項に規定する指定経営状況分析機関の役員又は職員であった者に係る同項に規定する経営状況分析に関して知り得た秘密を

漏らしてはならない義務については、第二条の規定の施行後も、なお従前の例による。

8　第二条の規定の施行の際現に旧建設業法第二十七条の二十四第一項の指定を受けている者が行うべき第二条の規定の施行の日の属する事業年度の事業報告書及び収支決算書の作成並びにこれらの書類の国土交通大臣に対する提出については、なお従前の例による。

9　第二条の規定の施行前にされた旧経営事項審査又は旧経営状況分析の結果（第六項の規定によりなお従前の例によることとされる場合におけるものを含む。）に係る再審査の申立てについては、なお従前の例による。

10　第二条の規定の施行前に旧経営事項審査において旧建設業法第二十七条の二十四第一項に規定する指定経営状況分析機関がした旧経営状況分析（第六項の規定によりなお従前の例によることとされる場合におけるものを含む。）に係る処分又はその不作為に関する行政不服審査法（昭和三十七年法律第百六十号）による審査請求については、なお従前の例による。

（罰則の適用に関する経過措置）

第十五条　この法律の施行前にした行為及びこの附則の

規定によりなお従前の例によることとされる場合における この法律の施行後にした行為に対する罰則の適用については、なお従前の例による。

（その他の経過措置の政令への委任）

第十六条　附則第二条から前条までに定めるもののほか、この法律の施行に関し必要となる経過措置（罰則に関する経過措置を含む。）は、政令で定める。

附　則〔平成一五年七月二五日国土交通省令第八六号〕

1　この省令は、公布の日から施行する。

2　この省令による改正後の建設業法施行規則別記様式第三号及び第十五号から第十九号までは、平成十六年三月三十一日以後に決算期の到来した事業年度に係る書類について適用し、同日前に決算期の到来した事業年度に係るものについては、なお従前の例による。ただし、施行日以後に決算期の到来した事業年度に係るものについては、改正後の建設業法

附　則〔平成一五年八月一日法律第一三八号抄〕

（施行期日）

第一条　この法律は、公布の日から起算して九月を超えない範囲内において政令で定める日から施行する。

注　「政令で定める日」＝平成一五年一二月政令第五四四号により、平成一六・三・一から施行

附　則〔平成一五年八月二九日政令第三七五号抄〕

（施行期日）

第一条　この政令は、平成十五年九月二日から施行する。

施行規則を適用して作成することができる。

3　建設業法施行規則別記様式第二十五号の六から第二十五号の八までは、平成十五年九月三十日までの間は、なお従前の例によることができる。

附　則〔平成一五年一〇月一日国土交通省令第一〇九号抄〕

（施行期日）

第一条　この省令は、公布の日から施行する。〔ただし書略〕

附　則〔平成一五年一〇月六日国土交通省令第一一〇号〕

附　則〔平成一五年一二月一〇日政令第四九六号〕

この政令は、平成十六年三月一日から施行する。

附　則〔平成一五年一二月二五日政令第五四二号抄〕

（施行期日）

1　この政令は、平成十六年三月一日から施行する。

3　この政令の施行前にした行為に対する罰則の適用については、なお従前の例による。

1　この省令は、公布の日から施行する。

2　経営事項審査申請書の様式については、この省令による改正後の建設業法施行規則別記様式第二十五号の六別紙二の様式にかかわらず、平成十五年十月三十一日までの間は、なお従前の例によることができる。

附　則〔平成一六年一月二九日国土交通省令第一号抄〕

（施行期日）

第一条　この省令は、平成十六年三月一日から施行する。

（建設業法施行規則の一部改正に伴う経過措置）

第三条　第二条の規定の施行の際現に法第二条の規定による改正前の建設業法（昭和二十四年法律第百号）第二十七条の二十四第一項の指定を受けている指定経営状況分析機関に対して経営状況分析を申請する場合に

附　則〔平成一六年三月二四日政令第五四号〕

この政令は、平成十六年三月三十一日から施行する。

附　則〔平成一六年三月二四日政令第五九号〕

この政令は、電気通信事業法及び日本電信電話株式会社等に関する法律の一部を改正する法律附則第一条第三号に掲げる規定の施行の日（平成十六年四月一日）から施行する。

あつては、第十九条の四第一項第一号から第三号までに掲げる書類のうち、既に当該指定経営状況分析機関に対して提出され、かつ、その内容に変更がないものについては、同項の規定にかかわらず、その添付を省略することができる。

附　則〔平成一六年三月一六日国土交通省令第一七号〕

1　この省令は、平成十六年四月一日から施行する。

2　この省令による改正後の建設業法施行規則〔中略〕の規定は、平成十六年三月三十一日以後に終了する事業年度に係る会計の整理又は書類について適用し、同日前に終了した事業年度に係るものについては、なお従前の例による。

附　則〔平成一六年三月三一日国土交通省令第三四号〕

この省令は、公布の日から施行する。

附　則〔平成一六年六月二日法律第七六号抄〕

（施行期日）

第一条　この法律は、破産法（平成十六年法律第七十五号。〔中略〕）の施行の日〔平成一七年一月一日〕から施行する。〔ただし書略〕

（政令への委任）

第十四条　附則第二条から前条までに規定するもののほ

附　則〔平成一六年四月九日国土交通省令第五六号〕

（施行期日）

1　この省令は、公布の日から施行する。

（経過措置）

2　この省令による改正後の建設業法施行規則（以下「新規則」という。）別記様式第一号から第二十二号の二まで並びに新規則第十条の二の届出書及び新規則第十条の三の廃業届の様式については、平成十六年六月三十日までの間は、なお従前の例によることができる。

か、この法律の施行に関し必要な経過措置は、政令で定める。

附　則〔平成一六年一二月一日法律第一四七号抄〕

（施行期日）

第一条　この法律は、公布の日から起算して六月を超えない範囲内において政令で定める日から施行する。

注　「政令で定める日」＝平成一七年三月政令第三六号により、平成一七・四・一から施行

附　則〔平成一六年六月三〇日国土交通省令第七四号抄〕

（施行期日）

第一条　この省令は、独立行政法人中小企業基盤整備機構の成立の時〔平成一六年六月一日〕から施行する。

附　則〔平成一六年一二月一五日国土交通省令第一〇三号〕

（施行期日）

1　この省令は、平成十六年十二月十七日から施行する。

（経過措置）

2　この省令による改正後の建設業法

附　則〔平成一七年五月二五日政令第一八二号〕

この政令は、景観法附則ただし書に規定する規定の施行の日（平成十七年六月一日）から施行する。

施行規則別記様式第二十五号の三、第二十五号の四、第二十五号の六、第二十五号の七、第二十五号の九及び第二十五号の十四については、平成十七年三月三十一日までの間は、なお従前の例によることができる。

附　則〔平成一七年三月七日国土交通省令第一二号抄〕

（施行期日）

第一条　この省令は、公布の日から施行する。

附　則〔平成一七年三月二八日国土交通省令第二一号〕

この省令は、民法の一部を改正する法律の施行の日(平成十七年四月一日)から施行する。

〔平成一七年七月二六日法律第八七号抄〕

（罰則に関する経過措置）

第五百二十七条　施行日前にした行為及びこの法律の規

附　則〔平成一七年六月一七日政令第二一四号〕

（施行期日）

1　この政令は、公布の日から施行する。

（経過措置）

2　この政令による改正後の建設業法施行令第二十七条の三、第二十七条の五及び第二十七条の七の規定は、平成十八年において行われる技術検定から適用するものとし、平成十七年において行われる技術検定については、なお従前の例による。

附　則〔平成一七年六月一日国土交通省令第六六号〕

この省令は、法の施行の日（平成十七年十月一日）から施行する。〔ただし書略〕

定によりなお従前の例によることとされる場合における施行日以後にした行為に対する罰則の適用については、なお従前の例による。

（政令への委任）

第五百二十八条　この法律に定めるもののほか、この法律の規定による法律の廃止又は改正に伴い必要な経過措置は、政令で定める。

附　則〔平成一七年七月二六日法律第八七号抄〕

この法律は、会社法の施行の日〔平成一八年五月一日〕から施行する。〔ただし書略〕

附　則〔平成一七年九月三〇日政令第三一四号抄〕

（施行期日）

第一条　この政令は、建設労働者の雇用の改善等に関する法律の一部を改正する法律（平成十七年法律第八十四号）の施行の日（平成十七年十月一日）から施行する。

附　則〔平成一七年九月二一日国土交通省令第九〇号〕

この省令は、公布の日から施行する。

附　則〔平成一七年九月三〇日国土交通省令第九九号〕

この省令は、平成十七年十月一日から施行する。

附　則〔平成一八年二月一日政令第一四号抄〕

（施行期日）

第一条　この政令は、平成十八年四月一日から施行する。

附　則〔平成一七年一二月一六日国土交通省令第一一三号〕

この省令は、平成十八年四月一日から施行する。ただし、第十八条の二の次に五条を加える改正規定（第十八条の三第一項第五号に係る部分に限る。）、別記様式第二十五号の十一別紙三の改正規定及び別記様式第二十五号の十二の改正規定は、平成十八年五月一日から施行する。

附　則〔平成一八年四月二八日国土交通省令第六〇号〕

（施行期日）

1　この省令は、会社法の施行の日（平成十八年五月一日）から施行する。

〔平成一八年六月二日法律第五〇号抄〕

（罰則に関する経過措置）

第四百五十七条　施行日前にした行為及びこの法律の規定によりなお従前の例によることとされる場合における施行日以後にした行為に対する罰則の適用については、なお従前の例による。

（経過措置）

2　この省令の施行の際現にあるこの省令による改正前の様式又は書式による申請書その他の文書は、この省令による改正後のそれぞれの様式又は書式にかかわらず、当分の間、なおこれを使用することができる。

3　この省令の施行前にこの省令による改正前のそれぞれの省令の規定によってした処分、手続、その他の行為であって、この省令による改正後のそれぞれの省令の規定に相当の規定があるものは、これらの規定によってした処分、手続その他の行為とみなす。

（政令への委任）

第四百五十八条　この法律に定めるもののほか、この法律の規定による法律の廃止又は改正に伴い必要な経過措置は、政令で定める。

附　則〔平成一八年六月二日法律第五〇号抄〕

（施行期日）

1　この法律は、一般社団・財団法人法の施行の日〔平成二〇年一二月一日〕から施行する。〔ただし書略〕

附　則〔平成一八年六月二一日法律第九二号抄〕

（施行期日）

第一条　この法律は、公布の日から起算して一年を超えない範囲内において政令で定める日から施行する。ただし、次の各号に掲げる規定は、当該各号に定める日から施行する。

一　第三条〔中略〕附則第五条から第七条まで〔中略〕の規定　公布の日から起算して六月を超えない範囲内において政令で定める日

注　「政令で定める日」＝平成一八年一二月政令第三七二号により、平成一八・一二・二〇から施行

（建設業法の一部改正に伴う経過措置）

第五条　附則第一条第一号に掲げる規定の施行の際現に

第三条の規定による改正前の建設業法第三条第一項の許可を受けている者に対する許可の取消しその他の監督上の処分に関しては、同号に掲げる規定の施行前に生じた事由については、なお従前の例による。

（政令への委任）

第七条　この附則に定めるもののほか、この法律の施行に関して必要な経過措置（罰則に関する経過措置を含む。）は、政令で定める。

（検討）

第八条　政府は、この法律の施行後五年を経過した場合において、第一条から第四条までの規定による改正後の規定の施行の状況について検討を加え、必要があると認めるときは、その結果に基づいて必要な措置を講ずるものとする。

附　則〔平成一八年七月七日国土交通省令第七六号〕

1　この省令は、公布の日から施行する。

2　この省令による改正後の建設業法施行規則の規定は、平成十八年五月

附　則〔平成一八年一二月二〇日法律第一一四号抄〕

（施行期日）

第一条　この法律は、公布の日から起算して二年を超え

附　則〔平成一八年九月二二日政令第三一〇号抄〕

（施行期日）

1　この政令は、宅地造成等規制法等の一部を改正する法律の施行の日（平成十八年九月三十日）から施行する。

附　則〔平成一八年九月二六日政令第三二〇号〕

この政令は、障害者自立支援法の一部の施行の日（平成十八年十月一日）から施行する。

一日以後に決算期の到来した事業年度に係る書類について適用する。ただし、平成十九年三月三十一日までに決算期の到来した事業年度に係るものについては、なお従前の例によることができる。

ない範囲内において政令で定める日から施行する。ただし、次の各号に掲げる規定は、当該各号に定める日から施行する。

注　「政令で定める日」＝平成二〇年五月政令第一八五号により、平成二〇・一一・二八から施行

一　第四条（建設業法第二十二条第一項及び第三項の改正規定、同法第二十三条の次に一条を加える改正規定並びに同法第二十四条、第二十六条第三項から第五項まで、第四十条の三及び第五十五条の改正規定を除く。）〔中略〕の規定　平成十九年四月一日

（建設業法の一部改正に伴う経過措置）

第五条　施行日前に建設業者が請け負った建設工事については、第四条の規定による改正後の建設業法（以下「新建設業法」という。）第二十二条第三項の規定にかかわらず、なお従前の例による。

2　附則第一条第一号に掲げる規定の施行の際現に建設工事紛争審査会に係属している第四条の規定による改正前の建設業法（次項において「旧建設業法」という。）第二十五条の十一のあっせん又は調停に関し当該あっせん又は調停の目的となっている請求についての新建設業法第二十五条の十六の規定の適用については、附

則第一条第一号に掲げる規定の施行の時に、あっせん又は調停の申請がされたものとみなす。

3　この法律の施行の際現に旧建設業法第三条第一項の許可を受けている者に対する新建設業法第二十九条の規定による許可の取消しその他の監督上の処分に関しては、施行日前に生じた事由については、なお従前の例による。

（罰則に関する経過措置）

第六条　この法律（附則第一条第三号に掲げる規定については、当該規定）の施行前にした行為に対する罰則の適用については、なお従前の例による。

（政令への委任）

第七条　附則第二条から前条までに定めるもののほか、この法律の施行に関して必要な経過措置（罰則に関する経過措置を含む。）は、政令で定める。

（検討）

第八条　政府は、この法律の施行後五年を経過した場合において、第一条から第四条までの規定による改正後の規定の施行の状況について検討を加え、必要があると認めるときは、その結果に基づいて必要な措置を講ずるものとする。

附　則〔平成一九年三月一六日政令第四七号〕

この政令は、平成十九年四月一日から施行する。

附　則〔平成一九年三月一六日政令第四九号抄〕

（施行期日）

第一条　この政令は、建築物の安全性の確保を図るための建築基準法等の一部を改正する法律（以下「改正法」

附　則〔平成一九年三月三〇日国土交通省令第二七号抄〕

（施行期日）

1　この省令は、平成十九年四月一日から施行する。

（助教授の在職に関する経過措置）

2　この省令の規定による改正後の次に掲げる省令の規定の適用については、この省令の施行前における助教授としての在職は、准教授としての在職とみなす。

二　建設業法施行規則第七条の六、第七条の二十及び第十八条の五

附　則〔平成一九年六月一九日国土交通省令第六七号〕

この省令は、建築物の安全性の確保を図るための建築基準法等の一部を改正する法律の施行の日（平成十九年六月二十日）から施行する。

附　則〔平成一九年五月三〇日法律第六六号抄〕

（施行期日）

第一条　この法律は、公布の日から起算して一年を超えない範囲内で政令で定める日から施行する。ただし、〔中略〕附則〔中略〕、第六条〔中略〕の規定は、公布の日から起算して二年六月を超えない範囲内で政令で定める日から施行する。

注　ただし書の「政令で定める日」＝平成一九年一二月政令第三九四号により、平成二一・一〇・一から施行

という。）の施行の日（平成十九年六月二十日）から施行する。〔ただし書略〕

附　則〔平成二〇年一月三一日国土交通省令第三号〕

1　この省令は、平成二十年四月一日から施行する。

2　この省令による改正後の建設業法施行規則別記様式第十五号から別記様式第十七号の三までは、平成十八年九月一日以後に決算期の到来した

附　則〔平成二〇年五月二日法律第二八号抄〕

（施行期日）

第一条　この法律は、公布の日から施行する。〔ただし書略〕

附　則〔平成二〇年五月二三日政令第一八六号抄〕

事業年度に係る書類について適用する。ただし、平成二十年三月三十一日までに決算期の到来した事業年度に係るものについては、なお従前の例によることができる。

附　則〔平成二〇年三月二四日国土交通省令第一〇号抄〕

（施行期日）

第一条　この省令は、法の施行の日（平成二十年四月一日）から施行する。ただし、〔中略〕附則第三条〔中略〕の規定は、法附則第一条ただし書に規定する規定の施行の日（平成二十一年十月一日）から施行する。

（施行期日）

第一条　この政令は、建築士法等の一部を改正する法律の施行の日（平成二十年十一月二十八日）から施行する。

附　則〔平成二〇年九月三〇日国土交通省令第八〇号〕

この省令は、平成二十年十月一日から施行する。

附　則〔平成二〇年一〇月八日国土交通省令第八四号〕

この省令は、平成二十年十一月二十八日から施行する。ただし、別記様式第一号の改正規定、別記様式第三号の改正規定、別記様式第四号の改正規定、別記様式第六号から別記様式第十一号の二の改正規定、別記様式第十三号の改正規定、別記様式第十七号の二記載要領3及び6の改正規定、別記様式第十七号の三記載要領第2の4の改正規定、別記様式第二十号の改正規定、別記様式第二十二号の二から別記様式第二十二号の四の改正規定、別記様式第二十五号の二備考1の改正規定、別記様式第二十五号の四の改正規定、別記様式第二十五号の六の改正規定、別記様式第二十五号の八記載要領1から3まで、5から10まで及び13から21までの改正規定、別記様式第二十五号の十一の改正規定、別記様式第二十五号の十三備考1の改正規定、並びに別記様式第二十五号の十四の改正規定は、平成二十一年四月一日から施行する。

附　則〔平成二〇年一二月一日国土交通省令第九七号抄〕

（施行期日）

1　この省令は、公布の日から施行する。

別表第一〔第二条・第三条〕

土木一式工事	土木工事業
建築一式工事	建築工事業
大工工事	大工工事業
左官工事	左官工事業
とび・土工・コンクリート工事	とび・土工工事業
石工事	石工事業
屋根工事	屋根工事業
電気工事	電気工事業
管工事	管工事業
タイル・れんが・ブロック工事	タイル・れんが・ブロック工事業
鋼構造物工事	鋼構造物工事業
鉄筋工事	鉄筋工事業
ほ装工事	ほ装工事業
しゅんせつ工事	しゅんせつ工事業
板金工事	板金工事業
ガラス工事	ガラス工事業
塗装工事	塗装工事業
防水工事	防水工事業
内装仕上工事	内装仕上工事業
機械器具設置工事	機械器具設置工事業
熱絶縁工事	熱絶縁工事業
電気通信工事	電気通信工事業
造園工事	造園工事業
さく井工事	さく井工事業
建具工事	建具工事業
水道施設工事	水道施設工事業
消防施設工事	消防施設工事業
清掃施設工事	清掃施設工事業

本表…一部改正〔昭三六法八六〕、全部改正〔昭四六法三一〕、旧別表…別表一に改正〔平成一五法九六〕

注　「上欄に掲げる建設工事の内容」＝昭和四七年三月八日建設省告示三五〇号

別表第二（第二十六条の六関係）

一　土木工学（農業土木、鉱山土木、森林土木、砂防、治山、緑地又は造園に関するものを含む。）に関する学科
二　都市工学に関する学科
三　衛生工学に関する学科
四　交通工学に関する学科
五　建築学に関する学科
六　電気工学に関する学科
七　電気通信工学に関する学科
八　機械工学に関する学科
九　林学に関する学科
十　鉱山学に関する学科

本表…追加〔平一五法九六〕

○建設業法施行規則　様式

別記

様式第一号（第二条関係）

（用紙Ａ４）
0 0 0 0 1

建設業許可申請書

この申請書により、建設業の許可を申請します。
この申請書及び添付書類の記載事項は、事実に相違ありません。

平成　　年　　月　　日

地方整備局長
北海道開発局長
知事　殿

申請者　　　　　　　　　　　　　印

行政庁側記入欄

	項番		
許可番号	01	大臣／知事コード	国土交通大臣／知事 許可（般／特－□□）第□□□□□□号　許可年月日 平成□□年□□月□□日
申請の区分	02	□	（1.新規 2.許可換え新規 3.般・特新規 4.業種追加 5.更新 6.般・特新規＋業種追加 7.般・特新規＋更新 8.業種追加＋更新 9.般・特新規＋業種追加＋更新）　許可の有効期間の調整 □（1．する 2．しない）
申請年月日	03	平成□□年□□月□□日	

	項番	
許可を受けようとする建設業	04	土 建 大 左 と 石 屋 電 管 タ 鋼 筋 ほ しゅ 板 ガ 塗 防 内 機 絶 通 園 井 具 水 消 清　（1．一般 2．特定）
申請時において既に許可を受けている建設業	05	
商号又は名称のフリガナ	06	
商号又は名称	07	
代表者又は個人の氏名のフリガナ	08	
代表者又は個人の氏名	09	支配人の氏名
主たる営業所の所在地市区町村コード	10	都道府県名　市区町村名
主たる営業所の所在地	11	
郵便番号	12	□□□－□□□□　電話番号　ファックス番号
資本金額又は出資総額	13	（千円）　法人又は個人の別 □（1．法人 2．個人）
兼業の有無	14	（1．有 2．無）　建設業以外に行っている営業の種類
許可換えの区分	15	（1．大臣許可→知事許可　2．知事許可→大臣許可　3．知事許可→他の知事許可）
旧許可番号	16	大臣／知事コード　国土交通大臣／知事 許可（般／特－□□）第□□□□□□号　旧許可年月日 平成□□年□□月□□日

役員及び営業所については別紙による。

連絡先

所属等　　　　氏名　　　　電話番号

ファックス番号

記載要領

1 「地方整備局長 北海道開発局長 知事」、「国土交通大臣 知事」及び「般 特」については、不要のものを消すこと。

2 「申請者」の欄は、この申請書により許可を申請する者（以下「申請者」という。）の他にこの申請書又は添付書類を作成した者がある場合には、申請者に加え、その者の氏名も併記し、押印すること。この場合には、作成に係る委任状の写しその他の作成等に係る権限を有することを証する書面を添付すること。

3 太線の枠内には記入しないこと。

4 □□□□で表示された枠（以下「カラム」という。）に記入する場合は、１カラムに１文字ずつ丁寧に、かつ、カラムからはみ出さないように記入すること。数字を記入する場合は、例えば□□12のように右詰めで、また、文字を記入する場合は、例えばA建設工業□□のように左詰めで記入すること。

5 02「申請の区分」の欄の「許可の有効期間の調整」の欄は、この申請書により許可を申請する時に、既に許可を受けている建設業の全部について許可の更新の申請を行い許可の有効期間の満了の日を同一とする場合は「１」を、しない場合は「２」をカラムに記入すること。

6 04「許可を受けようとする建設業」の欄は、この申請書により許可を受けようとする建設業が一般建設業の場合は「１」を、特定建設業の場合は「２」を、次の表の（ ）内に示された略号のカラムに記入すること。

土木工事業（土）	鋼構造物工事業（鋼）	熱絶縁工事業（絶）
建築工事業（建）	鉄筋工事業（筋）	電気通信工事業（通）
大工工事業（大）	ほ装工事業（ほ）	造園工事業（園）
左官工事業（左）	しゆんせつ工事業（しゆ）	さく井工事業（井）
とび・土工工事業（と）	板金工事業（板）	建具工事業（具）
石工事業（石）	ガラス工事業（ガ）	水道施設工事業（水）
屋根工事業（屋）	塗装工事業（塗）	消防施設工事業（消）
電気工事業（電）	防水工事業（防）	清掃施設工事業（清）
管工事業（管）	内装仕上工事業（内）	
タイル・れんが・ブロツク工事業（タ）	機械器具設置工事業（機）	

7 05「申請時において既に許可を受けている建設業」の欄は、この申請書により許可を申請する時に既に許可を受けている建設業があれば６と同じ要領で記入すること。

なお、更新の申請の場合は、04「許可を受けようとする建設業」の欄及び05「申請時において既に許可を受けている建設業」の欄の両方に記入すること。

8 06「商号又は名称のフリガナ」の欄は、カタカナで記入し、その際、濁音又は半濁音を表す文字については、例えばギ又はパのように１文字として扱うこと。

なお、株式会社等法人の種類を表す文字については、フリガナは記入しないこと。

9 07「商号又は名称」の欄は、法人の種類を表す文字については次の表の略号を用いること。

（例 □(株)□A建設□
B建設□(有)□□)

種　類	略　号
株式会社	（株）
特例有限会社	（有）
合名会社	（名）
合資会社	（資）
合同会社	（合）
協同組合	（同）
協業組合	（業）
企業組合	（企）

10 08「代表者又は個人の氏名のフリガナ」の欄は、カタカナで姓と名の間に１カラム空けて記入し、その際、濁音又は半濁音を表す文字については、例えばギ又はパのように１文字として扱うこと。

11 09「代表者又は個人の氏名」の欄は、申請者が法人の場合はその代表者の氏名を、個人の場合はその者の氏名を、それぞれ姓と名の間に１カラム空けて記入すること。また、「支配人の氏名」の欄は、申請者が個人の場合において、支配人があるときは、その者の氏名を記載すること。

12 10「主たる営業所の所在地市区町村コード」の欄は、都道府県の窓口備付けのコードブック（総務省編「全国地方公共団体コード」）により、主たる営業所の所在する市区町村の該当するコードを記入すること。

「都道府県名」及び「市区町村名」には、それぞれ主たる営業所の所在する都道府県名及び市区町村名を記載すること。

13 11「主たる営業所の所在地」の欄は、12により記入した市区町村コードによつて表される市区町村に続く町名、街区符号及び住居番号等を、「丁目」、「番」及び「号」については－（ハイフン）を用いて、例えば霞が関2－1－13□のように記入すること。

14 12のうち「電話番号」の欄は、市外局番、局番及び番号をそれぞれ－（ハイフン）で区切り、例えば03－5253－8111□のように左詰めで記入すること。

15 13「資本金額 又は出資総額」の欄は、申請者が法人の場合にのみ記入し、株式会社にあつては資本金額を、それ以外の法人にあつては出資総額を記入し、申請者が個人の場合には記入しないこと。

16 15「許可換えの区分」の欄並びに16「旧許可番号」及び「旧許可年月日」の欄は、現在許可を受けている行政庁以外の行政庁に対し新規に許可を申請する場合にのみ記入すること。

「旧許可番号」の欄の「大臣 知事 コード」の欄は、現在許可を受けている行政庁について別表（一）の分類に従い、該当するコードを記入すること。

また、「旧許可番号」及び「旧許可年月日」の欄は、例えば001234又は01月01日のように、カラムに数字を記入するに当たつて空位のカラムに「０」を記入すること。

なお、現在２以上の建設業の許可を受けている場合で許可年月日が複数あるときは、そのうち最も古いものについて記入すること。

17 「連絡先」の欄は、この申請書又は添付書類を作成した者その他この申請の内容に係る質問等に応答できる者の氏名、電話番号等を記載すること。

別紙一

（用紙Ａ４）

役員の一覧表

役員（業務を執行する社員、取締役、執行役又はこれらに準ずる者）の氏名及び役名等				
氏《フリ》　名《ガナ》	役　名	常勤・非常勤の別	生　年　月　日	住　所

別紙二（1）

（用紙Ａ４）

営業所一覧表（新規許可等）

行政庁側記入欄

区　分	項番 8 1 1
許可番号	項番 8 2 大臣/知事コード　国土交通大臣/知事 許可（般/特－　）第　号　許可年月日 平成　年　月　日

（主たる営業所）

主たる営業所の名称	フリガナ
営業しようとする建設業	8 3　土 建 大 左 と 石 屋 電 管 タ 鋼 筋 ほ しゅ 板 ガ 塗 防 内 機 絶 通 園 井 具 水 消 清　（1．一般　2．特定）
変更前	

（従たる営業所）

従たる営業所の名称	8 4　フリガナ
従たる営業所の所在地市区町村コード	8 5　都道府県名　市区町村名
従たる営業所の所在地	8 6
郵便番号	8 7　－　電話番号
営業しようとする建設業	8 8　土 建 大 左 と 石 屋 電 管 タ 鋼 筋 ほ しゅ 板 ガ 塗 防 内 機 絶 通 園 井 具 水 消 清　（1．一般　2．特定）
変更前	

（従たる営業所）

従たる営業所の名称	8 4　フリガナ
従たる営業所の所在地市区町村コード	8 5　都道府県名　市区町村名
従たる営業所の所在地	8 6
郵便番号	8 7　－　電話番号
営業しようとする建設業	8 8　土 建 大 左 と 石 屋 電 管 タ 鋼 筋 ほ しゅ 板 ガ 塗 防 内 機 絶 通 園 井 具 水 消 清　（1．一般　2．特定）
変更前	

記載要領

1　太線の枠内には記入しないこと。

2　□□□□で表示された枠（以下「カラム」という。）に記入する場合は、1カラムに1文字ずつ丁寧に、かつ、カラムからはみ出さないように左詰めで記入すること。

3　[8][3]及び[8][8]「営業しようとする建設業」の欄は、営業しようとする建設業が一般建設業の場合は「1」を、特定建設業の場合は「2」を、次の表の（　）内に示された略号のカラムに記入すること。

土木工事業（土）	鋼構造物工事業（鋼）	熱絶縁工事業（絶）
建築工事業（建）	鉄筋工事業（筋）	電気通信工事業（通）
大工工事業（大）	ほ装工事業（ほ）	造園工事業（園）
左官工事業（左）	しゆんせつ工事業（しゆ）	さく井工事業（井）
とび・土工工事業（と）	板金工事業（板）	建具工事業（具）
石工事業（石）	ガラス工事業（ガ）	水道施設工事業（水）
屋根工事業（屋）	塗装工事業（塗）	消防施設工事業（消）
電気工事業（電）	防水工事業（防）	清掃施設工事業（清）
管工事業（管）	内装仕上工事業（内）	
タイル・れんが・ブロツク工事業（タ）	機械器具設置工事業（機）	

「変更前」の欄は、既に営業している建設業がある場合は同様の要領により記入すること。

4　[8][5]「従たる営業所の所在地市区町村コード」の欄は、都道府県の窓口備付けのコードブック（総務省編「全国地方公共団体コード」）により、従たる営業所の所在する市区町村の該当するコードを記入すること。

「都道府県名」及び「市区町村名」には、それぞれ従たる営業所の所在する都道府県名及び市区町村名を記載すること。

5　[8][6]「従たる営業所の所在地」の欄は、4により記入した市区町村コードによつて表される市区町村に続く町名、街区符号及び住居番号等を、「丁目」、「番」及び「号」については－（ハイフン）を用いて、例えば[霞][が][関][2][－][1][－][1][3]□のように記入すること。

6　[8][7]のうち「電話番号」の欄は、市外局番、局番及び番号をそれぞれ－（ハイフン）で区切り、例えば[0][3][－][5][2][5][3][－][8][1][1][1]□のように左詰めで記入すること。

別紙二（2）

（用紙Ａ４）

営業所一覧表（更新）

営業所の名称		所在地（郵便番号・電話番号）	営業しようとする建設業	
			特定	一般
主たる営業所				
従たる営業所				

1　「主たる営業所」及び「従たる営業所」の欄は、それぞれ本店、支店又は常時建設工事の請負契約を締結する事務所のうち該当するものについて記載すること。

2　「営業しようとする建設業」の欄は、許可を受けている建設業のうち左欄に記載した営業所において営業しようとする建設業を、許可申請書の記載要領６の表の（ ）内に示された略号により、一般と特定に分けて記載すること。

別紙三（第二条関係）

収入印紙、証紙、登録免許税領収証書又は許可手数料領収証書はり付け欄

記載要領

「収入印紙、証紙、登録免許税領収証書又は許可手数料領収証書はり付け欄」は、収入印紙、証紙、登録免許税領収証書又は許可手数料領収証書をはり付けること。ただし、登録免許税法（昭和42年法律第35号）第24条の２第１項又は令第４条ただし書の規定により国土交通大臣の許可に係る登録免許税又は許可手数料を現金をもつて納めた場合にあつては、この限りでない。

本様式…全部改正〔昭36建令29〕、一部改正〔昭42建令20〕、全部改正〔昭47建令１〕、一部改正〔昭50建令11〕、全部改正〔昭62建令１〕、一部改正〔平元建令３・平９建令21・平12建令41・平15国交令65〕、全部改正〔平16国交令56〕、一部改正〔平18国交令60〕、全部改正〔平20国交令84〕

様式第二号（第二条、第十九条の八関係）

（用紙Ａ４）

工　事　経　歴　書

（建設工事の種類）　　　　工事　（　税込　・　税抜　）

注文者	元請又は下請の別	JVの別	工事名	工事現場のある都道府県及び市区町村名	配置技術者 氏名	主任技術者又は監理技術者の別（該当箇所にレ印を記載） 主任技術者	監理技術者	請負代金の額	うち、・PC ・法面処理 ・鋼橋上部	工期 着工年月	完成又は完成予定年月
								千円	千円	平成　年　月	平成　年　月
								千円	千円	平成　年　月	平成　年　月
								千円	千円	平成　年　月	平成　年　月
								千円	千円	平成　年　月	平成　年　月
								千円	千円	平成　年　月	平成　年　月
								千円	千円	平成　年　月	平成　年　月
								千円	千円	平成　年　月	平成　年　月
								千円	千円	平成　年　月	平成　年　月
								千円	千円	平成　年　月	平成　年　月
								千円	千円	平成　年　月	平成　年　月
								千円	千円	平成　年　月	平成　年　月
								千円	千円	平成　年　月	平成　年　月
								千円	千円	平成　年　月	平成　年　月

				うち　元請工事	
小計	件	千円	千円	千円	千円
合計	件	千円	千円	千円	千円

記載要領

1　この表は、法別表第一の上欄に掲げる建設工事の種類ごとに作成すること。

2　「税込・税抜」については、該当するものに丸を付すこと。

3　この表には、申請又は届出をする日の属する事業年度の前事業年度に完成した建設工事（以下「完成工事」という。）及び申請又は届出をする日の属する事業年度の前事業年度末において完成していない建設工事（以下「未成工事」という。）を記載すること。

記載を要する完成工事及び未成工事の範囲については、以下のとおりである。

⑴　経営規模等評価の申請を行う者の場合

①　元請工事（発注者から直接請け負つた建設工事をいう。以下同じ。）に係る完成工事について、当該完成工事に係る請負代金の額（工事進行基準を採用している場合にあつては、完成工事高。以下同じ。）の合計額のおおむね7割を超えるところまで、請負代金の額の大きい順に記載すること（令第1条の2第1項に規定する建設工事については、10件を超えて記載することを要しない。）。ただし、当該完成工事に係る請負代金の額の合計額が1,000億円を超える場合には、当該額を超える部分に係る完成工事については記載を要しない。

②　それに続けて、既に記載した元請工事以外の元請工事及び下請工事（下請負人として請け負つた建設工事をいう。以下同じ。）に係る完成工事について、すべての完成工事に係る請負代金の額の合計額のおおむね7割を超えるところまで、請負代金の額の大きい順に記載すること（令第1条の2第1項に規定する建設工事については、10件を超えて記載することを要しない。）。ただし、すべての完成工事に係る請負代金の額の合計額が1,000億円を超える場合には、当該額を超える部分に係る完成工事については記載を要しない。

③　さらに、それに続けて、主な未成工事について、請負代金の額の大きい順に記載すること。

⑵　経営規模等評価の申請を行わない者の場合

主な完成工事について、請負代金の額の大きい順に記載し、それに続けて、主な未成工事について、請負代金の額の大きい順に記載すること。

4　下請工事については、「注文者」の欄には当該下請工事の直接の注文者の商号又は名称を記載し、「工事名」の欄には当該下請工事の名称を記載すること。

5　「元請又は下請の別」の欄は、元請工事については「元請」と、下請工事については「下請」と記載すること。

6　「ＪＶの別」の欄は、共同企業体（ＪＶ）として行つた工事について「ＪＶ」と記載すること。

7　「配置技術者」の欄は、完成工事について、法第26条第1項又は第2項の規定により各工事現場に置かれた技術者の氏名及び主任技術者又は監理技術者の別を記載すること。また、当該工事の施工中に配置技術者の変更があつた場合には、変更前の者も含むすべての者を記載すること。

8　「請負代金の額」の欄は、共同企業体として行つた工事については、共同企業体全体の請負代金の額に出資の割合を乗じた額又は分担した工事額を記載すること。また、工事進行基準を採用している場合には、当該工事進行基準が適用される完成工事について、その完成工事高を括弧書で付記すること。

9　「請負代金の額」の「うち、ＰＣ、法面処理、鋼橋上部」の欄は、次の表の㈠欄に掲げる建設工事について工事経歴書を作成する場合において、同表の㈡欄に掲げる工事があるときに、同表の㈢に掲げる略称に丸を付し、工事ごとに同表の㈡欄に掲げる工事に該当する請負代金の額を記載すること。

㈠	㈡	㈢
土木一式工事	プレストレストコンクリート工事	ＰＣ
とび・土工・コンクリート工事	法面処理工事	法面処理
鋼構造物工事	鋼橋上部工事	鋼橋上部

10　「小計」の欄は、ページごとの完成工事の件数の合計並びに完成工事及びそのうちの元請工事に係る請負代金の額の合計及び９により「ＰＣ」、「法面処理」又は「鋼橋上部」について請負代金の額を区分して記載した額の合計を記載すること。

11　「合計」の欄は、最終ページにおいて、すべての完成工事の件数の合計並びに完成工事及びそのうちの元請工事に係る請負代金の額の合計及び９により「ＰＣ」、「法面処理」又は「鋼橋上部」について請負代金の額を区分して記載した額の合計を記載すること。

本様式…一部改正〔昭26建令２・昭26建令22・昭27建令13・昭28建令19・昭33建令31・昭36建令29・昭39建令23〕、全部改正〔昭47建令１〕、一部改正〔昭50建令11・昭62建令１・平元建令３・平元建令９・平16国交令１〕、全部改正〔平16国交令56・平20国交令３〕

様式第三号（第二条関係）

（用紙Ａ４）

直前３年の各事業年度における工事施工金額

（税込・税抜／単位：千円）

事業年度	注文者の区分		許可に係る建設工事の施工金額				その他の建設工事の施工金額	合計
			工事	工事	工事	工事		
第　期	元請	公共						
平成　年　月　日から		民間						
平成　年　月　日まで	下請							
	計							
第　期	元請	公共						
平成　年　月　日から		民間						
平成　年　月　日まで	下請							
	計							
第　期	元請	公共						
平成　年　月　日から		民間						
平成　年　月　日まで	下請							
	計							
第　期	元請	公共						
平成　年　月　日から		民間						
平成　年　月　日まで	下請							
	計							
第　期	元請	公共						
平成　年　月　日から		民間						
平成　年　月　日まで	下請							
	計							
第　期	元請	公共						
平成　年　月　日から		民間						
平成　年　月　日まで	下請							
	計							

記載要領

1　この表には、申請又は届出をする日の直前３年の各事業年度に完成した建設工事の請負代金の額を記載すること。

2　「税込・税抜」については、該当するものに丸を付すこと。

3　「許可に係る建設工事の施工金額」の欄は、許可に係る建設工事の種類ごとに区分して記載し、「その他の建設工事の施工金額」の欄は、許可を受けていない建設工事について記載すること。

4　記載すべき金額は、千円単位をもつて表示すること。

ただし、会社法（平成17年法律第86号）第２条第６号に規定する大会社にあつては、百万円単位をもつて表示することができる。この場合、「（単位：千円）」とあるのは「（単位：百万円）」として記載すること。

5　「公共」の欄は、国、地方公共団体、法人税法（昭和40年法律第34号）別表第一に掲げる公共法人（地方公共団体を除く。）及び第18条に規定する法人が注文者である施設又は工作物に関する建設工事の合計額を記載すること。

6　「許可に係る建設工事の施工金額」に記載する建設工事の種類が５業種以上にわたるため、用紙が２枚以上になる場合は、「その他の建設工事の施工金額」及び「合計」の欄は、最終ページにのみ記載すること。

7　当該工事に係る実績が無い場合においては、欄に「０」と記載すること。

本様式…追加〔昭47建令１〕、一部改正〔昭50建令11〕、全部改正〔昭62建令１〕、一部改正〔平元建令３・平９建令21・平15国交令86〕、全部改正〔平16国交令56〕、一部改正〔平18国交令60・平18国交令76〕、全部改正〔平20国交令84〕

様式第四号（第二条関係）

（用紙Ａ４）

使　用　人　数

営業所の名称	技術関係使用人		事務関係使用人	合計
	建設業法第７条第２号イ、ロ若しくはハ又は同法第15条第２号イ若しくはハに該当する者	その他の技術関係使用人		
	人	人	人	人
合計	人	人	人	人

記載要領

1　この表には、法第５条の規定（法第17条において準用する場合を含む。）に基づく許可の申請の場合は、当該申請をする日、法第11条第３項（法第17条において準用する場合を含む。）の規定に基づく届出の場合は、当該事業年度の終了の日において建設業に従事している使用人数を、営業所ごとに記載すること。

2　「使用人」は、役員、職員を問わず雇用期間を特に限定することなく雇用された者（申請者が法人の場合は常勤の役員を、個人の場合はその事業主を含む。）をいい、労務者は含めないものとすること。

3　「その他の技術関係使用人」の欄は、法第７条第２号イ、ロ若しくはハ又は法第15条第２号イ若しくはハに該当する者ではないが、技術関係の業務に従事している者の数を記載すること。

本様式…追加〔昭47建令１〕、一部改正〔昭50建令11〕、全部改正〔昭62建令１・昭63建令10・平16国交令56・平20国交令84〕

様式第五号　削除〔昭58建令18〕

様式第六号（第二条関係）

（用紙Ａ４）

誓　　約　　書

申請者、申請者の役員、建設業法施行令第３条に規定する使用人及び法定代理人は、同法第８条各号（同法第17条において準用される場合を含む。）に規定されている欠格要件に該当しないことを誓約します。

平成　　年　　月　　日
申請者　　　　　　印

地方整備局長
北海道開発局長
知事　　殿

記載要領

「　地方整備局長
北海道開発局長　　については、不要のものを消すこと。
知事　」

本様式…追加〔昭47建令１〕、一部改正〔昭50建令11・平元建令３・平12建令41・平16国交令56〕、全部改正〔平20国交令84〕

様式第七号（第二条関係）

（用紙Ａ４）

0 0 0 0 2

経営業務の管理責任者証明書

（1）　下記の者は、　　　　　工事業に関し、次のとおり経営業務の管理責任者としての経験を有することを証明します。

役職名等

経験年数　　年　月から　年　月まで 満　年　月

証明者と被証明者との関係

備　考

平成　年　月　日

証明者　　　　　　　　　　　　　　印

（2）　下記の者は、許可申請者｛の常勤の役員／本人／の支配人｝で建設業法第７条第１号｛イ／ロ｝に該当する者であることに相違ありません。

平成　年　月　日

地方整備局長
北海道開発局長
知事　殿

申請者
届出者　　　　　　　　　　　　　　印

申請又は届出の区分　□ 1 7 □（1．新規　2．変更　3．経営業務の管理責任者の追加　4．経営業務の管理責任者の更新等）

変更又は追加の年月日　平成　年　月　日

許可番号　□ 1 8 □□（大臣／知事コード）　国土交通大臣／知事 許可（般／特－□□）第□□□□□□号　許可年月日 平成□□年□□月□□日

記

◎【新規・変更後・経営業務の管理責任者の追加・経営業務の管理責任者の更新等】

氏名のフリガナ　□ 1 9 □□

氏　名　□ 2 0 □□□□□□□□□□　生年月日 □□□年□□月□□日（元号〔平成H、昭和S、大正T、明治M〕）

住　所

◎【変　更　前】

氏　名　□ 2 1 □□□□□□□□□□　生年月日 □□□年□□月□□日（元号〔平成H、昭和S、大正T、明治M〕）

記載要領

1　この証明書は、被証明者1人について証明者別に作成すること。

2　（1）の証明者は、被証明者に使用者がいる場合にはその使用者（法人の場合は当該法人の代表者、個人の場合は当該個人）とすること。また、証明者が建設業者である場合には、当該建設業者に係る許可番号、許可年月日及び許可を受けた建設業の種類を「備考」の欄に記載すること。

ただし、これらの者の証明を得ることができない正当な理由がある場合には、「備考」の欄にその理由を記載して、この証明書に記載された事実を証し得る他の者を証明者とすることができる。この場合にあつては、その証明者の氏名及び役職を記載すること。

なお、既に提出した証明書の記載内容と同一の内容を証明しようとするときは、証明者の欄の記載を省略することができる。

3　「{の常勤の役員／本人／の支配人}」、「{イ／ロ}」、「地方整備局長／北海道開発局長／知事」、「国土交通大臣／知事」及び「般／特」については、不要のものを消すこと。

4　□□□□で表示された枠（以下「カラム」という。）に記入する場合は、1カラムに1文字ずつ丁寧に、かつ、カラムからはみ出さないように記入すること。

5　[1][7]「申請又は届出の区分」の欄は、次の分類に従い、該当する数字をカラムに記入すること。

「1．新規」・・・・・・・・　許可を受けようとする行政庁に対し、初めて経営業務の管理責任者としての証明を行う場合

「2．変更」・・・・・・・・　現在証明されている経営業務の管理責任者に変更があつた場合

「3．経営業務の管理責任者の追加」・・・　現在証明されている経営業務の管理責任者に加えて新たな者を経営業務の管理責任者として証明する場合

「4．経営業務の管理責任者の更新等」・・　経営業務の管理責任者について、現在証明されている者のままとする場合

また、「1．新規」、「3．経営業務の管理責任者の追加」又は「4．経営業務の管理責任者の更新等」に該当する場合は◎【新規・変更後・経営業務の管理責任者の追加・経営業務の管理責任者の更新等】の欄に記入し、「2．変更」に該当する場合は◎【新規・変更後・経営業務の管理責任者の追加・経営業務の管理責任者の更新等】の欄及び◎【変更前】の欄の両方に記入すること。

6　「変更又は追加の年月日」の欄は、5により[1][7]の「申請又は届出の区分」の欄に「2」又は「3」を記入した場合に、変更又は追加をした年月日を記載すること。

7　[1][8]「許可番号」及び「許可年月日」の欄は、5により[1][7]の「申請又は届出の区分」の欄に「2」、「3」又は「4」を記入した場合に、申請又は届出時に受けている許可について記入すること。

「許可番号」の欄の「大臣／知事コード」の欄は、現在許可を受けている行政庁について別表（一）の分類に従い、該当するコードを記入すること。

また、「許可番号」及び「許可年月日」の欄は、例えば[0][0][1][2][3][4]又は[0][1]月[0][1]日のように、カラムに数字を記入するに当たつて空位のカラムに「0」を記入すること。

なお、現在2以上の建設業の許可を受けている場合で許可年月日が複数あるときは、そのうち最も古いものについて記入すること。

8　[1][9]「氏名のフリガナ」の欄は、カタカナで最初から2文字だけをカラムに記入すること。その際、濁音又は半濁音を表す文字については、例えば[ギ]又は[パ]のように1文字として扱うこと。

9　[2][0]及び[2][1]「氏名」の欄は、姓と名の間に1カラム空けて、例えば[建][設][ ][太][郎][ ][ ]のように左詰めで文字をカラムに記入すること。

また、「生年月日」の欄は、「元号」のカラムに略号を記入するとともに、例えば[0][1]月[0][1]日のように、カラムに数字を記入するに当たつて空位のカラムに「0」を記入すること。

本様式…追加〔昭47建令1〕、一部改正〔昭50建令11〕、全部改正〔昭62建令1〕、一部改正〔平元建令3・平7建令16・平12建令41〕、全部改正〔平16国交令56・平20国交令84〕

様式第八号(1)（第三条関係）

（用紙Ａ４）
0 0 0 0 3

専任技術者証明書（新規・変更）

（1）　下記のとおり、｛建設業法第７条第２号／建設業法第15条第２号｝に規定する専任の技術者を営業所に置いていることに相違ありません。
（2）　下記のとおり、専任の技術者の交替に伴う削除の届出をします。

平成　　年　　月　　日

地方整備局長
北海道開発局長
知事　殿

申請者
届出者　　　　　　　　　　　　印

区分　項番 6 1　□（大臣／知事コード）（1．新規許可等　2．専任技術者の担当業種又は有資格区分の変更　3．専任技術者の追加　4．専任技術者の交替に伴う削除　5．専任技術者が置かれる営業所のみの変更）

許可番号　6 2　□□　国土交通大臣／知事　許可（般／特－□□）第□□□□□□号　許可年月日　平成□□年□□月□□日

記

項番	フリガナ　（フリガナ）　元号〔平成H、昭和S、大正T、明治M〕
氏名	6 3　□□□□□□□□□□□□　生年月日□□□年□□月□□日
	土 建 大 左 と 石 屋 電 管 タ 鋼 筋 ほ し ゅ 板 ガ 塗 防 内 機 絶 通 園 井 具 水 消 清
今後担当する建設工事の種類	6 4　□□□□□□□□□□□□□□□□□□□□□□□□□□□□
現在担当している建設工事の種類	□□□□□□□□□□□□□□□□□□□□□□□□□□□□
	1　2　3　4　5　6　7　8
有資格区分	6 5　□□　□□　□□　□□　□□　□□　□□　□□
変更、追加又は削除の年月日	平成　　年　　月　　日　　営業所の名称（旧所属）
専任技術者の住所	営業所の名称（新所属）

項番	フリガナ　（フリガナ）　元号〔平成H、昭和S、大正T、明治M〕
氏名	6 3　□□□□□□□□□□□□　生年月日□□□年□□月□□日
	土 建 大 左 と 石 屋 電 管 タ 鋼 筋 ほ し ゅ 板 ガ 塗 防 内 機 絶 通 園 井 具 水 消 清
今後担当する建設工事の種類	6 4　□□□□□□□□□□□□□□□□□□□□□□□□□□□□
現在担当している建設工事の種類	□□□□□□□□□□□□□□□□□□□□□□□□□□□□
	1　2　3　4　5　6　7　8
有資格区分	6 5　□□　□□　□□　□□　□□　□□　□□　□□
変更、追加又は削除の年月日	平成　　年　　月　　日　　営業所の名称（旧所属）
専任技術者の住所	営業所の名称（新所属）

項番	フリガナ　（フリガナ）　元号〔平成H、昭和S、大正T、明治M〕
氏名	6 3　□□□□□□□□□□□□　生年月日□□□年□□月□□日
	土 建 大 左 と 石 屋 電 管 タ 鋼 筋 ほ し ゅ 板 ガ 塗 防 内 機 絶 通 園 井 具 水 消 清
今後担当する建設工事の種類	6 4　□□□□□□□□□□□□□□□□□□□□□□□□□□□□
現在担当している建設工事の種類	□□□□□□□□□□□□□□□□□□□□□□□□□□□□
	1　2　3　4　5　6　7　8
有資格区分	6 5　□□　□□　□□　□□　□□　□□　□□　□□
変更、追加又は削除の年月日	平成　　年　　月　　日　　営業所の名称（旧所属）
専任技術者の住所	営業所の名称（新所属）

記載要領

1　この証明書は、次の(1)から(5)までの場合に、それぞれの場合ごとに作成すること。

(1)　①現在有効な許可をどの許可行政庁からも受けていない者が初めて許可を申請する場合

②現在有効な許可を受けている行政庁以外の許可行政庁に対し新規に許可を申請する場合

③一般建設業の許可のみを受けている者が新たに特定建設業の許可を申請する場合又は特定建設業の許可のみを受けている者が新たに一般建設業の許可を申請する場合

④一般建設業の許可を受けている者が他の建設業について一般建設業の許可を申請する場合又は特定建設業の許可を受けている者が他の建設業について特定建設業の許可を申請する場合

この場合、「(1)」を○で囲み、「申請者 届出者」の「届出者」を消すとともに、[6][1]「区分」の欄に「１」を記入すること。

(2)　許可を受けている建設業について現在証明されている者が専任の技術者となつている建設業の種類又はその者の有資格区分に変更があつた場合

この場合、「(1)」を○で囲み、「申請者 届出者」の「申請者」を消すとともに、[6][1]「区分」の欄に「２」を記入すること。

(3)　許可を受けている建設業について現在証明されている専任の技術者に加えて、又はその者に代えて新たな者を専任の技術者として証明する場合

この場合、「(1)」を○で囲み、「申請者 届出者」の「申請者」を消すとともに、[6][1]「区分」の欄に「３」を記入すること。

(4)　許可を受けている建設業について現在証明されている専任の技術者がこの証明書の提出を行う建設業者の専任の技術者でなくなつた場合（その者がこれまで専任の技術者となつていた建設業について、新たに専任の技術者となる者があり、当該新たに専任の技術者となる者を上記(2)又は(3)に該当する者として同時に届け出る場合に限る。）

この場合、「(2)」を○で囲み、「申請者 届出者」の「申請者」を消すとともに、[6][1]「区分」の欄に「４」を記入すること。

なお、許可を受けている一部の業種の廃業若しくは営業所の廃止に伴い既に証明された専任の技術者を削除する場合又は法第７条第２号若しくは法第15条

第2号に掲げる基準を満たさなくなつた場合には、届出書（別記様式第22号の3）を用いて届け出ること。

(5) 許可を受けている建設業について現在証明されている専任の技術者が置かれる営業所のみに変更あつた場合

この場合、「(1)」を○で囲み、「申請者 届出者」の「申請者」を消すとともに、[6][1]「区分」の欄に「5」を記入すること。

なお、婚姻等により氏名の変更があつた場合は、変更後の氏名につき上記(3)に該当するものとして、変更前の氏名につき上記(4)に該当するものとみなして、それぞれ作成し、提出すること。

2 「{建設業法第7条第2号 建設業法第15条第2号}」、「地方整備局長 北海道開発局長 知事」、「国土交通大臣 知事」及び「般 特」については、不要のものを消すこと。

3 「申請者 届出者」の欄は、この証明書により建設業の許可の申請等をしようとする者（以下「申請者」という。）の他にこの証明書を作成した者がある場合には、申請者に加え、その者の氏名も併記し、押印すること。この場合には、作成に係る委任状の写しその他の作成等に係る権限を有することを証する書面を添付すること。

4 □□□□で表示された枠（以下「カラム」という。）に記入する場合は、1カラムに1文字ずつ丁寧に、かつ、カラムからはみ出さないように記入すること。

5 [6][2]「許可番号」の欄の「大臣 知事コード」の欄は、現在許可を受けている行政庁について別表(一)の分類に従い、該当するコードを記入すること。

また、「許可番号」及び「許可年月日」の欄は、例えば[0][0][1][2][3][4]又は[0][1]月[0][1]日のように、カラムに数字を記入するに当たつて空位のカラムに「0」を記入すること。

なお、現在2以上の建設業の許可を受けている場合で許可年月日が複数あるときは、そのうち最も古いものについて記入すること。

6 [6][3]「フリガナ」の欄は、カタカナで最初から2文字だけをカラムに記入すること。その際、濁音又は半濁音を表す文字については、例えば[ギ]又は[パ]のように1文字として扱うこと。

また、「氏名」の欄は、姓と名の間に1カラム空けて、例えば[建][設]□[太][郎]□□のように左詰めで文字をカラムに記入し、その上欄にフリガナを記入すること。

また、「生年月日」の欄は、「元号」のカラムに略号を記入するとともに、例えば[0][1]月[0][1]日のように、カラムに数字を記入するに当たつて空位のカラムに「0」を記入すること。

7　6 4「今後担当する建設工事の種類」の欄は、6 1「区分」の欄に「４」を記入した場合を除き、建設業許可申請書（別記様式第一号）別紙二(1)「営業所一覧表（新規許可等）」の「営業しようとする建設業」の欄に記入した建設業のうち、証明しようとする技術者が今後専任の技術者となる建設業に係る建設工事すべてについて、次の分類に従い、該当する数字を次の表の（　）内に示された略号のカラムに記入すること。

・一般建設業の場合

「１」・・・・・・・法第７条第２号イ該当

「４」・・・・・・・法第７条第２号ロ該当

「７」・・・・・・・法第７条第２号ハ該当

・特定建設業の場合

「２」・・・・・・・法第７条第２号イ及び法第15条第２号ロ該当

「３」・・・・・・・法第15条第２号ハ該当（同号イと同等以上）

「５」・・・・・・・法第７条第２号ロ及び法第15条第２号ロ該当

「６」・・・・・・・法第15条第２号ハ該当（同号ロと同等以上）

「８」・・・・・・・法第７条第２号ハ及び法第15条第２号ロ該当

「９」・・・・・・・法第15条第２号イ該当

土木一式工事（土）	鋼構造物工事（鋼）	熱絶縁工事（絶）
建築一式工事（建）	鉄筋工事（筋）	電気通信工事（通）
大工工事（大）	ほ装工事（ほ）	造園工事（園）
左官工事（左）	しゆんせつ工事（しゆ）	さく井工事（井）
とび・土工・コンクリート工事（と）	板金工事（板）	建具工事（具）
石工事（石）	ガラス工事（ガ）	水道施設工事（水）
屋根工事（屋）	塗装工事（塗）	消防施設工事（消）
電気工事（電）	防水工事（防）	清掃施設工事（清）
管工事（管）	内装仕上工事（内）	
タイル・れんが・ブロック工事（タ）	機械器具設置工事（機）	

また、「現在担当している建設工事の種類」の欄は、6 1「区分」の欄に「１」、「２」、「４」又は「５」を記入した場合（記載要領１(1)①に該当する場合を除く。）に、現在証明されている専任の技術者についてこれまで専任の技術者となつていた建設業に係る建設工事すべてを、同様の要領により記入すること。

8　6 5「有資格区分」の欄は、証明しようとする技術者が専任の技術者として該当する法第７条第２号及び法第15条第２号の区分（法第７条第２号ハに該当する者又は法第15条第２号イに該当する者については、その有する資格等の区分）について別表㈡の分類に従い、該当するコードを記入すること。

9　「変更、追加又は削除の年月日」の欄は、⑥①「区分」の欄に「２」、「３」、「４」又は「５」を記入した場合に、変更、追加又は削除をした年月日を記入すること。

10　「営業所の名称（旧所属）」の欄は、現在証明されている専任の技術者である場合に限り、この証明書の提出前に所属していた営業所の名称を記載し、「営業所の名称（新所属）」の欄は、この証明書の提出後に、専任の技術者として所属する営業所の名称を記載すること。

本様式…追加〔昭47建令１〕、一部改正〔昭50建令11〕、全部改正〔昭62建令１〕、一部改正〔昭63建令10・平元建令３〕、全部改正〔平７建令16〕、一部改正〔平12建令41〕、全部改正〔平16国交令56〕、一部改正〔平20国交令84〕

様式第八号(2)（第三条関係）

（用紙Ａ４）

専任技術者証明書（更新）

既に届け出たとおり、{ 建設業法第７条第２号 / 建設業法第15条第２号 } に規定する下記の専任の技術者を営業所に置いていることに相違ありません。

平成　　年　　月　　日

地方整備局長
北海道開発局長
知事　殿

申請者＿＿＿＿＿＿＿＿＿＿＿＿＿＿＿＿印

記

営業所の名称	専任の技術者の氏名《フリガナ》	建設工事の種類	有資格区分	生年月日

記載要領

1　この証明書は、既に専任技術者証明書（新規・変更）（別記様式第八号(1)）により専任の技術者の証明を行つた建設業について、許可の更新を申請する場合に作成すること。

2　「{建設業法第７条第２号／建設業法第15条第２号}」及び「地方整備局長／北海道開発局長／知事」については、不要のものを消すこと。

3　「建設工事の種類」の欄は、建設業許可申請書（別記様式第一号）別紙二(2)「営業所一覧表（更新）」の「営業しようとする建設業」の欄に記載した建設業のうち、証明しようとする技術者が今後専任の技術者となる建設業に係る建設工事すべてについて、例えば「土－９」のように、次の分類に従い、該当する数字と次の表の（　）内に示された略号とを－（ハイフン）で結んで記載すること。

・一般建設業の場合

「１」・・・・・・・法第７条第２号イ該当

「４」・・・・・・・法第７条第２号ロ該当

「７」・・・・・・・法第７条第２号ハ該当

・特定建設業の場合

「２」・・・・・・・法第７条第２号イ及び法第15条第２号ロ該当

「３」・・・・・・・法第15条第２号ハ該当（同号イと同等以上）

「５」・・・・・・・法第７条第２号ロ及び法第15条第２号ロ該当

「６」・・・・・・・法第15条第２号ハ該当（同号ロと同等以上）

「８」・・・・・・・法第７条第２号ハ及び法第15条第２号ロ該当

「９」・・・・・・・法第15条第２号イ該当

土木一式工事(土)	鋼構造物工事(鋼)	熱絶縁工事(絶)
建築一式工事(建)	鉄筋工事(筋)	電気通信工事(通)
大工工事(大)	ほ装工事(ほ)	造園工事(園)
左官工事(左)	しゆんせつ工事(しゆ)	さく井工事(井)
とび・土工・コンクリート工事(と)	板金工事(板)	建具工事(具)
石工事(石)	ガラス工事(ガ)	水道施設工事(水)
屋根工事(屋)	塗装工事(塗)	消防施設工事(消)
電気工事(電)	防水工事(防)	清掃施設工事(清)
管工事(管)	内装仕上工事(内)	
タイル・れんが・ブロック工事(タ)	機械器具設置工事(機)	

4　「有資格区分」の欄は、証明しようとする技術者が専任の技術者として該当する法第７条第２号及び法第15条第２号の区分（法第７条第２号ハに該当する者又は法第15条第２号イに該当する者については、その有する資格等の区分）について別表（二）の分類に従い、該当するコードを記入すること。

本様式…追加〔昭62建令１〕、一部改正〔平元建令３〕、一部改正・旧様式８号(3)…繰上〔平７建令16〕、一部改正〔平12建令41〕、全部改正〔平16国交令56〕、一部改正〔平20国交令84〕

様式第九号（第三条関係）

（用紙Ａ４）

実　務　経　験　証　明　書

下記の者は、　　　　　　　工事に関し、下記のとおり実務の経験を有することに相違ないことを証明します。

平成　　年　　月　　日

証　明　者＿＿＿＿＿＿＿＿＿＿＿＿＿＿＿＿印

被証明者との関係＿＿＿＿＿＿＿＿＿＿＿＿＿＿＿＿

記

技術者の氏名		生年月日		使用された期間	年　月から
使用者の商号又は名称					年　月まで

職名	実務経験の内容	実務経験年数
		年　月から　年　月まで
		年　月から　年　月まで
		年　月から　年　月まで
		年　月から　年　月まで
		年　月から　年　月まで
		年　月から　年　月まで
		年　月から　年　月まで
		年　月から　年　月まで
		年　月から　年　月まで
		年　月から　年　月まで
		年　月から　年　月まで
		年　月から　年　月まで
		年　月から　年　月まで
		年　月から　年　月まで
		年　月から　年　月まで
使用者の証明を得ることができない場合はその理由		合計　満　年　月

記載要領

1　この証明書は、許可を受けようとする建設業に係る建設工事の種類ごとに、被証明者１人について、証明者別に作成すること。

2　「職名」の欄は、被証明者が所属していた部課名等を記載すること。

3　「実務経験の内容」の欄は、従事した主な工事名等を具体的に記載すること。

4　「合計　満　年　月」の欄は、実務経験年数の合計を記載すること。

本様式…追加〔昭47建令１〕、一部改正〔昭50建令11・平元建令３・平７建令16〕、全部改正〔平16国交令56・平20国交令84〕

様式第十号（第十三条関係）

（用紙Ａ４）

指導監督的実務経験証明書

下記の者は、　　　　　　　　工事に関し、下記の元請工事について指導監督的な実務の経験を有することに相違ないことを証明します。

平成　　年　　月　　日

証　明　者＿＿＿＿＿＿＿＿＿＿＿＿印

被証明者との関係＿＿＿＿＿＿＿＿＿＿＿＿

記

技術者の氏名		生年月日		使用された期間　年　月から 年　月まで
使用者の商号又は名称				
発注者名	請負代金の額	職名	実務経験の内容	実務経験年数
	千円			年　月から　年　月まで
	千円			年　月から　年　月まで
	千円			年　月から　年　月まで
	千円			年　月から　年　月まで
	千円			年　月から　年　月まで
	千円			年　月から　年　月まで
	千円			年　月から　年　月まで
	千円			年　月から　年　月まで
	千円			年　月から　年　月まで
	千円			年　月から　年　月まで
	千円			年　月から　年　月まで
	千円			年　月から　年　月まで
	千円			年　月から　年　月まで
	千円			年　月から　年　月まで
使用者の証明を得ることができない場合はその理由				合計　満　年　月

記載要領

1　この証明書は、許可を受けようとする建設業に係る建設工事の種類ごとに、被証明者１人について、証明者別に作成し、請負代金の額が4,500万円以上の建設工事（平成６年12月28日前の建設工事にあつては3,000万円以上のもの、昭和59年10月１日前の建設工事にあつては1,500万円以上のもの）１件ごとに記載すること。

2　「職名」の欄は、被証明者が従事した工事現場において就いていた地位を記載すること。

3　「実務経験の内容」の欄は、従事した元請工事名等を具体的に記載すること。

4　「合計　満　年　月」の欄は、実務経験年数の合計を記載すること。

本様式…追加〔昭47建令１〕、一部改正〔昭50建令11・昭59建令６・平元建令３・平６建令33・平７建令16〕、全部改正〔平16国交令56・平20国交令84〕

様式第十一号（第四条関係）

（用紙Ａ４）

建設業法施行令第３条に規定する使用人の一覧表

営業所の名称	職　名	氏《フリ》　名《ガナ》	生年月日	住　所

本様式…追加〔昭47建令１〕、一部改正〔昭50建令11・平７建令16〕、全部改正〔平16国交令56・平20国交令84〕

様式第十一号の二（第四条、第十条関係）

（用紙Ａ４）
0 0 0 0 7

国家資格者等・監理技術者一覧表（新規・変更・追加・削除）

（1）　国家資格者等及び監理技術者の一覧は下記のとおりです。
（2）　下記のとおり、国家資格者等・監理技術者一覧表の技術者に変更があつたので、届出をします。

平成　　年　　月　　日

地方整備局長
北海道開発局長
知事　殿

申請者
届出者　　　　　　　　　　　　　　　　印

	項番	
区分	7 1	3 □（大臣／知事コード）（1．新規許可又は許可換え　2．一般建設業の許可のみ→特定建設業の許可を申請　3．有資格区分等の変更　4．技術者の追加　5．技術者の削除）
許可番号	7 2	3 □□　国土交通大臣／知事 許可（般／特－□□）第 5 □□□□□□ 10 号　許可年月日　平成 11 □□ 年 13 □□ 月 15 □□ 日（記）

	項番	
氏名	7 3	フリガナ（フリガナ）3 □□ 5 □□□□□ 10 □□□□□　生年月日 15 □ □□ 年 18 □□ 月 20 □□ 日　元号〔平成H、昭和S、大正T、明治M〕
今後担当できる建設工事の種類（建設業法第15条第2号ロ又はハ関係）	7 4	土 建 大 左 と 石 屋 電 管 タ 鋼 筋 ほ しゅ 板 ガ 塗 防 内 機 絶 通 園 井 具 水 消 清（3 5 10 15 20 25 30）
既提出の一覧表における建設工事の種類		
有資格区分	7 5	1　2　3　4　5　6　7　8（3 □□ 5 □□ 7 □□ 9 □□ 11 □□ 13 □□ 15 □□ 17 □□）

	項番	
氏名	7 3	フリガナ（フリガナ）3 □□ 5 □□□□□ 10 □□□□□　生年月日 15 □ □□ 年 18 □□ 月 20 □□ 日　元号〔平成H、昭和S、大正T、明治M〕
今後担当できる建設工事の種類（建設業法第15条第2号ロ又はハ関係）	7 4	土 建 大 左 と 石 屋 電 管 タ 鋼 筋 ほ しゅ 板 ガ 塗 防 内 機 絶 通 園 井 具 水 消 清（3 5 10 15 20 25 30）
既提出の一覧表における建設工事の種類		
有資格区分	7 5	1　2　3　4　5　6　7　8（3 □□ 5 □□ 7 □□ 9 □□ 11 □□ 13 □□ 15 □□ 17 □□）

	項番	
氏名	7 3	フリガナ（フリガナ）3 □□ 5 □□□□□ 10 □□□□□　生年月日 15 □ □□ 年 18 □□ 月 20 □□ 日　元号〔平成H、昭和S、大正T、明治M〕
今後担当できる建設工事の種類（建設業法第15条第2号ロ又はハ関係）	7 4	土 建 大 左 と 石 屋 電 管 タ 鋼 筋 ほ しゅ 板 ガ 塗 防 内 機 絶 通 園 井 具 水 消 清（3 5 10 15 20 25 30）
既提出の一覧表における建設工事の種類		
有資格区分	7 5	1　2　3　4　5　6　7　8（3 □□ 5 □□ 7 □□ 9 □□ 11 □□ 13 □□ 15 □□ 17 □□）

	項番	
氏名	7 3	フリガナ（フリガナ）3 □□ 5 □□□□□ 10 □□□□□　生年月日 15 □ □□ 年 18 □□ 月 20 □□ 日　元号〔平成H、昭和S、大正T、明治M〕
今後担当できる建設工事の種類（建設業法第15条第2号ロ又はハ関係）	7 4	土 建 大 左 と 石 屋 電 管 タ 鋼 筋 ほ しゅ 板 ガ 塗 防 内 機 絶 通 園 井 具 水 消 清（3 5 10 15 20 25 30）
既提出の一覧表における建設工事の種類		
有資格区分	7 5	1　2　3　4　5　6　7　8（3 □□ 5 □□ 7 □□ 9 □□ 11 □□ 13 □□ 15 □□ 17 □□）

記載要領

1　この一覧表は、営業所に置く専任の技術者を除き、許可を受けようとする建設業又は許可を受けている建設業の種類にかかわりなく、法第7条第2号ハ又は法第15条第2号イ、ロ若しくはハに該当する者（以下「国家資格者等・監理技術者」という。）について、次の場合に、それぞれの場合ごとに作成すること。

ただし、法第15条第2号ロに該当する者及び同号ハに該当（同号ロと同等以上）する者の記入は、特定建設業の許可を受けようとする者又は特定建設業の許可を受けている者に限り行うこと。

⑴　①現在有効な許可をどの許可行政庁からも受けていない者が初めて許可を申請する場合

②現在有効な許可を受けている行政庁以外の許可行政庁に対し新規に許可を申請する場合

この場合、「⑴」を○で囲み、「申請者 届出者」の「届出者」を消すとともに、[7][1]「区分」の欄に「１」を記入し、国家資格者等・監理技術者全員について作成すること。

⑵　一般建設業の許可のみを受けている者が新たに特定建設業の許可を申請する場合

この場合、「⑴」を○で囲み、「申請者 届出者」の「届出者」を消すとともに、[7][1]「区分」の欄に「２」を記入し、既に提出している国家資格者等・監理技術者一覧表（以下「既提出の一覧表」という。）に記入された技術者以外の国家資格者等・監理技術者（法第7条第2号ハに該当する者として既提出の一覧表に記入された技術者が法第15条第2号ロに該当する者であるときは、その者を含む。）について作成すること。

⑶　既提出の一覧表に記入された技術者の有資格区分に変更があつた場合（法第7条第2号ハに該当する者として既提出の一覧表に記入された技術者が法第15条第2号ロに該当する者となつた場合を含む。）又は法第15条第2号ロに該当する者として既提出の一覧表に記入された技術者が当該一覧表記入の建設工事の種類に加えて新たな建設工事の種類について同号ロの指導監督的な実務の経験を有することとなつた場合

この場合、「⑵」を○で囲み、「申請者 届出者」の「申請者」を消すとともに、[7][1]「区分」の欄に「３」を記入し、当該変更のあつた国家資格者等・監理技術者について作成すること。

(4)　(2)の場合を除き、既提出の一覧表に記入された技術者に加えて新たに国家資格者等・監理技術者を追加する場合

この場合、「(2)」を○で囲み、「申請者 届出者」の「申請者」を消すとともに、71「区分」の欄に「4」を記入し、新たに追加する国家資格者等・監理技術者について作成すること。

(5)　既提出の一覧表に記入された技術者がこの一覧表の提出を行う建設業者の国家資格者等・監理技術者でなくなつた場合

この場合、「(2)」を○で囲み、「申請者 届出者」の「申請者」を消すとともに、71「区分」の欄に「5」を記入し、当該国家資格者等・監理技術者でなくなつた者について作成すること。

なお、婚姻等により氏名の変更があつた場合は、変更後の氏名につき上記(4)に該当するものとして、変更前の氏名につき上記(5)に該当するものとみなして、それぞれ作成し、提出すること。

2　「申請者 届出者」の欄は、この一覧表により建設業の許可の申請等をしようとする者（以下「申請者」という。）の他にこの一覧表を作成した者がある場合には、申請者に加え、その者の氏名も併記し、押印すること。この場合には、作成に係る委任状の写しその他の作成等に係る権限を有することを証する書面を添付すること。

3　「地方整備局長 北海道開発局長 知事」、「国土交通大臣 知事」及び「般 特」については、不要のものを消すこと。

4　□□□□で表示された枠（以下「カラム」という。）に記入する場合は、1カラムに1文字ずつ丁寧に、かつ、カラムからはみ出さないように記入すること。

5　72「許可番号」の欄の「大臣 知事コード」の欄は、現在許可を受けている行政庁について別表(一)の分類に従い、該当するコードを記入すること。

また、「許可番号」及び「許可年月日」の欄は、例えば001234又は01月01日のように、カラムに数字を記入するに当たつて空位のカラムに「0」を記入すること。

なお、現在2以上の建設業の許可を受けている場合で許可年月日が複数あるときは、そのうち最も古いものについて記入すること。

6　73「フリガナ」の欄は、カタカナで最初から2文字だけをカラムに記入する

こと。その際、濁音又は半濁音を表す文字については、例えば[ギ]又は[パ]のように1文字として扱うこと。

また、「氏名」の欄は、姓と名の間に1カラム空けて、例えば[建][設][ ][太][郎][ ][ ]のように左詰めで文字をカラムに記入し、その上欄にフリガナを記入すること。

また、「生年月日」の欄は、「元号」のカラムに略号を記入するとともに、例えば[0][1]月[0][1]日のように、カラムに数字を記入するに当たつて空位のカラムに「0」を記入すること。

7　[7][4]「今後担当できる建設工事の種類（建設業法第15条第2号ロ又はハ関係）」の欄は、[7][1]「区分」の欄に「5」を記入した場合を除き、特定建設業の許可を受けようとする者又は受けている者で法第15条第2号ロ又はハに該当する技術者がいる場合に、当該技術者が同号ロの指導監督的な実務の経験を有する建設業に係る建設工事又は同号ハにより認定を受けた建設業に係る建設工事について、次の分類に従い、該当する数字を次の表の（　）内に示された略号のカラムに記入すること。

「2」・・・・・・・法第7条第2号イ及び法第15条第2号ロ該当
「3」・・・・・・・法第15条第2号ハ該当（同号イと同等以上）
「5」・・・・・・・法第7条第2号ロ及び法第15条第2号ロ該当
「6」・・・・・・・法第15条第2号ハ該当（同号ロと同等以上）
「8」・・・・・・・法第7条第2号ハ及び法第15条第2号ロ該当

土木一式工事(土)	鋼構造物工事(鋼)	熱絶縁工事(絶)
建築一式工事(建)	鉄筋工事(筋)	電気通信工事(通)
大工工事(大)	ほ装工事(ほ)	造園工事(園)
左官工事(左)	しゆんせつ工事(しゆ)	さく井工事(井)
とび・土工・コンクリート工事(と)	板金工事(板)	建具工事(具)
石工事(石)	ガラス工事(ガ)	水道施設工事(水)
屋根工事(屋)	塗装工事(塗)	消防施設工事(消)
電気工事(電)	防水工事(防)	清掃施設工事(清)
管工事(管)	内装仕上工事(内)	
タイル・れんが・ブロック工事(タ)	機械器具設置工事(機)	

また、「既提出の一覧表における建設工事の種類」の欄は、[7][1]「区分」の欄に「3」を記入した場合に限り、既提出の一覧表の「今後担当できる建設工事の種類（建設業法第15条第2号ロ又はハ関係）」の欄に記入した数字を同様の要領

により記入すること。

8　[7][5]「有資格区分」の欄は、この一覧表に記入された技術者が該当する法第7条第2号及び法第15条第2号の区分（法第7条第2号ハに該当する者又は法第15条第2号イに該当する者については、その有する資格等の区分）について別表(二)の分類に従い、該当するコードを記入すること。

本様式…追加〔昭62建令1〕、一部改正〔昭63建令10〕、全部改正〔平7建令16〕、一部改正〔平10建令27・平12建令41〕、全部改正〔平16国交令56〕、一部改正〔平20国交令84〕

様式第十二号（第四条関係）

（用紙Ａ４）

許可申請者（法人の役員／本　　人／法定代理人）の略歴書

現　住　所				
氏　　名		生 年 月 日	年　月　日生	
職　　名				

	期　　間	従事した職務内容
職歴	自　年　月　日 至　年　月　日	
	自　年　月　日 至　年　月　日	
	自　年　月　日 至　年　月　日	
	自　年　月　日 至　年　月　日	
	自　年　月　日 至　年　月　日	
	自　年　月　日 至　年　月　日	
	自　年　月　日 至　年　月　日	
	自　年　月　日 至　年　月　日	
	自　年　月　日 至　年　月　日	
	自　年　月　日 至　年　月　日	
	自　年　月　日 至　年　月　日	
	自　年　月　日 至　年　月　日	
	自　年　月　日 至　年　月　日	
	自　年　月　日 至　年　月　日	

	年　月　日	賞罰の内容
賞罰		

上記のとおり相違ありません。

平成　　年　　月　　日　　　　　　氏名　　　　　　印

記載要領

1　「（法人の役員／本　　人／法定代理人）」については、不要のものを消すこと。

2　「賞罰」の欄は、行政処分等についても記載すること。

本様式…追加〔昭47建令１〕、一部改正〔昭50建令11・昭57建令12〕、全部改正〔昭62建令１〕、一部改正〔平元建令３〕、全部改正〔平16国交令56〕

様式第十三号（第四条関係）

（用紙Ａ４）

建設業法施行令第３条に規定する使用人の略歴書

現住所			
氏名		生年月日	年　月　日生
営業所名			
職名			

	期間	従事した職務内容
職歴	自　年　月　日 至　年　月　日	
	自　年　月　日 至　年　月　日	
	自　年　月　日 至　年　月　日	
	自　年　月　日 至　年　月　日	
	自　年　月　日 至　年　月　日	
	自　年　月　日 至　年　月　日	
	自　年　月　日 至　年　月　日	
	自　年　月　日 至　年　月　日	
	自　年　月　日 至　年　月　日	
	自　年　月　日 至　年　月　日	
	自　年　月　日 至　年　月　日	
	自　年　月　日 至　年　月　日	
	自　年　月　日 至　年　月　日	

	年月日	賞罰の内容
賞罰		

上記のとおり相違ありません。

平成　　年　　月　　日　　　　氏名　　　　印

記載要領

「賞罰」の欄は、行政処分等についても記載すること。

本様式…追加〔昭47建令１〕、一部改正〔昭50建令11・昭57建令12〕、全部改正〔昭62建令１〕、一部改正〔平元建令３〕、全部改正〔平16国交令56〕、一部改正〔平20国交令84〕

様式第十四号（第四条関係）

（用紙Ａ４）

株　主　（出　資　者）　調　書

株主（出資者）名	住　所	所有株数又は出資の価額

記載要領
　この調書は、総株主の議決権の100分の５以上を有する株主又は出資の総額の100分の５以上に相当する出資をしている者について記載すること。

本様式…追加〔昭47建令１〕、一部改正〔昭50建令11・平13国交令142〕、全部改正〔平16国交令56〕

様式第十五号（第四条、第十条、第十九条の四関係）

（用紙Ａ４）

貸　借　対　照　表

平成　　年　　月　　日現在

（会　社　名）

資　産　の　部

Ⅰ　流　動　資　産		千円
現金預金		×××
受取手形		×××
完成工事未収入金		×××
有価証券		×××
未成工事支出金		×××
材料貯蔵品		×××
短期貸付金		×××
前払費用		×××
繰延税金資産		×××
その他		×××
貸倒引当金		△×××
流動資産合計		××××
Ⅱ　固　定　資　産		
(1)　有形固定資産		
建物・構築物	×××	
減価償却累計額	△×××	×××
機械・運搬具	×××	
減価償却累計額	△×××	×××
工具器具・備品	×××	
減価償却累計額	△×××	×××
土　地		×××
建設仮勘定		×××
その他	×××	
減価償却累計額	△×××	×××
有形固定資産計		×××
(2)　無形固定資産		
特許権		×××
借地権		×××
のれん		×××
その他		×××
無形固定資産計		×××
(3)　投資その他の資産		
投資有価証券		×××

関係会社株式・関係会社出資金	×××
長期貸付金	×××
破産債権、更生債権等	×××
長期前払費用	×××
繰延税金資産	×××
その他	×××
貸倒引当金	△×××
投資その他の資産計	×××
固定資産合計	××××
Ⅲ　繰　延　資　産	
創立費	×××
開業費	×××
株式交付費	×××
社債発行費	×××
開発費	×××
繰延資産合計	××××
資産合計	××××

負　債　の　部

Ⅰ　流　動　負　債	
支払手形	×××
工事未払金	×××
短期借入金	×××
未払金	×××
未払費用	×××
未払法人税等	×××
繰延税金負債	×××
未成工事受入金	×××
預り金	×××
前受収益	×××
・・・引当金	×××
その他	×××
流動負債合計	××××
Ⅱ　固　定　負　債	
社債	×××
長期借入金	×××
繰延税金負債	×××
・・・引当金	×××
負ののれん	×××
その他	×××
固定負債合計	××××
負債合計	××××

純　資　産　の　部

Ⅰ　株　主　資　本	
(1)　資本金	××××
(2)　新株式申込証拠金	××××
(3)　資本剰余金	
資本準備金	×××
その他資本剰余金	×××
資本剰余金合計	××××
(4)　利益剰余金	
利益準備金	×××
その他利益剰余金	
・・・準備金	××
・・・積立金	××
繰越利益剰余金	×××
利益剰余金合計	××××
(5)　自己株式	△××××
(6)　自己株式申込証拠金	××××
株主資本合計	××××
Ⅱ　評価・換算差額等	
(1)　その他有価証券評価差額金	×××
(2)　繰延ヘッジ損益	×××
(3)　土地再評価差額金	×××
評価・換算差額等合計	××××
Ⅲ　新株予約権	××××
純資産合計	××××
負債純資産合計	××××

記載要領

1　貸借対照表は、一般に公正妥当と認められる企業会計の基準その他の企業会計の慣行をしん酌し、会社の財産の状態を正確に判断することができるよう明瞭に記載すること。

2　勘定科目の分類は、国土交通大臣が定めるところによること。

3　記載すべき金額は、千円単位をもって表示すること。

ただし、会社法（平成17年法律第86号）第2条第6号に規定する大会社にあっては、百万円単位をもって表示することができる。この場合、「千円」とあるのは「百万円」として記載すること。

4　金額の記載に当たって有効数字がない場合においては、科目の名称の記載を要しない。

5　「流動資産」、「有形固定資産」、「無形固定資産」、「投資その他の資産」、「流動負債」、「固定負債」に属する科目の掲記が「その他」のみである場合においては、科目の記載を要しない。

6　建設業以外の事業を併せて営む場合においては、当該事業の営業取引に係る資産についてその内容を示す適当な科目をもって記載すること。

ただし、当該資産の金額が資産の総額の100分の１以下のものについては、同一の性格の科目に含めて記載することができる。

7　「流動資産」の「有価証券」又は「その他」に属する親会社株式の金額が資産の総額の100分の１を超えるときは、「親会社株式」の科目をもって記載すること。「投資その他の資産」の「関係会社株式・関係会社出資金」に属する「親会社株式」についても同様に、「投資その他の資産」に「親会社株式」の科目をもって記載すること。

8　流動資産、有形固定資産、無形固定資産又は投資その他の資産の「その他」に属する資産でその金額が資産の総額の100分の１を超えるものについては、当該資産を明示する科目をもって記載すること。

9　記載要領６及び８は、負債の部の記載に準用する。

10　「材料貯蔵品」、「短期貸付金」、「前払費用」、「特許権」、「借地権」及び「のれん」は、その金額が資産の総額の100分の１以下であるときは、それぞれ流動資産の「その他」、無形固定資産の「その他」に含めて記載することができる。

11　記載要領10は、「未払金」、「未払費用」、「預り金」、「前受収益」及び「負ののれん」の表示に準用する。

12　「繰延税金資産」及び「繰延税金負債」は、税効果会計の適用にあたり、一時差異（会計上の簿価と税務上の簿価との差額）の金額に重要性がないために、繰延税金資産又は繰延税金負債を計上しない場合には記載を要しない。

13　流動資産に属する「繰延税金資産」の金額及び流動負債に属する「繰延税金負債」の金額については、その差額のみを「繰延税金資産」又は「繰延税金負債」として流動資産又は流動負債に記載する。固定資産に属する「繰延税金資産」の金額及び固定負債に属する「繰延税金負債」の金額についても、同様とする。

14　各有形固定資産に対する減損損失累計額は、各資産の金額から減損損失累計額を直接控除し、その控除残高を各資産の金額として記載する。

15　「関係会社株式・関係会社出資金」については、いずれか一方がない場合においては、「関係会社株式」又は「関係会社出資金」として記載すること。

16　持分会社である場合においては、「関係会社株式」を投資有価証券に、「関係会社出資金」を投資その他の資産の「その他」に含めて記載することができる。

17　「のれん」の金額及び「負ののれん」の金額については、その差額のみを「のれん」又は「負ののれん」として記載する。

18　持分会社である場合においては、「株主資本」とあるのは「社員資本」と、「新株式申込証拠金」とあるのは「出資金申込証拠金」として記載することとし、資本剰余金及び利益剰余金については、「準備金」と「その他」に区分しての記載を要しない。

19　その他利益剰余金又は利益剰余金合計の金額が負となった場合は、マイナス残高として記載する。

20　「その他有価証券評価差額金」、「繰延ヘッジ損益」及び「土地再評価差額金」のほか、評価・換算差額等に計上することが適当であると認められるものについては、内容を明示する科目をもつて記載することができる。

本様式…追加〔昭26建令２〕、一部改正・旧様式６号…繰上〔昭36建令29〕、全部改正〔昭39建令23〕、一部改正・旧様式３号…繰下〔昭47建令１〕、全部改正〔昭50建令11・昭57建令12〕、一部改正〔昭59建令10・平元建令３・平元建令９・平６建令28・平９建令４・平９建令21・平10建令27・平11建令５・平12建令41・平13国交令77・平13国交令142〕、全部改正〔平14国交令81〕、一部改正〔平15国交令65〕、全部改正〔平15国交令86〕、一部改正〔平16国交令１・平16国交令17・平16国交令56・平18国交令60〕、全部改正〔平18国交令76〕、一部改正〔平20国交令３〕

注　記載要領２の「国土交通大臣の定め」＝建設業法施行規則別記様式第15号及び第16号の国土交通大臣の定める勘定科目の分類を定める件

様式第十六号（第四条、第十条、第十九条の四関係）　　（用紙Ａ４）

損　益　計　算　書

自　平成　　年　　月　　日
至　平成　　年　　月　　日

（会社名）

		千円
Ⅰ　売　　上　　高		
完成工事高	×××	
兼業事業売上高	×××	××××
Ⅱ　売　上　原　価		
完成工事原価	×××	
兼業事業売上原価	×××	××××
売上総利益（売上総損失）		
完成工事総利益（完成工事総損失）	×××	
兼業事業総利益（兼業事業総損失）	×××	××××
Ⅲ　販売費及び一般管理費		
役員報酬	×××	
従業員給料手当	×××	
退職金	×××	
法定福利費	×××	
福利厚生費	×××	
修繕維持費	×××	
事務用品費	×××	
通信交通費	×××	
動力用水光熱費	×××	
調査研究費	×××	
広告宣伝費	×××	
貸倒引当金繰入額	×××	
貸倒損失	×××	
交際費	×××	
寄付金	×××	
地代家賃	×××	
減価償却費	×××	
開発費償却	×××	
租税公課	×××	
保険料	×××	
雑　費	×××	××××
営業利益（営業損失）		××××
Ⅳ　営 業 外 収 益		
受取利息配当金	×××	
その他	×××	××××
Ⅴ　営 業 外 費 用		

支払利息	×××	
貸倒引当金繰入額	×××	
貸倒損失	×××	
その他	×××	××××
経常利益（経常損失）		××××
Ⅵ 特別利益		
前期損益修正益	×××	
その他	×××	××××
Ⅶ 特別損失		
前期損益修正損	×××	
その他	×××	××××
税引前当期純利益（税引前当期純損失）		××××
法人税、住民税及び事業税	×××	
法人税等調整額	×××	××××
当期純利益（当期純損失）		××××

記載要領

1　損益計算書は、一般に公正妥当と認められる企業会計の基準その他の企業会計の慣行をしん酌し、会社の損益の状態を正確に判断することができるよう明瞭に記載すること。

2　勘定科目の分類は、国土交通大臣が定めるところによること。

3　記載すべき金額は、千円単位をもって表示すること。

ただし、会社法（平成17年法律第86号）第２条第６項に規定する大会社にあっては、百万円単位をもって表示することができる。この場合、「千円」とあるのは「百万円」として記載すること。

4　金額の記載に当たって有効数字がない場合においては、科目の名称の記載を要しない。

5　「兼業事業」とは、建設業以外の事業を併せて営む場合における当該建設業以外の事業をいう。この場合において兼業事業の表示については、その内容を示す適当な名称をもって記載することができる。

なお、「兼業事業売上高」（二以上の兼業事業を営む場合においては、これらの兼業事業の売上高の総計）の「売上高」に占める割合が軽微な場合においては、「売上高」、「売上原価」及び「売上総利益（売上総損失）」を建設業と兼業事業とに区分して記載することを要しない。

6　「雑費」に属する費用で「販売費及び一般管理費」の総額の10分の１を超えるものについては、それぞれ当該費用を明示する科目を用いて掲記すること。

7　記載要領６は、営業外収益の「その他」に属する収益及び営業外費用の「その他」に属する費用の記載に準用する。

8　「前期損益修正益」の金額が重要でない場合においては、特別利益の「その他」に含めて記載することができる。

9　特別利益の「その他」については、それぞれ当該利益を明示する科目を用いて掲記すること。

ただし、各利益のうち、その金額が重要でないものについては、当該利益を区分掲記しないことができる。

10　「特別利益」に属する科目の掲記が「その他」のみである場合においては、科目の記載を要しない。

11　記載要領８は「前期損益修正損」の記載に、記載要領９は特別損失の「その他」の記載に、記載要領10は「特別損失」に属する科目の記載にそれぞれ準用すること。

12　「法人税等調整額」は、税効果会計の適用に当たり、一時差異（会計上の簿価と税務上の簿価との差額）の金額に重要性がないために、繰延税金資産又は繰延税金負債を計上しない場合には記載を要しない。

13　税効果会計を適用する最初の事業年度については、その期首に繰延税金資産に記載すべき金額と繰延税金負債に記載すべき金額とがある場合には、その差額を「過年度税効果調整額」として株主資本等変動計算書に記載するものとし、当該差額は「法人税等調整額」には含めない。

（用紙Ａ４）

完　成　工　事　原　価　報　告　書

自　平成　　年　　月　　日

至　平成　　年　　月　　日

（会社名）

千円

Ⅰ　材　料　費		×××
Ⅱ　労　務　費		×××
（うち労務外注費	××）	
Ⅲ　外　注　費		×××
Ⅳ　経　　　費		×××
（うち人件費	××）	
完成工事原価		××××

本様式…追加〔昭26建令２〕、一部改正〔昭27建令13〕、旧様式７号…繰上〔昭36建令29〕、全部改正〔昭39建令23〕、一部改正・旧様式４号…繰下〔昭47建令１〕、全部改正〔昭50建令11・昭57建令12〕、一部改正〔昭59建令10・平元建令３・平元建令９・平９建令21・平10建令27・平11建令５・平12建令41・平13国交令142〕、全部改正〔平15国交令86〕、一部改正〔平16国交令１・平16国交令17・平16国交令56・平18国交令60〕、全部改正〔平18国交令76〕、一部改正〔平20国交令３〕

注　記載要領２の「国土交通大臣の定め」＝建設業法施行規則別記様式第15号及び第16号の国土交通大臣の定める勘定科目の分類を定める件

様式第十七号（第四条、第十条、第十九条の四関係）

（用紙A４）

株主資本等変動計算書

自　平成　年　月　日
至　平成　年　月　日

（会社名）

千円

	株主資本										評価・換算差額等				新株予約権	純資産合計
	資本金	資本剰余金			利益剰余金				自己株式	株主資本合計	その他有価証券評価差額金	繰延ヘッジ損益	土地再評価差額金	評価・換算差額等合計		
		資本準備金	その他資本剰余金	資本剰余金合計	利益準備金	その他利益剰余金		利益剰余金合計								
						××積立金	繰越利益剰余金									
前期末残高	×××	×××	×××	×××	×××	×××	×××	×××	△×××	×××	×××	×××	×××	×××	×××	×××
当期変動額																
新株の発行	×××	×××		×××						×××						×××
剰余金の配当					×××		△×××	△×××		△×××						△×××
当期純利益							×××	×××		×××						×××
自己株式の処分									×××	×××						×××
×××××																
株主資本以外の項目の当期変動額（純額）											×××	×××	×××	×××	×××	×××
当期変動額合計	×××	×××		×××	×××		×××	×××	×××	×××	×××	×××	×××	×××	×××	×××
当期末残高	×××	×××	×××	×××	×××	×××	×××	×××	△×××	×××	×××	×××	×××	×××	×××	×××

記載要領

1　株主資本等変動計算書は、一般に公正妥当と認められる企業会計の基準その他の企業会計の慣行をしん酌し、純資産の部の変動の状態を正確に判断することができるよう明瞭に記載すること。

2　勘定科目の分類は、国土交通大臣が定めるところによること。

3　記載すべき金額は、千円単位をもって表示すること。

ただし、会社法（平成17年法律第86号）第2条第6号に規定する大会社にあっては、百万円単位をもって表示することができる。この場合、「千円」とあるのは「百万円」として記載すること。

4　金額の記載に当たつて有効数字がない場合においては、項目の名称の記載を要しない。

5　その他利益剰余金については、その内訳科目の前期末残高、当期変動額（変動事由ごとの金額）及び当期末残高を株主資本等変動計算書に記載することに代えて、注記により開示することができる。この場合には、その他利益剰余金の前期末残高、当期変動額及び当期末残高の各合計額を株主資本等変動計算書に記載する。

6　評価・換算差額等については、その内訳科目の前期末残高、当期変動額（当期変動額については主な変動事由にその金額を表示する場合には、変動事由ごとの金額を含む。）及び当期末残高を株主資本等変動計算書に記載することに代えて、注記により開示することができる。この場合には、評価・換算差額等の前期末残高、当期変動額及び当期末残高の各合計額を株主資本等変動計算書に記載する。

7　各合計額の記載は、株主資本合計を除き省略することができる。

8　株主資本の各項目の変動事由及びその金額の記載は、概ね貸借対照表における表示の順序による。

9　株主資本の各項目の変動事由には、例えば以下のものが含まれる。

(1)　当期純利益又は当期純損失

(2)　新株の発行又は自己株式の処分

(3)　剰余金（その他資本剰余金又はその他利益剰余金）の配当

(4)　自己株式の取得

(5)　自己株式の消却

(6)　企業結合（合併、会社分割、株式交換、株式移転など）による増加又は分割型の会社分割による減少

(7)　株主資本の計数の変動

①　資本金から準備金又は剰余金への振替

② 準備金から資本金又は剰余金への振替
③ 剰余金から資本金又は準備金への振替
④ 剰余金の内訳科目間の振替

10 剰余金の配当については、剰余金の変動事由として当期変動額に表示する。

11 税効果会計を適用する最初の事業年度については、その期首に繰延税金資産に記載すべき金額と繰延税金負債に記載すべき金額とがある場合には、その差額を「過年度税効果調整額」として繰越利益剰余金の当期変動額に表示する。

12 新株の発行の効力発生日に資本金又は資本準備金の額の減少の効力が発生し、新株の発行により増加すべき資本金又は資本準備金と同額の資本金又は資本準備金の額を減少させた場合には、変動事由の表示方法として、以下のいずれかの方法により記載するものとする。

(1) 新株の発行として、資本金又は資本準備金の額の増加を記載し、また、株主資本の計数の変動手続き（資本金又は資本準備金の額の減少に伴うその他資本剰余金の額の増加）として、資本金又は資本準備金の額の減少及びその他資本剰余金の額の増加を記載する方法。

(2) 新株の発行として、直接、その他資本剰余金の額の増加を記載する方法。

企業結合の効力発生日に資本金又は資本準備金の額の減少の効力が発生した場合についても同様に取り扱う。

13 株主資本以外の各項目の当期変動額は、純額で表示するが、主な変動事由及びその金額を表示することができる。当該表示は、変動事由又は金額の重要性などを勘案し、事業年度ごとに、また、項目ごとに選択することができる。

14 株主資本以外の各項目の主な変動事由及びその金額を表示する場合、以下の方法を事業年度ごとに、また、項目ごとに選択することができる。

(1) 株主資本等変動計算書に主な変動事由及びその金額を表示する方法

(2) 株主資本等変動計算書に当期変動額を純額で記載し、主な変動事由及びその金額を注記により開示する方法

15 株主資本以外の各項目の主な変動事由及びその金額を表示する場合、当該変動事由には、例えば以下のものが含まれる。

(1) 評価・換算差額等

① その他有価証券評価差額金

その他有価証券の売却又は減損処理による増減

純資産の部に直接計上されたその他有価証券評価差額金の増減

② 繰延ヘッジ損益

ヘッジ対象の損益認識又はヘッジ会計の終了による増減
純資産の部に直接計上された繰延ヘッジ損益の増減
⑵　新株予約権
新株予約権の発行
新株予約権の取得
新株予約権の行使
新株予約権の失効
自己新株予約権の消却
自己新株予約権の処分

16　株主資本以外の各項目のうち、その他有価証券評価差額金について、主な変動事由及びその金額を表示する場合、時価評価の対象となるその他有価証券の売却又は減損処理による増減は、原則として、以下のいずれかの方法により計算する。
⑴　損益計算書に計上されたその他有価証券の売却損益等の額に税効果を調整した後の額を表示する方法
⑵　損益計算書に計上されたその他有価証券の売却損益等の額を表示する方法

この場合、評価・換算差額等に対する税効果の額を、別の変動事由として表示する。また、当該税効果の額の表示は、評価・換算差額等の内訳項目ごとに行う方法、その他有価証券評価差額金を含む評価・換算差額等に対する税効果の額の合計による方法のいずれによることもできる。また、繰延ヘッジ損益についても同様に取り扱う。

なお、税効果の調整の方法としては、例えば、評価・換算差額等の増減があった事業年度の法定実効税率を使用する方法や繰延税金資産の回収可能性を考慮した税率を使用する方法などがある。

17　持分会社である場合においては、「株主資本等変動計算書」とあるのは「社員資本等変動計算書」と、「株主資本」とあるのは「社員資本」として記載する。

本様式…追加〔昭26建令２〕、旧様式８号…繰上〔昭36建令29〕、全部改正〔昭39建令23〕、一部改正・旧様式５号…繰下〔昭47建令１〕、全部改正〔昭50建令11・昭57建令12〕、一部改正〔平元建令３・平元建令９・平３建令11・平13国交令77・平14国交令81〕、全部改正〔平15国交令86〕、一部改正〔平16国交令１・平16国交令17・平16国交令56・平18国交令60〕、全部改正〔平18国交令76〕、一部改正〔平20国交令３〕

注　記載要領２の「国土交通大臣の定め」＝建設業法施行規則別記様式第15号及び第16号の国土交通大臣の定める勘定科目の分類を定める件

様式第十七号の二（第四条、第十条、第十九条の四関係）

（用紙Ａ４）

注　　　記　　　表

自　平成　　年　　月　　日

至　平成　　年　　月　　日

（会社名）

注

1　継続企業の前提に重要な疑義を抱かせる事象又は状況

2　重要な会計方針

(1)　資産の評価基準及び評価方法

(2)　固定資産の減価償却の方法

(3)　引当金の計上基準

(4)　収益及び費用の計上基準

(5)　消費税及び地方消費税に相当する額の会計処理の方法

(6)　その他貸借対照表、損益計算書、株主資本等変動計算書、注記表作成のための基本となる重要な事項

3　貸借対照表関係

(1)　担保に供している資産及び担保付債務

①　担保に供している資産の内容及びその金額

②　担保に係る債務の金額

(2)　保証債務、手形遡及債務、重要な係争事件に係る損害賠償義務等の内容及び金額

(3)　関係会社に対する短期金銭債権及び長期金銭債権並びに短期金銭債務及び長期金銭債務

(4)　取締役、監査役及び執行役との間の取引による取締役、監査役及び執行役に対する金銭債権及び金銭債務

(5)　親会社株式の各表示区分別の金額

4　損益計算書関係

(1)　工事進行基準による完成工事高

(2)　「売上高」のうち関係会社に対する部分

(3)　「売上原価」のうち関係会社からの仕入高

(4)　関係会社との営業取引以外の取引高

(5)　研究開発費の総額（会計監査人を設置している会社に限る。）

5　株主資本等変動計算書関係

(1)　事業年度末日における発行済株式の種類及び数

(2)　事業年度末日における自己株式の種類及び数

(3)　剰余金の配当

(4)　事業年度末において発行している新株予約権の目的となる株式の種類及び数

6　税効果会計

7　リースにより使用する固定資産

8　関連当事者との取引

取引の内容

属性	会社等の名称又は氏名	議決権の所有（被所有）割合	関係内容	科目	期末残高（千　円）

但し、会計監査人を設置している会社は以下の様式により記載する。

(1)　取引の内容

属性	会社等の名称又は氏名	議決権の所有（被所有）割合	関係内容	取引の内容	取引金額	科目	期末残高（千　円）

(2)　取引条件及び取引条件の決定方針

(3)　取引条件の変更の内容及び変更が貸借対照表、損益計算書に与える影響の内容

9　一株当たり情報

(1)　一株当たりの純資産額

(2)　一株当たりの当期純利益又は当期純損失

10　重要な後発事象

11　連結配当規制適用の有無

12　その他

記載要領

1　記載を要する注記は、以下の通りとする。

	株式会社			持分会社
	会計監査人設置会社	会計監査人なし		
		公開会社	株式譲渡制限会社	
1　継続企業の前提に重要な疑義を抱かせる事象又は状況	○	×	×	×
2　重要な会計方針	○	○	○	○
3　貸借対照表関係	○	○	×	×
4　損益計算書関係	○	○	×	×
5　株主資本等変動計算書関係	○	○	○	×
6　税効果会計	○	○	×	×
7　リースにより使用する固定資産	○	○	×	×
8　関連当事者との取引	○	○	×	×
9　一株当たり情報	○	○	×	×
10　重要な後発事象	○	○	×	×
11　連結配当規制適用の有無	○	×	×	×
12　その他	○	○	○	○

【凡例】○・・・記載要、×・・・記載不要

2　注記事項は、貸借対照表、損益計算書、株主資本等変動計算書の適当な場所に記載することができる。この場合、注記表の当該部分への記載は要しない。

3　記載すべき金額は、注9を除き千円単位をもつて表示すること。

ただし、会社法（平成17年法律第86号）第2条第6号に規定する大会社にあつては、百万円単位をもつて表示することができる。この場合、「千円」とあるのは「百万円」として記載すること。

4　注に掲げる事項で該当事項がない場合においては、「該当なし」と記載すること。

5　貸借対照表、損益計算書、株主資本等変動計算書の特定の項目に関連する注記については、その関連を明らかにして記載する。

6　注に掲げる事項の記載に当たつては、以下の要領に従つて記載する。

注1　事業年度の末日において財務指標の悪化の傾向、重要な債務の不履行等財政破綻の可能性その他会社が将来にわたつて事業を継続するとの前提に重要な疑義を抱かせる事象又は状況が存在する場合、当該事象又は状況が存在する旨及びその内容、重要な疑義の存在の有無、当該事象又は状況を解消又は大幅に改善するための経営者の対応及び経営計画、当該重要な疑義の影響の貸借対照表、損益計算書、株主資本等変動計算書及び注記表への反映の有無を記載する。

注2　会計処理の原則又は手続を変更したときは、その旨、変更の理由及び当該変更が貸借対照表、損益計算書、株主資本等変動計算書及び注記表に与えている影響の内容を、表示方法を変更したときは、その内容を追加して記載する。重要性の乏しい変更は、記載を要しない。

(5)　税抜方式及び税込方式のうち貸借対照表及び損益計算書の作成に当たつて採用したものを記載する。ただし、経営状況分析申請書又は経営規模等評価申請書に添付する場合には、税抜方式を採用すること。

注3

(1)　担保に供している資産及び担保に係る債務は、勘定科目別に記載する。

(2)　保証債務、手形遡及債務、損害賠償義務等（負債の部に計上したものを除く。）の種類別に総額を記載する。

(3)　総額を記載するものとし、関係会社別の金額は記載することを要しない。

(4)　総額を記載するものとし、取締役、執行役、会計参与及び監査役別の金額は記載することを要しない。

(5)　貸借対照表に区分掲記している場合は、記載を要しない。

注4

(1)　工事進行基準を採用していない場合は、記載を要しない。

(2)　総額を記載するものとし、関係会社別の金額は記載することを要しない。

(3)　総額を記載するものとし、関係会社別の金額は記載することを要しない。

(4)　総額を記載するものとし、関係会社別の金額は記載することを要しない。

注5

(3)　事業年度中に行つた剰余金の配当（事業年度末日後に行う剰余金の配当のうち、剰余金の配当を受ける者を定めるための会社法第124条第1項に規定

する基準日が事業年度中のものを含む。）について、配当を実施した回ごとに、決議機関、配当総額、一株当たりの配当額、基準日及び効力発生日について記載する。

注６　繰延税金資産及び繰延税金負債の発生原因を定性的に記載する。

注７　ファイナンス・リース取引（リース取引のうち、リース契約に基づく期間の中途において当該リース契約を解除することができないもの又はこれに準ずるもので、リース物件（当該リース契約により使用する物件をいう。）の借主が、当該リース物件からもたらされる経済的利益を実質的に享受することができ、かつ、当該リース物件の使用に伴つて生じる費用等を実質的に負担することとなるものをいう。）の借主である株式会社が当該ファイナンス・リース取引について通常の売買取引に係る方法に準じて会計処理を行つていない重要な固定資産について、定性的に記載する。

「重要な固定資産」とは、リース資産全体に重要性があり、かつ、リース資産の中に基幹設備が含まれている場合の当該基幹設備をいう。リース資産全体の重要性の判断基準は、当期支払リース料の当期支払リース料と当期減価償却費との合計に対する割合についておおむね１割程度とする。

ただし、資産の部に計上するものは、この限りでない。

注８　「関連当事者」とは、会社計算規則（平成18年法務省令第13号）第140条第４項に定める者をいい、記載に当たっては、関連当事者ごとに記載する。重要性の乏しい取引については記載を要しない。

(1)　関連当事者との取引のうち以下の取引は記載を要しない。

①　一般競争入札による取引並びに預金利息及び配当金の受取りその他取引の性質からみて取引条件が一般の取引と同様であることが明白な取引

②　取締役、会計参与、監査役又は執行役に対する報酬等の給付

③　その他、当該取引に係る条件につき市場価格その他当該取引に係る公正な価格を勘案して一般の取引の条件と同様のものを決定していることが明白な取引

注11　会社計算規則第186条第４号に規定する配当規制を適用する場合に、その旨を記載する。

注12　注１から注11に掲げた事項のほか、貸借対照表、損益計算書及び株主資本等変動計算書により会社の財産又は損益の状態を正確に判断するために必要な事項を記載する。

本様式…追加〔平10建令27〕、一部改正〔平13国交令77・平15国交令86・平16国交令56・平18国交令60〕、全部改正〔平18国交令76〕、一部改正〔平20国交令３・平20国交令84〕

様式第十七号の三（第四条、第十条関係）

（用紙Ａ４）

附　属　明　細　表

平成　　年　　月　　日現在

1　完成工事未収入金の詳細

相手先別内訳

相手先	金額
	千円
計	

滞留状況

発生時	完成工事未収入金
当期計上分	千円
前期以前計上分	
計	

2　短期貸付金明細表

相手先	金額
	千円
計	

3　長期貸付金明細表

相手先	金額
	千円
計	

4　関係会社貸付金明細表

関係会社名	期首残高	当期増加額	当期減少額	期末残高	摘要
	千円	千円	千円	千円	
計					—

5　関係会社有価証券明細表

	銘柄	一株の金額	期首残高			当期増加額		当期減少額		期末残高			摘要
			株式数	取得価額	貸借対照表計上額	株式数	金額	株式数	金額	株式数	取得価額	貸借対照表計上額	
株式		千円		千円	千円		千円		千円		千円	千円	
	計												

	銘柄	期首残高		当期増加額	当期減少額	期末残高		摘要
		取得価額	貸借対照表計上額			取得価額	貸借対照表計上額	
社債		千円	千円	千円	千円	千円	千円	
	計							
その他の有価証券								
	計							

6　関係会社出資金明細表

関係会社名	期首残高	当期増加額	当期減少額	期末残高	摘要
	千円	千円	千円	千円	
計					—

7　短期借入金明細表

借入先	金額	返済期日	摘要
	千円		
計			—

8　長期借入金明細表

借入先	期首残高	当期増加額	当期減少額	期末残高	摘要
	千円	千円	千円	千円	
計					—

9　関係会社借入金明細表

関係会社名	期首残高	当期増加額	当期減少額	期末残高	摘　　要
	千円	千円	千円	千円	
計					―

10　保証債務明細表

相　手　先	金　　　額
	千円
計	

記載要領

第1　一般的事項

1　「親会社」とは、会社法（平成17年法律第86号）第2条第4号に定める会社をいい、「子会社」とは、会社法第2条第3号に定める会社をいう。

2　「関連会社」とは、会社計算規則（平成18年法務省令第13号）第2条第3項第19号に定める会社をいう。

3　「関係会社」とは、会社計算規則第2条第3項第23号に定める会社をいう。

4　金融商品取引法（昭和23年法律第25号）第24条の規定により、有価証券報告書を内閣総理大臣に提出しなければならない者については、附属明細表の4、5、6及び9の記載を省略することができる。この場合、同条の規定により提出された有価証券報告書に記載された連結貸借対照表の写しを添付しなければならない。

5　記載すべき金額は、千円単位をもって表示すること。

ただし、会社法第2条第6号に規定する大会社にあっては、百万円単位をもって表示することができる。この場合、「千円」とあるのは、「百万円」として記載すること。

第2　個別事項

1　完成工事未収入金の詳細

(1)　別記様式第十五号による貸借対照表（以下単に「貸借対照表」という。）の流動資産の完成工事未収入金について、その主な相手先及び相手先ごとの額を記載すること。

(2)　同一の相手先について契約口数が多数ある場合には、相手先別に一括して記載することができる。

(3)　滞留状況については、当期計上分（1年未満）及び前期以前計上分（1年以上）に分け、各々の合計額を記載すること。

2　短期貸付金明細表

⑴　貸借対照表の流動資産の短期貸付金について、その主な相手先及び相手先ごとの額を記載すること。ただし、当該科目の額が資産総額の100分の１以下である時は記載を省略することができる。

⑵　同一の相手先について契約口数が多数ある場合には、相手先別に一括して記載することができる。

⑶　関係会社に対するものはまとめて記載することができる。

3　長期貸付金明細表

⑴　貸借対照表の固定資産の長期貸付金について、その主な相手先及び相手先ごとの額を記載すること。ただし、当該科目の額が資産総額の100分の１以下である時は記載を省略することができる。

⑵　同一の相手先について契約口数が多数ある場合には、相手先別に一括して記載することができる。

⑶　関係会社に対するものはまとめて記載することができる。

4　関係会社貸付金明細表

⑴　貸借対照表の短期貸付金、長期貸付金その他資産に含まれる関係会社貸付金について、その関係会社名及び関係会社ごとの額を記載すること。ただし、当該科目の額が資産総額の100分の１以下である時は記載を省略することができる。

⑵　関係会社貸付金は貸借対照表の勘定科目ごとに区別して記載し、親会社、子会社、関連会社及びその他の関係会社について各々の合計額を記載すること。

⑶　摘要の欄には、貸付の条件（返済期限（分割返済条件のある場合にはその条件）及び担保物件の種類）について記載すること。重要な貸付金で無利息又は特別の条件による利率が約定されているものについては、その旨及び当該利率について記載すること。

⑷　同一の関係会社について契約口数が多数ある場合には､関係会社別に一括し、担保及び返済期限について要約して記載することができる。

5　関係会社有価証券明細表

⑴　貸借対照表の有価証券、流動資産の「その他」、投資有価証券、関係会社株式・関係会社出資金及び投資その他の資産の「その他」に含まれる関係会社有価証券について、その銘柄及び銘柄ごとの額を記載すること。ただし、当該科目の額が資産総額の100分の１以下である時は記載を省略することができる。

⑵　当該有価証券の発行会社について、附属明細表提出会社との関係（親会社、子会社等の関係）を摘要欄に記載すること。

⑶　社債の銘柄は、「何会社物上担保付社債」のように記載すること。なお、新株予約権が付与されている場合には、その旨を付記すること。

⑷　取得価額及び貸借対照表計上額については、その算定の基準とした評価基準及び評価方法を摘要欄に記載すること。ただし、評価基準及び評価方法が別記様式第17号の２による注記表（以下単に「注記表」という。）の２により記載されている場合には、その記載を省略することができる。

⑸　当期増加額及び当期減少額がともにない場合には、期首残高、当期増加額及び当期減少額の各欄を省略した様式に記載することができる。この場合には、その旨を摘要欄に記載すること。

(6)　一の関係会社の有価証券の総額と当該関係会社に対する債権の総額との合計額が附属明細表提出会社の資産の総額の100分の１を超える場合、一の関係会社に対する債務の総額が附属明細表提出会社の負債及び純資産の合計額が100分の１を超える場合又は一の関係会社に対する売上高が附属明細表提出会社の売上額の総額の100分の20を超える場合には、当該関係会社の発行済株式の総数に対する所有割合、社債の未償還残高その他当該関係会社との関係内容（例えば、役員の兼任、資金援助、営業上の取引、設備の賃貸借等の関係内容）を注記すること。

(7)　株式のうち、会社法第308条第１項の規定により議決権を有しないものについては、その旨を摘要欄に記載すること。

6　関係会社出資金明細表

(1)　貸借対照表の関係会社株式・関係会社出資金及び投資その他の資産の「その他」に含まれる関係会社出資金について、その関係会社名及び関係会社ごとの額を記載すること。ただし、当該科目の額が資産総額の100分の１以下である時は記載を省略することができる。

(2)　出資金額の重要なものについては、出資の条件（１口の出資金額、出資口数、譲渡制限等の諸条件）を摘要欄に記載すること。

(3)　本表に記載されている会社であって、第２の５の(6)に定められた会社と同一の条件のものがある場合には、当該関係会社に対してはこれに準じて注記すること。

7　短期借入金明細表

(1)　貸借対照表の流動負債の短期借入金について、その借入先及び借入先ごとの額を記載すること。ただし、比較的借入額が少額なものについては、無利息又は特別な利率が約定されている場合を除き、まとめて記載することができる。

(2)　設備資金と運転資金に分けて記載すること。

(3)　摘要の欄には、資金使途、借入の条件（担保、無利息の場合にはその旨、特別の利率が約定されている場合には当該利率）等について記載すること。

(4)　同一の借入先について契約口数が多数ある場合には、借入先別に一括し、返済期限、資金使途及び借入の条件について要約して記載することができる。

(5)　関係会社からのものはまとめて記載することができる。

8　長期借入金明細表

(1)　貸借対照表の固定負債の長期借入金及び契約期間が１年を超える借入金で最終の返済期限が１年内に到来するもの又は最終の返済期限が１年後に到来するもののうち１年内の分割返済予定額で貸借対照表において流動負債として掲げられているものについて、その借入先及び借入先ごとの額を記載すること。ただし、比較的借入額が少額なものについては、無利息又は特別な利率が約定されているものを除き、まとめて記載することができる。

(2)　契約期間が１年を超える借入金で最終の返済期限が１年内に到来するもの又は最終の返済期限が１年後に到来するもののうち１年内の分割返済予定額で貸借対照表において流動負債として掲げられているものについては、当期減少額として記載せず、期末残高に含めて記載すること。この場合においては、期末残高欄に内書（括弧書）として記載し、その旨を注記すること。

(3) 摘要の欄には、借入金の使途及び借入の条件（返済期限（分割返済条件のある場合にはその条件）及び担保物件の種類）について記載すること。重要な借入金で無利息又は特別の条件による利率が約定されているものについては、その旨及び当該利率について記載すること。
(4) 同一の借入先について契約口数が多数ある場合には、借入先別に一括し、使途、担保及び返済期限について要約して記載することができる。この場合においては、借入先別に一括されたすべての借入金について当該貸借対照表日以後３年間における１年ごとの返済予定額を注記すること。
(5) 関係会社からのものはまとめて記載することができる。

9　関係会社借入金明細表
(1) 貸借対照表の短期借入金、長期借入金その他負債に含まれる関係会社借入金について、その関係会社名及び関係会社ごとの額を記載すること。ただし、当該科目の額が資産総額の100分の１以下である時は記載を省略することができる。
(2) 関係会社借入金は貸借対照表の勘定科目ごとに区別して記載し、親会社、子会社、関連会社及びその他の関係会社について各々の合計額を記載すること。
(3) 短期借入金については、第２の７の(3)及び(4)に準じて記載し、長期借入金については、第２の８の(2)、(3)及び(4)に準じて記載すること。

10　保証債務明細表
(1) 注記表の３の(2)の保証債務額について、その相手先及び相手先ごとの額を記載すること。
(2) 注記表の３の(2)において、相手先及び相手先ごとの額が記載されている時は記載を省略することができる。
(3) 同一の相手先について契約口数が多数ある場合には、相手先別に一括して記載することができる。

本様式…追加〔平18国交令76〕、一部改正〔平20国交令３・平20国交令84〕

様式第十八号（第四条、第十条、第十九条の四関係）

（用紙Ａ４）

貸　借　対　照　表

平成　年　月　日現在

（商号又は名称）

資　産　の　部

	千円
Ⅰ　流　動　資　産	
現金預金	××
受取手形	××
完成工事未収入金	××
有価証券	××
未成工事支出金	××
材料貯蔵品	××
その他	××
貸倒引当金	△××
流動資産合計	×××
Ⅱ　固　定　資　産	
建物・構築物	××
機械・運搬具	××
工具器具・備品	××
土地	××
建設仮勘定	××
破産債権、更生債権等	××
その他	××
固定資産合計	×××
資産合計	×××

負　債　の　部

Ⅰ　流　動　負　債	
支払手形	××
工事未払金	××
短期借入金	××
未払金	××
未成工事受入金	××
預り金	××
・・・引当金	××
その他	××
流動負債合計	×××
Ⅱ　固　定　負　債	
長期借入金	××
その他	××
固定負債合計	×××
負債合計	

純　資　産　の　部

期首資本金	××
事業主借勘定	××
事業主貸勘定	△××
事業主利益	××
純資産合計	×××
負債純資産合計	×××

注　消費税及び地方消費税に相当する額の会計処理の方法

記載要領

1　貸借対照表は、財産の状態を正確に判断することができるよう明りょうに記載すること。

2　下記以外の勘定科目の分類は、法人の勘定科目の分類によること。

期首資本金――前期末の資本合計

事業主借勘定――事業主が事業外資金から事業のために借りたもの

事業主貸勘定――事業主が営業の資金から家事費等に充当したもの

事業主利益（事業主損失）――損益計算書の事業主利益（事業主損失）

3　記載すべき金額は、千円単位をもって表示すること。

4　金額の記載に当たって有効数字がない場合においては、科目の名称の記載を要しない。

5　「流動資産」、「有形固定資産」、「無形固定資産」、「投資その他の資産」、「流動負債」、「固定負債」に属する科目の掲記が「その他」のみである場合においては、科目の記載を要しない。

6　流動資産の「その他」又は固定資産の「その他」に属する資産で、その金額が資産の総額の100分の１を超えるものについては、当該資産を明示する科目をもって記載すること。

7　記載要領６は、負債の部の記載に準用する。

8　「・・・引当金」には、完成工事補償引当金その他の当該引当金の設定科目を示す名称を付した科目をもって掲記すること。

9　注は、税抜方式及び税込方式のうち貸借対照表及び損益計算書の作成に当たって採用したものをいう。

ただし、経営状況分析申請書又は経営規模等評価申請書に添付する場合には、税抜方式を採用すること。

本様式…追加〔昭47建令１〕、全部改正〔昭50建令11・昭57建令12〕、一部改正〔平元建令３・平元建令９・平９建令４・平10建令27・平15国交令86・平16国交令１・平16国交令56〕、全部改正〔平18国交令76〕

様式第十九号（第四条、第十条、第十九条の四関係）

（用紙Ａ４）

損　益　計　算　書

自　平成　　年　　月　　日
至　平成　　年　　月　　日

（商号又は名称）

千円

Ⅰ　完成工事高		×××
Ⅱ　完成工事原価		
材料費	××	
労務費	××	
（うち労務外注費　××）		
外注費	××	
経　費	××	×××
完成工事総利益（完成工事総損失）		×××
Ⅲ　販売費及び一般管理費		
従業員給料手当	××	
退職金	××	
法定福利費	××	
福利厚生費	××	
維持修繕費	××	
事務用品費	××	
通信交通費	××	
動力用水光熱費	××	
広告宣伝費	××	
交際費	××	
寄付金	××	
地代家賃	××	
減価償却費	××	
租税公課	××	
保険料	××	
雑　費	××	×××
営業利益（営業損失）		×××
Ⅳ　営業外収益		
受取利息配当金	××	
その他	××	×××
Ⅴ　営業外費用		
支払利息	××	
その他	××	×××
事業主利益（事業主損失）		×××

注　工事進行基準による「完成工事高」

記載要領

1　損益計算書は、損益の状態を正確に判断することができるよう明りょうに記載すること。

2　「事業主利益（事業主損失）」以外の勘定科目の分類は、法人の勘定科目の分類によること。

3　記載すべき金額は、千円単位をもって表示すること。

4　金額の記載に当たって有効数字がない場合においては、科目の名称の記載を要しない。

5　建設業以外の事業（以下「兼業事業」という。）を併せて営む場合において兼業事業における売上高が総売上高の10分の1を超えるときは、兼業事業の売上高及び売上原価を建設業と区分して表示すること。

6　「雑費」に属する費用で、「販売費及び一般管理費」の総額の10分の1を超えるものについては、それぞれ当該費用を明示する科目を用いて掲記すること。

7　記載要領6は、営業外収益の「その他」に属する収益及び営業外費用の「その他」に属する費用の記載に準用する。

8　注は、工事進行基準による完成工事高が完成工事高の総額の10分の1を超える場合に記載すること。

本様式…追加〔昭47建令1〕、全部改正〔昭50建令11・昭57建令12〕、一部改正〔平元建令3・平15国交令86・平16国交令1・平16国交令17・平16国交令56〕、全部改正〔平18国交令76〕

様式第二十号（第四条関係）

（用紙Ａ４）

営　業　の　沿　革

創業以後の沿革	年　月　日	
	年　月　日	
	年　月　日	
	年　月　日	
	年　月　日	
	年　月　日	
	年　月　日	
	年　月　日	

建設業の登録及び許可の状況	年　月　日	
	年　月　日	
	年　月　日	
	年　月　日	
	年　月　日	
	年　月　日	
	年　月　日	
	年　月　日	
	年　月　日	
	年　月　日	

賞罰	年　月　日	
	年　月　日	
	年　月　日	
	年　月　日	

記載要領

1　「創業以後の沿革」の欄は、創業、商号又は名称の変更、組織の変更、合併又は分割、資本金額の変更、営業の休止、営業の再開等を記載すること。

2　「建設業の登録及び許可の状況」の欄は、建設業の最初の登録及び許可等（更新を除く。）について記載すること。

3　「賞罰」の欄は、行政処分等についても記載すること。

本様式…追加〔昭47建令１〕、一部改正〔昭50建令11・昭61建令１・平６建令33〕、全部改正〔平16国交令56・平20国交令84〕

様式第二十号の二（第四条関係）

（用紙Ａ４）

所属建設業者団体

団体の名称	所属年月日

記載要領

「団体の名称」の欄は、法第27条の37に規定する建設業者の団体の名称を記載すること。

本様式…追加〔昭47建令１〕、一部改正〔昭50建令11・平６建令28・平16国交令１〕、全部改正〔平16国交令56〕、旧21号様式…繰上〔平17国交令113〕

様式第二十号の三（第四条関係）

（用紙Ａ４）

主要取引金融機関名

政府関係金融機関	普通銀行 長期信用銀行	株式会社商工組合中央金庫 信用金庫・信用協同組合	その他の金融機関

記載要領

1　「政府関係金融機関」の欄は、独立行政法人住宅金融支援機構、株式会社日本政策金融公庫、株式会社日本政策投資銀行等について記載すること。

2　各金融機関とも、本所、本店、支所、支店、営業所、出張所等の区別まで記載すること。

（例　○○銀行○○支店）

本様式…追加〔昭47建令１〕、一部改正〔昭50建令11・平12建令46〕、全部改正〔平16国交令56〕、旧様式22号…繰上〔平17国交令113〕、一部改正〔平20国交令80〕

様式第二十一号（第七条の八関係）

（登録地すべり防止工事試験の名称）合格証明書

氏　　名

生年月日　　　　　　年　　月　　日

この者は、建設業法施行規則第七条の三第二号の表とび・土工工事業の項第四号の登録地すべり防止工事試験に合格した者であることを証します。

登録地すべり防止工事試験の

合　格　年　月　日　　　　　　　　年　　月　　日

交　付　年　月　日　　　　　　　　年　　月　　日

合格証明書番号　　　　　　　　第　　　号

（登録地すべり防止工事試験実施機関の名称）　　印

（登録番号　第　　　番）

本様式…追加〔平17国交令113〕

様式第二十二号（第七条の二十一関係）

（登録計装試験の名称）合格証明書

氏　　名

生年月日　　　　　　年　　月　　日

この者は、建設業法施行規則第七条の三第二号の表電気工事業の項第六号の登録計装試験に合格した者であることを証します。

登録計装試験の合格年月日　　　　　　　　年　　月　　日

交　付　年　月　日　　　　　　　　年　　月　　日

合格証明書番号　　　　　　　　第　　　号

（登録計装試験実施機関の名称）　　印

（登録番号　第　　　番）

本様式…追加〔平17国交令113〕

様式第二十二号の二（第八条、第九条関係）

（用紙Ａ４）

0 0 0 0 6

変　更　届　出　書

（第一面）

下記のとおり、

(1)商号又は名称　(2)営業所の名称、所在地又は業種　(3)資本金額　(4)役員の氏名　(5)個人業者の氏名
(6)支配人の氏名　(7)建設業法施行令第３条に規定する使用人

について変更があつたので届出をします。

平成　　年　　月　　日

地方整備局長
北海道開発局長
知事　殿

届出者＿＿＿＿＿＿＿＿＿＿＿＿＿＿＿＿＿＿＿＿印

許　可　番　号　［ ］　項番 3 6　大臣／知事 コード［ ］［ ］

国土交通大臣／知事 許可（般／特 －［ ］［ ］）第［ ］［ ］［ ］［ ］［ ］［ ］号

許可年月日　平成［ ］［ ］年［ ］［ ］月［ ］［ ］日

記

届出事項	変更前	変更後	変更年月日	備考

変更の内容が、次の◎【商号又は名称、代表者又は個人の氏名、主たる営業所の所在地、資本金額等の変更に関する入力事項】又は第二面の◎【営業しようとする建設業、従たる営業所の所在地の変更、新設、廃止に関する入力事項】の各欄に掲げる事項に係る場合には、該当する欄にも変更後の内容を記入すること。

◎【商号又は名称、代表者又は個人の氏名、主たる営業所の所在地、資本金額等の変更に関する入力事項】

商号又は名称のフリガナ　［ ］ 3 7　［ ］×40

商号又は名称　［ ］ 3 8　［ ］×40

代表者又は個人の氏名のフリガナ　［ ］ 3 9　［ ］×20

代表者又は個人の氏名　［ ］ 4 0　［ ］×10

主たる営業所の所在地市区町村コード　［ ］ 4 1　［ ］×5　都道府県名＿＿＿＿＿＿　市区町村名＿＿＿＿＿＿

主たる営業所の所在地　［ ］ 4 2　［ ］×40

郵便番号　［ ］ 4 3　［ ］［ ］［ ］－［ ］［ ］［ ］［ ］　電話番号［ ］×14

資本金額又は出資総額　［ ］ 4 4　［ ］［ ］［ ］,［ ］［ ］［ ］,［ ］［ ］［ ］（千円）

連絡先
所属等＿＿＿＿＿＿＿＿　氏名＿＿＿＿＿＿＿＿　電話番号＿＿＿＿＿＿＿＿
ファックス番号＿＿＿＿＿＿＿＿

（用紙Ａ４）

（第二面）

区分 項番 81 　（2．営業しようとする建設業又は従たる営業所の所在地の変更　3．従たる営業所の新設　4．従たる営業所の廃止）

大臣／知事 コード

許可番号 項番 82 　国土交通大臣／知事 許可（般／特－　）第　号　許可年月日 平成　年　月　日

◎【営業しようとする建設業、従たる営業所の所在地の変更、新設、廃止に関する入力事項】

（主たる営業所）

営業しようとする建設業 83 　土 建 大 左 と 石 屋 電 管 タ 鋼 筋 ほ しゅ 板 ガ 塗 防 内 機 絶 通 園 井 具 水 消 清　（1．一般　2．特定）

変更前

（従たる営業所）

従たる営業所の名称 84 　フリガナ

内容

従たる営業所の所在地市区町村コード 85 　都道府県名　市区町村名

従たる営業所の所在地 86

郵便番号 87 　－　電話番号

営業しようとする建設業 88 　土 建 大 左 と 石 屋 電 管 タ 鋼 筋 ほ しゅ 板 ガ 塗 防 内 機 絶 通 園 井 具 水 消 清　（1．一般　2．特定）

変更前

（従たる営業所）

従たる営業所の名称 84 　フリガナ

内容

従たる営業所の所在地市区町村コード 85 　都道府県名　市区町村名

従たる営業所の所在地 86

郵便番号 87 　－　電話番号

営業しようとする建設業 88 　土 建 大 左 と 石 屋 電 管 タ 鋼 筋 ほ しゅ 板 ガ 塗 防 内 機 絶 通 園 井 具 水 消 清　（1．一般　2．特定）

変更前

（従たる営業所）

従たる営業所の名称 84 　フリガナ

内容

従たる営業所の所在地市区町村コード 85 　都道府県名　市区町村名

従たる営業所の所在地 86

郵便番号 87 　－　電話番号

営業しようとする建設業 88 　土 建 大 左 と 石 屋 電 管 タ 鋼 筋 ほ しゅ 板 ガ 塗 防 内 機 絶 通 園 井 具 水 消 清　（1．一般　2．特定）

変更前

記載要領

1　(1)から(7)までの事項については、該当するものの番号を○で囲むこと。

2　「地方整備局長／北海道開発局長／知事」、「国土交通大臣／知事」及び「般／特」については、不要のものを消すこと。

3　「届出者」の欄は、この変更届出書により届出をしようとする者(以下「届出者」という。)の他にこの届出書を作成した者がある場合には、届出者に加え、その者の氏名も併記し、押印すること。この場合には、作成に係る委任状の写しその他の作成等に係る権限を有することを証する書面を添付すること。

4　□□□□で表示された枠(以下「カラム」という。)に記入する場合は、1カラムに1文字ずつ丁寧に、かつ、カラムからはみ出さないように記入すること。数字を記入する場合は、例えば□□12のように右詰めで、また、文字を記入する場合は、例えばA建設工業□□のように左詰めで記入すること。

5　36「許可番号」の欄の「大臣／知事コード」の欄は、現在許可を受けている行政庁について別表(一)の分類に従い、該当するコードを記入すること。

また、「許可番号」及び「許可年月日」の欄は、例えば001234又は01月01日のように、カラムに数字を記入するに当たつて空位のカラムに「0」を記入すること。

なお、現在2以上の建設業の許可を受けている場合で許可年月日が複数あるときは、そのうち最も古いものについて記入すること。

6　「変更前」及び「変更後」の欄は、届出事項について変更に係る部分を対比させて記載すること。

7　「変更年月日」の欄は、実際に変更の行われた年月日を記載すること。

8　届出の内容が、主たる営業所若しくは従たる営業所において営業しようとする建設業又は従たる営業所の名称若しくは所在地に係る変更、従たる営業所の新設若しくは廃止以外の場合には、第二面の提出を要しない。

9　37「商号又は名称のフリガナ」の欄は、カタカナで記入し、その際、濁音又は半濁音を表す文字については、例えばギ又はパのように1文字として扱うこと。

なお、株式会社等法人の種類を表す文字についてはフリガナは記入しないこと。

10　38「商号又は名称」の欄は、法人の種類を表す文字については次の表の略号を用いること。

(例　(株)A建設□
　　B建設(有)□)

種類	略号
株式会社	(株)
特例有限会社	(有)
合名会社	(名)
合資会社	(資)
合同会社	(合)
協同組合	(同)
協業組合	(業)
企業組合	(企)

11　39「代表者又は個人の氏名のフリガナ」の欄は、カタカナで姓と名の間に1カラム空けて記入し、その際、濁音又は半濁音を表す文字については、例えばギ又はパのように1文字として扱うこと。

12　40「代表者又は個人の氏名」の欄は、届出者が法人の場合はその代表者の氏名を、個人の場合はその者の氏名を、それぞれ姓と名の間に1カラム空けて記入すること。

13　41「主たる営業所の所在地市区町村コード」及び85「従たる営業所の所在地市区町村コード」の欄は、都道府県の窓口備付けのコードブック(総務省編「全国地方公共団体コード」)により、営業所の所在する市区町村の該当するコードを記入すること。

「都道府県名」及び「市区町村名」には、それぞれ営業所の所在する都道府県名及び市区町村名を記載すること。

14　42「主たる営業所の所在地」及び86「従たる営業所の所在地」の欄は、13により記入した市区町村コードによつて表される市区町村に続く町名、街区符号及び住居番号等を、「丁目」、「番」及び「号」については－(ハイフン)を用いて、例えば霞が関2－1－13□のように記入すること。

15　43及び87のうち「電話番号」の欄は、市外局番、局番及び番号をそれぞれ－(ハイフン)で区切り、例えば03－5253－8111□のように左詰めで記入すること。

16　44「資本金額／又は出資総額」の欄は、届出者が法人の場合にのみ記入し、株式会社にあつては資本金額を、それ以外の法人にあつては出資総額を記入し、届出者が個人の場合には記入しないこと。

17 「連絡先」の欄は、この申請書又は添付書類を作成した者その他この申請の内容に係る質問等に応答できる者の氏名、電話番号等を記載すること。

18 8 1「区分」の欄は、次の分類に従い、該当する数字をカラムに記入すること。

「2．営業しようとする建設業又は従たる営業所の所在地の変更」・・・既に許可を受けて営む建設業の種類を変更する場合及び従たる営業所の所在地を変更する場合

「3．従たる営業所の新設」・・・新たに従たる営業所を追加する場合

「4．従たる営業所の廃止」・・・従たる営業所を廃止する場合

なお、従たる営業所の名称を変更する場合には、「3．従たる営業所の新設」により変更後の名称で当該営業所を追加するとともに、「4．従たる営業所の廃止」により変更前の名称の当該営業所を廃止すること。

19 8 3及び8 8「営業しようとする建設業」の欄は、一般建設業の場合は「1」を、特定建設業の場合は「2」を、次の表の（　）内に示された略号のカラムに記入すること。

土木工事業（土）	鋼構造物工事業（鋼）	熱絶縁工事業（絶）
建築工事業（建）	鉄筋工事業（筋）	電気通信工事業（通）
大工工事業（大）	ほ装工事業（ほ）	造園工事業（園）
左官工事業（左）	しゆんせつ工事業（しゆ）	さく井工事業（井）
とび・土工工事業（と）	板金工事業（板）	建具工事業（具）
石工事業（石）	ガラス工事業（ガ）	水道施設工事業（水）
屋根工事業（屋）	塗装工事業（塗）	消防施設工事業（消）
電気工事業（電）	防水工事業（防）	清掃施設工事業（清）
管工事業（管）	内装仕上工事業（内）	
タイル・れんが・ブロツク工事業（タ）	機械器具設置工事業（機）	

20 届出の変更が従たる営業所の所在地、電話番号、営業しようとする建設業の変更の場合においては、8 4「従たる営業所の名称」の欄に変更のある営業所の名称を記入するとともに、「内容」欄の変更する項目に変更後の内容を記入すること。

本様式…追加〔昭62建令1〕、一部改正〔平元建令3・平9建令21・平12建令41〕、全部改正〔平16国交令56〕、一部改正〔平18国交令60〕、全部改正〔平20国交令84〕

様式第二十二号の三（第十条の二関係）

（用紙A４）

0 0 0 0 8

届　　　出　　　書

下記のとおり、（１）建設業法第７条第１号に掲げる基準を満たさなくなつた／（２）経営業務の管理責任者を削除した／（３）建設業法第７条第２号又は同法第15条第２号に掲げる基準を満たさなくなつた／（４）専任の技術者を削除した／（５）欠格要件に該当するに至つた　ので届出をします。

平成　　年　　月　　日

地方整備局長
北海道開発局長
知事　殿

届出者 ＿＿＿＿＿＿＿＿＿＿＿＿＿＿ 印

	項番	大臣／知事コード					許可年月日
許可番号	5 1	□□	国土交通大臣／知事 許可	（般／特－□□）	第□□□□□□号		平成□□年□□月□□日

記

（1）建設業法第７条第１号に掲げる基準〔経営業務の管理責任者〕を満たさなくなつた場合
（2）経営業務の管理責任者を削除した場合

元号〔平成H、昭和S、大正T、明治M〕

氏名　5 2 □□□□□□□□□□　生年月日 □ □□年□□月□□日

（3）建設業法第７条第２号又は同法第15条第２号に掲げる基準〔専任の技術者〕を満たさなくなつた場合
（4）専任の技術者を削除した場合

元号〔平成H、昭和S、大正T、明治M〕

氏名　5 3 □□□□□□□□□□　生年月日 □ □□年□□月□□日

営業所の名称 ＿＿＿＿＿＿＿＿　建設工事の種類 ＿＿＿＿＿＿＿＿

元号〔平成H、昭和S、大正T、明治M〕

氏名　5 3 □□□□□□□□□□　生年月日 □ □□年□□月□□日

営業所の名称 ＿＿＿＿＿＿＿＿　建設工事の種類 ＿＿＿＿＿＿＿＿

元号〔平成H、昭和S、大正T、明治M〕

氏名　5 3 □□□□□□□□□□　生年月日 □ □□年□□月□□日

営業所の名称 ＿＿＿＿＿＿＿＿　建設工事の種類 ＿＿＿＿＿＿＿＿

（5）建設業法第８条第１号及び第７号から第11号までに規定する欠格要件に該当するに至つた場合

具体的事由

（　　　　　　　　　　　　）

記載要領

1　この届出書は次の場合に、それぞれの場合ごとに作成すること。

(1)　法第７条第１号に掲げる基準を満たさなくなつた場合

この場合、「(1)」を○で囲むとともに、52「氏名」及び「生年月日」の欄に記入すること。

(2)　許可を受けている一部の業種を廃業したことにより、当該業種に係る経営業務の管理責任者を削除した場合

この場合、「(2)」を○で囲むとともに、52「氏名」及び「生年月日」の欄に記入すること。

(3)　法第７条第２号又は法第15条第２号に掲げる基準を満たさなくなつた場合

この場合、「(3)」を○で囲むとともに、53「氏名」及び「生年月日」、「営業所の名称」並びに「建設工事の種類」の欄に記入すること。

(4)　許可を受けている一部の業種の廃業、営業所の廃止等のため、専任の技術者を削除した場合

この場合、「(4)」を○で囲むとともに、53「氏名」及び「生年月日」、「営業所の名称」並びに「建設工事の種類」の欄に記入すること。

(5)　法第８条第１号及び第７号から第11号までに規定する欠格要件に該当するに至つた場合

この場合、「(5)」を○で囲むとともに、「具体的事由」の欄に記入すること。

2　「地方整備局長 / 北海道開発局長 / 知事」、「国土交通大臣 / 知事」及び「般 / 特」については、不要のものを消すこと。

3　「届出者」の欄は、この届出書により届出をしようとする者（以下「届出者」という。）の他にこの届出書を作成した者がある場合には、届出者に加え、その者の氏名も併記し、押印すること。この場合には、作成に係る委任状の写しその他の作成等に係る権限を有することを証する書面を添付すること。

4　□□□□で表示された枠（以下「カラム」という。）に記入する場合は、１カラムに１文字ずつ丁寧に、かつ、カラムからはみ出さないように記入すること。

5　51「許可番号」の欄の「大臣 / 知事コード」の欄は、現在許可を受けている行政庁について別表(一)の分類に従い、該当するコードを記入すること。

また、「許可番号」及び「許可年月日」の欄は、例えば001234又は01月 01 日のように、カラムに数字を記入するに当たつて空位のカラムに「０」を記入すること。

なお、現在2以上の建設業の許可を受けている場合で許可年月日が複数あるときは、そのうち最も古いものについて記入すること。

6　[5][2] 及び[5][3]「氏名」の欄は、姓と名の間に1カラム空けて、例えば [建][設][ ][太][郎][ ][ ]のように左詰めで文字をカラムに記入すること。

また、「生年月日」の欄は、「元号」のカラムに略号を記入するとともに、例えば [0][1] 月 [0][1] 日のように、カラムに数字を記入するに当たつて空位のカラムに「0」を記入すること。

7　「建設工事の種類」の欄は、届け出た技術者が専任の技術者となつていた建設業に係る建設工事について、次の表の（　）内に示された略号で記載すること。

土木一式工事（土）	鋼構造物工事（鋼）	熱絶縁工事（絶）
建築一式工事（建）	鉄筋工事（筋）	電気通信工事（通）
大工工事（大）	ほ装工事（ほ）	造園工事（園）
左官工事（左）	しゆんせつ工事（しゆ）	さく井工事（井）
とび・土工・コンクリート工事（と）	板金工事（板）	建具工事（具）
石工事（石）	ガラス工事（ガ）	水道施設工事（水）
屋根工事（屋）	塗装工事（塗）	消防施設工事（消）
電気工事（電）	防水工事（防）	清掃施設工事（清）
管工事（管）	内装仕上工事（内）	
タイル・れんが・ブロック工事（タ）	機械器具設置工事（機）	

本様式…追加〔昭62建令1〕、一部改正〔昭63建令10・平元建令3〕、全部改正〔平5建令5〕、削除〔平7建令16〕、全部改正〔平16国交令56〕、一部改正〔平20国交令84〕

様式第二十二号の四（第十条の三関係）

（用紙Ａ４）
0 0 0 0 9

廃　　業　　届

下記のとおり、建設業を廃止したので届出をします。

平成　　年　　月　　日

地方整備局長
北海道開発局長
知事　殿

届出者 ＿＿＿＿＿＿＿＿＿＿＿＿＿＿＿＿ 印

届出の区分　5 4　項番 □（1．全部の業種の廃業　2．一部の業種の廃業）

許可番号　5 5　大臣／知事コード □□　国土交通大臣／知事　許可（般／特－□□）第□□□□□□号　許可年月日　平成□□年□□月□□日

記

		土	建	大	左	と	石	屋	電	管	タ	鋼	筋	ほ	し	ゅ	板	ガ	塗	防	内	機	絶	通	園	井	具	水	消	清
廃止した建設業	5 6	□	□	□	□	□	□	□	□	□	□	□	□	□	□	□	□	□	□	□	□	□	□	□	□	□	□	□	□	□
届出時に許可を受けている建設業	5 7	□	□	□	□	□	□	□	□	□	□	□	□	□	□	□	□	□	□	□	□	□	□	□	□	□	□	□	□	□

（1．一般　2．特定）

行政庁側記入欄
整理区分　5 8　□
決裁年月日　5 9　平成□□年□□月□□日

【備考】

廃業等の年月日　平成　　年　　月　　日

廃業等の理由
（1）許可に係る建設業者が死亡したため
（2）法人が合併により消滅したため
（3）法人が破産手続開始の決定により解散したため
（4）法人が合併又は破産手続開始の決定以外の事由により解散したため
（5）許可を受けた建設業を廃止したため

記載要領

1 「地方整備局長 北海道開発局長 知事」、「国土交通大臣 知事」及び「般 特」については、不要のものを消すこと。

2 「届出者」の欄は、この廃業届により廃業等の届出をしようとする者（以下「届出者」という。）の他にこの届出書を作成した者がある場合には、届出者に加え、その者の氏名も併記し、押印すること。この場合には、作成に係る委任状の写しその他の作成等に係る権限を有することを証する書面を添付すること。

3 □□□□ で表示された枠（以下「カラム」という。）に記入する場合は、1カラムに1文字ずつ丁寧に、かつ、カラムからはみ出さないように記入すること。

4 ⑤④「届出の区分」の欄は、許可を受けている全部の業種の廃業の場合は「1」を、許可を受けている一部の業種の廃業の場合には「2」をカラムに記入すること。

5 ⑤⑤「許可番号」の欄の「大臣 知事コード」の欄は、現在許可を受けている行政庁について別表（一）の分類に従い、該当するコードを記入すること。

また、「許可番号」及び「許可年月日」の欄は、例えば ⓪⓪①②③④ 又は ⓪① 月 ⓪① 日のように、カラムに数字を記入するに当たつて空位のカラムに「0」を記入すること。

なお、現在2以上の建設業の許可を受けている場合で許可年月日が複数あるときは、そのうち最も古いものについて記入すること。

6 ⑤⑥「廃止した建設業」の欄は、この届出書により廃止を届け出る建設業が一般建設業の場合は「1」を、特定建設業の場合は「2」を、次の表の（ ）内に示された略号のカラムに記入すること。

土木工事業(土)	鋼構造物工事業(鋼)	熱絶縁工事業(絶)
建築工事業(建)	鉄筋工事業(筋)	電気通信工事業(通)
大工工事業(大)	ほ装工事業(ほ)	造園工事業(園)
左官工事業(左)	しゆんせつ工事業(しゆ)	さく井工事業(井)
とび·土工工事業(と)	板金工事業(板)	建具工事業(具)
石工事業(石)	ガラス工事業(ガ)	水道施設工事業(水)
屋根工事業(屋)	塗装工事業(塗)	消防施設工事業(消)
電気工事業(電)	防水工事業(防)	清掃施設工事業(清)
管工事業(管)	内装仕上工事業(内)	
タイル·れんが·ブロック工事業(タ)	機械器具設置工事業(機)	

7 ⑤⑦「届出時に許可を受けている建設業」の欄は、この届出書により廃止を届け出る建設業を含め、許可を受けている建設業のすべてについて、6と同じ要領で記入すること。

8 太線の枠内には記入しないこと。

9 【備考】の欄は、⑴から⑸までの廃業等の理由のうち、該当するものを○で囲むこと。

本様式…追加〔昭62建令１〕、一部改正〔平元建令３・平６建令33・平７建令16・平12建令41〕、全部改正〔平16国交令56〕、一部改正〔平17国交令21・平20国交令84〕

様式第二十三号（第十七条関係）

（用紙Ａ４）

<table>
<tr><td colspan="2">あつせん
第　　回　　調　停　調　書
仲　裁</td></tr>
<tr><td>事件の表示</td><td>平成　　年（　　）第　　号</td></tr>
<tr><td>期日</td><td>平成　　年　　月　　日　午　　時　　分</td></tr>
<tr><td>紛争処理を行つた場所</td><td></td></tr>
<tr><td>担当委員の氏名</td><td></td></tr>
<tr><td>担当指定職員の氏名</td><td></td></tr>
<tr><td>当事者、証人又は鑑定人の出欠</td><td></td></tr>
<tr><td>次回期日</td><td>平成　　年　　月　　日　午　　時　　分</td></tr>
<tr><td colspan="2">処理状況の概要</td></tr>
<tr><td colspan="2"></td></tr>
<tr><td colspan="2"></td></tr>
<tr><td colspan="2"></td></tr>
<tr><td colspan="2"></td></tr>
<tr><td colspan="2"></td></tr>
</table>

記載要領

1　この調書は、紛争処理を行つた日ごとに作成すること。

2　標題の欄中不要の文字を抹消すること。

3　「事件の表示」欄には、事件の申請の受付順に受付番号を付し、（　　）内に記入する符号は、あつせんにあつては「あ」、調停にあつては「調」、仲裁にあつては「仲」とする。職権あつせん又は職権調停の決議をした事件については、当該決議をした順に番号を付し、（　　）内に記入する符号は、職権あつせんにあつては「職あ」、職権調停にあつては「職調」とする。

4　「処理状況の概要」の記載の末尾に、担当委員及び担当指定職員が記名押印すること。

本様式…追加〔昭31建令28〕、旧様式９号…繰上〔昭36建令29〕、旧様式８号…繰下〔昭47建令１〕、一部改正〔昭50建令11・平元建令３〕、全部改正〔平６建令４〕

様式第二十四号（第十七条関係）

（用紙Ａ４）

事件の表示	平成　　年（　　）第　　号

証　　人 鑑　定　人　調　書			
期　　日	平成　　年　　月　　日　午　　時　　分		
氏　　名		年　　齢	
職　　業		住　　所	
陳　　述　　の　　要　　旨			

記載要領

1　この調書は、証人又は鑑定人が陳述を行つた日ごとに作成すること。

2　標題の欄中不要の文字を抹消すること。

3　「事件の表示」欄には、事件の申請の受付順に受付番号を付し、（　　）内に記入する符号は、あつせんにあつては「あ」、調停にあつては「調」、仲裁にあつては「仲」とする。職権あつせん又は職権調停の決議をした事件については、当該決議をした順に番号を付し、（　　）内に記入する符号は、職権あつせんにあつては「職あ」、職権調停にあつては「職調」とする。

4　「陳述の要旨」の記載の末尾に、担当指定職員が記名押印すること。

本様式…追加〔昭31建令28〕、旧様式10号…繰上〔昭36建令29〕、旧様式９号…繰下〔昭47建令１〕、一部改正〔昭50建令11・平元建令３〕、全部改正〔平６建令４〕

様式第二十五号（第十七条関係）

（用紙Ａ４）

事件の表示	平成　年（　）第　号

立入検査調書	
期日	平成　年　月　日　午　時　分
立入検査を行つた場所	
担当委員の氏名	
担当指定職員の氏名	
立入検査の目的物	
検査の概況	

記載要領

1　この調書は、立入検査を行つた日ごとに作成すること。

2「事件の表示」欄には、事件の申請の受付順に受付番号を付し、（　）内に記入する符号は、あつせんにあつては「あ」、調停にあつては「調」、仲裁にあつては「仲」とする。職権あつせん又は職権調停の決議をした事件については、当該決議をした順に番号を付し、（　）内に記入する符号は、職権あつせんにあつては「職あ」、職権調停にあつては「職調」とする。

3　「検査の概況」の記載の末尾に、担当委員及び担当指定職員が記名押印すること。

本様式…追加〔昭31建令28〕、旧様式11号…繰上〔昭36建令29〕、旧様式10号…繰下〔昭47建令１〕、一部改正〔昭50建令11・平元建令３〕、全部改正〔平６建令４〕

様式第二十五号の二（第十七条の四関係）

（表　面）

（用紙Ａ４）

<table>
<tr><td colspan="5">講　習　登　録　申　請　書</td></tr>
<tr><td rowspan="2">登録の種類</td><td rowspan="2" colspan="2">新規・更新</td><td>※登録番号</td><td></td></tr>
<tr><td>※登録年月日</td><td>年　　月　　日</td></tr>
<tr><td colspan="5">この申請書により、建設業法第26条第４項の登録を申請します。
年　　月　　日
申請者　　　　印

国土交通大臣　殿</td></tr>
<tr><td>フリガナ
氏名又は名称</td><td colspan="4"></td></tr>
<tr><td>住　　　所</td><td colspan="4">郵便番号（　　－　　）
電話番号（　　）　　－</td></tr>
<tr><td>講習業務を行う事務所の所在地</td><td colspan="4">郵便番号（　　－　　）
電話番号（　　）　　－</td></tr>
<tr><td>法人である場合の
フリガナ
代表者の氏名</td><td colspan="4"></td></tr>
<tr><td colspan="2">講習業務を開始しようとする年月日</td><td colspan="3">年　月　日</td></tr>
</table>

備考

1　※印のある欄には、記載しないこと。

2　「新規・更新」については、不要のものを消すこと。

（裏　面）

（用紙Ａ４）

講師に関する事項	
フリガナ 氏　　名	担当する予定の科目

本様式…追加〔昭63建令10〕、一部改正〔平元建令３・平６建令４〕、全部改正〔平６建令33〕、一部改正〔平９建令21・平10建令27・平12建令41〕、全部改正〔平16国交令１〕、一部改正〔平20国交令84〕

様式第二十五号の三（第十七条の六関係）

（表面）

監　理　技　術　者　講　習　修　了　証

修了証番号　第　　　号

本　籍

氏　名

（生年月日　　年　月　日）

写　真

30.00ミリメートル

24.00ミリメートル

この者は、建設業法第26条第4項の国土交通大臣の登録を受けた講習の課程を修了した者であることを証します。

修了年月日　　年　月　日

登録講習実施機関代表者　　印

（登録番号　第　　号）

53.92ミリメートル以上
54.03ミリメートル以下

85.47ミリメートル以上
85.72ミリメートル以下

（裏面）

注意事項

1　建設業法第26条第4項の規定により選任されている監理技術者は、当該選任の期間中のいずれの日においてもその日の前５年以内に行われた講習を受講していなければならない。

2　建設業法第26条第4項に規定する発注者から本証の提示を求められることがある。

3　本証は、他人に貸与し、又は譲渡してはならない。

備考

1　材質は、プラスチック又はこれと同程度以上の耐久性を有するものとすること。

2　「本籍」の欄は、本籍地の所在する都道府県名（日本の国籍を有しない者にあつては、その者が有する国籍）を記載すること。

本様式…追加〔昭63建令10〕、全部改正〔平６建令33〕、一部改正〔平12建令41〕、全部改正〔平16国交令１〕、一部改正〔平16国交令103〕

様式第二十五号の四（第十七条の二十九関係）

（用紙Ａ４）

資格者証交付申請書

平成　　年　　月　　日

国土交通大臣
指定資格者証交付機関代表者　殿

（写真）
資格者証用写真１枚を全面のり付けする。
縦3.0センチメートル
横2.4センチメートル

１．申請区分
（該当する区分に○印を付けて下さい。）

新規	追加	更新

２．既資格者証　交付番号　第□□□□□□□□□□号　有効期限　平成　年　月　日

３．申請者氏名　フリガナ（氏　名）□□□□□□□□□□□□□□□□□□□□
氏　名

４．生年月日　元　号□　□□年□□月□□日
〔１．明治　２．大正　３．昭和　４．平成〕

５．本　籍　都道府県コード□□　都・道・府・県

６．住　所　都道府県コード□□　郡市区町村名・街区符号・住居番号等□□□□□□□□□□□□□□□□□□□□□□□□□

郵便番号□□□－□□□□　電話番号□□□□□□□□□□□□□

７．所属建設業者　商号又は名称□□□□□□□□□□□□□□□□□□□□

許可番号　大臣・知事コード□□　国土交通大臣／知事　許可（般／特－□□）第□□□□□□号

電話番号□□□□□□□□□□□□□

８．監理技術者資格

⑴区分□□　番号□□□□□□□□□□□号　⑵区分□□　番号□□□□□□□□□□□号

⑶区分□□　番号□□□□□□□□□□□号　⑷区分□□　番号□□□□□□□□□□□号

⑸区分□□　番号□□□□□□□□□□□号　⑹区分□□　番号□□□□□□□□□□□号

⑺区分□□　番号□□□□□□□□□□□号　⑻区分□□　番号□□□□□□□□□□□号

⑼区分□□　番号□□□□□□□□□□□号　⑽区分□□　番号□□□□□□□□□□□号

９．受付番号□□□□□□　受付場所□□□　受付日平成□□年□□月□□日

記載要領

1　太線の枠内には記入しないこと。

2　この申請書の□□□□で表示された枠（以下「カラム」という。）に記入する場合には、１カラム１文字ずつ丁寧に、かつ、カラムからはみ出さないように記入すること。

3　「申請区分」の欄は、次の分類に従い該当する区分に○を記入すること。

「新規」…現在、資格者証の交付を受けていない者が交付を申請する場合

「追加」…既に資格者証の交付を受けている者が資格者証に記載されている監理技術者資格と異なる監理技術者資格を有することにより、記載される資格又は対応する建設業の種類を変更するために新たな資格者証の交付を申請する場合

「更新」…既に資格者証の交付を受けている者がその有効期間の更新を申請する場合

4　「既資格者証」の欄は、「申請区分」が「新規」以外である場合に、既に交付を受けている資格者証の交付番号及び有効期限を記入すること。

5　「申請者氏名」の欄における「フリガナ」のカラムには、申請者の氏名をカタカナで例えば、カスミカ゛セキ□□□のように左詰めで記入すること。その際、濁点及び半濁点は１文字として扱うこと。

6　「生年月日」の欄における「元号」のカラムには、該当するコードを記入すること。

7　「本籍」の欄は、本籍地の所在する都道府県名とその都道府県コードを記入すること。

「都道府県コード」のカラムには、別表㈢の分類に従い該当するコードを記入すること。日本国籍を有しない者にあつては、その者の有する国籍とその該当するコードを別表㈢の分類に従い記入すること。

8　「住所」の欄は、都道府県コードとそれに続く住所を記入すること。「都道府県コード」のカラムには、別表㈢の分類に従い該当するコードを記入し、また、都道府県名に続く郡市区町村名・街区符号・住居番号等については、「丁目」「番」及び「号」をそれぞれ－（ハイフン）を用いて、例えば霞が関2－1－3□□□のように左詰めで記入すること。

「電話番号」のカラムには、市外局番、局番及び番号をそれぞれ－（ハイフン）で区切り、例えば06－942－1141□□のように左詰めで記入すること。

9　「所属建設業者」の欄における「商号又は名称」のカラムには、申請者が所属する建設業者の商号又は名称を記入すること。その際、法人の種類を表す文字については下表の略号を用いて、例えば(株)A建設会社□□のように左詰めで記入すること。

（例 □㈱□甲建設□
乙建設□㈲□□）

種　類	略　号
株式会社	（株）
特例有限会社	（有）
合名会社	（名）
合資会社	（資）
合同会社	（合）
協同組合	（同）
協業組合	（業）
企業組合	（企）

「許可番号」のカラムには、所属建設業者の許可番号を記入すること。

「大臣・知事コード」のカラムには、所属建設業者が現在許可を受けている行政庁について別表㈠の分類に従い該当するコードを記入すること。

「国土交通大臣 知事」及び「般 特」のカラムについては、不要のものを消すこと。

「電話番号」のカラムには、所属建設業者の電話番号を記載要領８に従つて記入すること。

10　「監理技術者資格」の欄における「区分」のカラムには、資格者証に記載しようとする監理技術者資格について別表㈡の分類に従い該当するコードを記入すること。ただし、当該資格が法第15条第２号ロに該当することである場合には[0][5]と記入すること。

「番号」のカラムには、当該資格が法第27条第１項の規定による一級の技術検定の合格である場合には技術検定合格証明書の番号を、建築士法（昭和25年法律第202号）に基づく一級の建築士である場合には建築士登録番号を、技術士法（昭和58年法律第25号）に基づく第二次試験の合格である場合には第二次試験合格証番号を、法第15条第２号ロに該当することである場合には同号ロの指導監督的な実務の経験の基礎となる建設工事の種類に応じ下表の番号を、法第15条第２号ハに基づく国土交通大臣の認定である場合には認定番号を、それぞれ対応するカラムに例えば□□□□□□□□[1][2]のように右詰めで記入すること。

番号	建設工事の種類	番号	建設工事の種類	番号	建設工事の種類
03	大工工事	15	板金工事	24	さく井工事
04	左官工事	16	ガラス工事	25	建具工事
05	とび・土工・コンクリート工事	17	塗装工事	26	水道施設工事
06	石工事	18	防水工事	27	消防施設工事
07	屋根工事	19	内装仕上工事	28	清掃施設工事
10	タイル・れんが・ブロック工事	20	機械器具設置工事		
12	鉄筋工事	21	熱絶縁工事		
14	しゆんせつ工事	22	電気通信工事		

本様式…追加〔昭63建令10〕、一部改正〔平元建令３〕、全部改正〔平６建令33〕、一部改正〔平９建令21・平10建令27・平12建令41〕、全部改正〔平16国交令１・平16国交令103〕、一部改正〔平18国交令60・平20国交令84〕

様式第二十五号の五（第十七条の三十関係）

（表面）

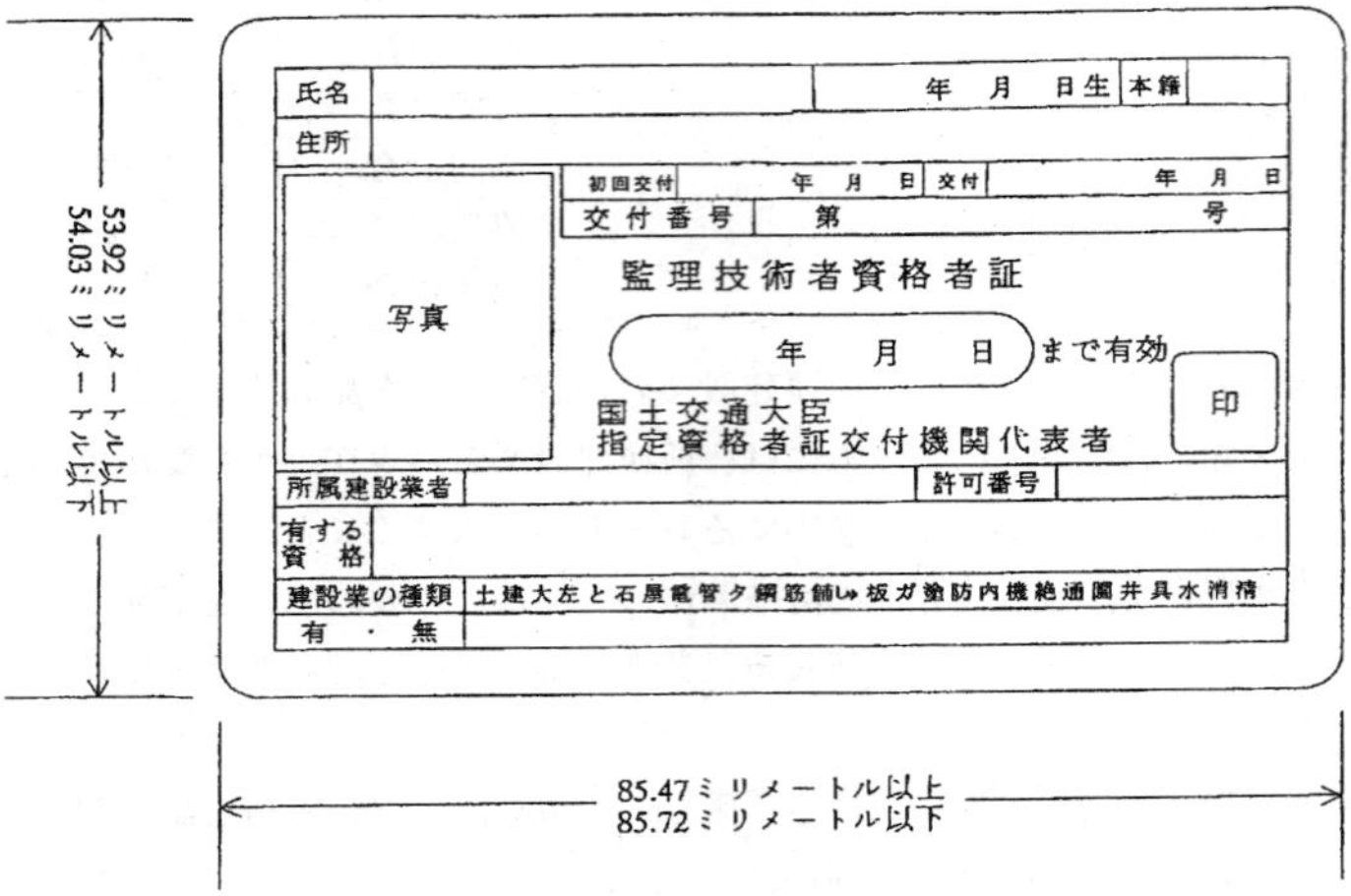

（裏面）

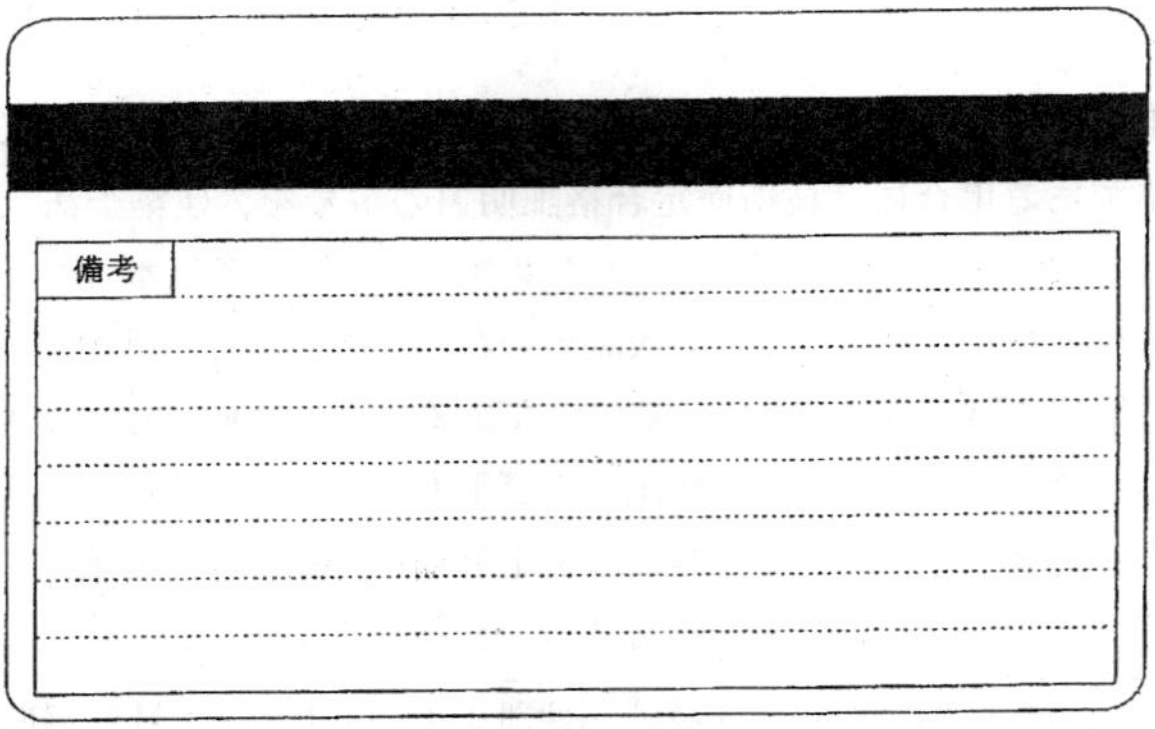

備考

1　「本籍」の欄は、本籍地の所在する都道府県名（日本の国籍を有しない者にあつては、その者が有する国籍）を記載すること。

2　裏面上部に磁気ストライプをはり付けること。

本様式…追加〔昭63建令10〕、一部改正〔平元建令３・平６建令４・平６建令33・平10建令27・平12建令41〕、全部改正〔平16国交令１〕

様式第二十五号の六（第十七条の三十一関係）

（用紙Ａ４）

資格者証変更届出書

国土交通大臣
指定資格者証交付機関代表者　殿

平成　年　月　日

下記のとおり、
(1) 氏名　(2) 本籍　(3) 住所　(4) 所属建設業者　(5) 監理技術者資格
について、変更があつたので届出をします。

1．変更届出

(1)	(2)	(3)	(4)	(5)

2．既資格者証　交付番号　第□□□□□□□□□□□号　有効期限　平成　年　月　日

3．申請者氏名
　フリガナ（氏）□□□□□□□□□□（名）□□□□□□□□□□
　氏名（氏）　（名）

4．生年月日　元号□　□□年□□月□□日
〔1．明治　2．大正　3．昭和　4．平成〕

5．本籍　都道府県コード□□　都・道・府・県

6．住所　都道府県コード□□　郡市区町村名・街区符号・住居番号等□□□□□□□□□□□□□□□□□□□□□□□□□
　郵便番号□□□—□□□□　電話番号□□□□□□□□□□□□□

7．所属建設業者
　商号又は名称□□□□□□□□□□□□□□□□□□□□
　許可番号　大臣・知事コード□□　国土交通大臣／知事許可（般／特—□□）第□□□□□□号
　電話番号□□□□□□□□□□□□□

8．監理技術者資格

(1)区分□□　番号□□□□□□□□□□□号　(2)区分□□　番号□□□□□□□□□□□号
(3)区分□□　番号□□□□□□□□□□□号　(4)区分□□　番号□□□□□□□□□□□号
(5)区分□□　番号□□□□□□□□□□□号　(6)区分□□　番号□□□□□□□□□□□号
(7)区分□□　番号□□□□□□□□□□□号　(8)区分□□　番号□□□□□□□□□□□号
(9)区分□□　番号□□□□□□□□□□□号　(10)区分□□　番号□□□□□□□□□□□号

9．受付番号□□□□□□　受付場所□□□　受付日平成□□年□□月□□日

記載要領

1　太線の枠内には記入しないこと。

2　この申請書の□□□□で表示された枠（以下「カラム」という。）に記入する場合には、1カラム1文字ずつ丁寧に、かつ、カラムからはみ出さないように記入すること。

3　「変更届出」の欄は、変更する項目の該当する区分に○を記入すること。

4　「既資格者証」の欄は、既に交付を受けている資格者証の交付番号及び有効期限を記入すること。

5　「申請者氏名」の欄は、申請者の氏名（変更があつた場合は、変更後の氏名）を記入すること。「フリガナ」のカラムには、申請者の氏名（変更があつた場合は、変更後の氏名）をカタカナで例えば、カスミカ゛セキ□□□のように左詰めで記入すること。その際、濁点及び半濁点は1文字として扱うこと。

6　「生年月日」の欄における「元号」のカラムには、該当するコードを記入すること。

7　「本籍」の欄は、本籍地の所在する都道府県名とその都道府県コード（変更があつた場合は、変更後の都道府県名とその都道府県コード）を記入すること。「都道府県コード」のカラムには、別表㈢の分類に従い該当するコードを記入すること。日本国籍を有しない者にあつては、その者の有する国籍とその該当するコードを別表㈢の分類に従い記入すること。

8　「住所」に変更があつた場合は、「住所」「郵便番号」「電話番号」のすべてのカラムに変更後の内容を記入すること。その際、「住所」のカラムには、都道府県コードとそれに続く住所を記入すること。「都道府県コード」のカラムには、別表㈢の分類に従い該当するコードを記入し、また、都道府県名に続く郡市区町村名・街区符号・住居番号等については、「丁目」「番」及び「号」をそれぞれ－（ハイフン）を用いて、例えば霞が関2－1－3□□□のように左詰めで記入すること。「電話番号」のカラムには、市外局番、局番及び番号をそれぞれ－（ハイフン）で区切り、例えば06－942－1141□□のように左詰めで記入すること。

9　所属する建設業者を変更した場合は、「所属建設業者」の欄のうち「商号又は名称」「許可番号」「電話番号」のすべてのカラムに変更後の内容を記入すること。その際、「商号又は名称」のカラムには、申請者が所属する建設業者の商号又は名称を記入し、法人の種類を表す文字については下表の略号を用いて、例えば□(株)□A建設会社□□のように左詰めで記入すること。

（例 □(株)□甲建設□

乙建設□(有)□□）

種　類	略　号
株式会社	(株)
特例有限会社	(有)
合名会社	(名)
合資会社	(資)
合同会社	(合)
協同組合	(同)
協業組合	(業)
企業組合	(企)

「許可番号」のカラムには、所属建設業者の許可番号を記入すること。

「大臣・知事コード」のカラムには、所属建設業者が現在許可を受けている行政庁について別表㈠の分類に従い該当するコードを記入すること。

「国土交通大臣 知事」及び「般 特」のカラムについては、不要のものを消すこと。

「電話番号」のカラムには、所属建設業者の電話番号を記載要領８に従つて記入すること。

10　「監理技術者資格」の欄は、既に交付を受けている資格者証に記載されている監理技術者資格を有しなくなつた場合についてのみ記入すること。その際、「区分」のカラムには、資格者証から記載を削除しようとする監理技術者資格について別表㈡の分類に従い該当するコードを記入すること。ただし、当該資格が法第15条第２号ロに該当することである場合には05と記入すること。

「番号」のカラムには、資格者証から記載を削除しようとする当該資格が法第27条第１項の規定による一級の技術検定の合格である場合には技術検定合格証明書の番号を、建築士法（昭和25年法律第202号）に基づく一級の建築士である場合には建築士登録番号を、技術士法（昭和58年法律第25号）に基づく第二次試験の合格である場合には第二次試験合格証番号を、法第15条第２号ロに該当することである場合には同号ロの指導監督的な実務の経験の基礎となる建設工事の種類に応じ下表の番号を、法第15条第２号ハに基づく国土交通大臣の認定である場合には認定番号を、それぞれ対応するカラムに例えば□□□□□□□□12のように右詰めで記入すること。

番号	建設工事の種類	番号	建設工事の種類	番号	建設工事の種類
03	大工工事	15	板金工事	24	さく井工事
04	左官工事	16	ガラス工事	25	建具工事
05	とび・土工・コンクリート工事	17	塗装工事	26	水道施設工事
06	石工事	18	防水工事	27	消防施設工事
07	屋根工事	19	内装仕上工事	28	清掃施設工事
10	タイル・れんが・ブロック工事	20	機械器具設置工事		
12	鉄筋工事	21	熱絶縁工事		
14	しゆんせつ工事	22	電気通信工事		

本様式…追加〔昭63建令10〕、一部改正〔平元建令３・平６建令16・平６建令33・平９建令21・平10建令27・平11建令37・平12建令41・平14国交令31・平14国交令106・平15国交令86・平15国交令110〕、全部改正〔平16国交令１・平16国交令103〕、一部改正〔平18国交令60・平20国交令84〕

様式第二十五号の七（第十七条の三十二関係）

（用紙A４）

資格者証再交付申請書

平成　年　月　日

国土交通大臣
指定資格者証交付機関代表者　殿

（写真）
資格者証用写真１枚を全面のり付けする。
縦3.0センチメートル
横2.4センチメートル

１．既資格者証	交付番号 第□□□□□□□□□□号	有効期限 平成　年　月　日
２．申請者氏名	フリガナ	氏 □□□□□□□□□□ 名 □□□□□□□□□□
	氏　名	
３．生年月日	元　号□　□□年□□月□□日	〔１．明治　２．大正　３．昭和　４．平成〕
４．本　籍	都道府県コード □□	都・道・府・県
５．再交付の理由	□〔１．亡失　２．滅失　３．汚損　４．破損〕	（理　由　　）

６．受付番号□□□□□□　受付場所□□□　受付日　平成□□年□□月□□日

記載要領

1　太線の枠内には記入しないこと。

2　この申請書の□□□□で表示された枠（以下「カラム」という。）に記入する場合には、１カラム１文字ずつ丁寧に、かつ、カラムからはみ出さないように記入すること。

3　「既資格者証」の欄は、既に交付を受けている資格者証の交付番号及び有効期限を記入すること。

4　「申請者氏名」の欄における「フリガナ」のカラムには、申請者の氏名をカタカナで例えば カスミカ゛セキ□□□ のように左詰めで記入すること。その際、濁点及び半濁点は１文字として扱うこと。

5　「生年月日」の欄における「元号」のカラムには該当するコードを記入すること。

6　「本籍」の欄は、本籍地の所在する都道府県名とその都道府県コードを記入すること。

「都道府県コード」のカラムには、別表㈢の分類に従い該当するコードを記入すること。日本国籍を有しない者にあつては、その者の有する国籍とその該当するコードを別表㈢の分類に従い記入すること。

7　「再交付の理由」の欄においては、再交付を申請する理由に該当するコードをカラムに記入し、具体的な理由を記すこと。

本様式…追加〔昭63建令10〕、一部改正〔平元建令３〕、全部改正〔平６建令16〕、一部改正〔平９建令21・平15国交令86〕、全部改正〔平16国交令１・平16国交令103〕

様式第二十五号の七の二（第十八条の六関係）

（登録経理試験の名称）合格証明書

氏　　名

生年月日　　　　年　　月　　日

この者は、建設業法施行規則第十八条の三第二項第二号の登録経理試験に合格した者であることを証します。

登録経理試験の合格年月日　　　　年　　月　　日

交　付　年　月　日　　　　年　　月　　日

合格証明書番号　　　　第　　　号

（登録経理試験実施機関の名称）　印

（登録番号　第　　　番）

本様式…追加〔平17国交令113〕

様式第二十五号の八（第十九条の三関係）

（用紙Ａ４）

経営状況分析申請書

建設業法第27条の24第２項の規定により、経営に関する客観的事項の審査のうち経営状況の分析の申請をします。
この申請書及び添付書類の記載事項は、事実に相違ありません。

登録経営状況分析機関代表者　　　　平成　　年　　月　　日

殿　　　申請者　　　　印

申請年月日	平成　　年　　月　　日
申請時の許可番号	大臣 知事 コード　国土交通大臣 知事 許可（般 特 許可番号 ―　）第　　号 許可年月日 平成　　年　　月　　日
前回の申請時の許可番号	大臣 知事 コード　国土交通大臣 知事 許可（般 特 許可番号 ―　）第　　号 許可年月日 平成　　年　　月　　日
審査基準日	平成　　年　　月　　日
審査対象事業年度	期間 自 平成　　年　　月　　日 ～ 至平成　　年　　月　　日 処理の区分 ①　　②
審査対象事業年度の前審査対象事業年度	期間 自 平成　　年　　月　　日 ～ 至平成　　年　　月　　日 処理の区分 ①　　②
審査対象事業年度の前々審査対象事業年度	期間 自 平成　　年　　月　　日 ～ 至平成　　年　　月　　日 処理の区分 ①　　②
法人又は個人の別	＿（1.法人　2.個人）
前回の申請の有無	＿（1.有　2.無）
単独決算又は連結決算の別	＿（1.単独決算　2.連結決算）
商号又は名称のフリガナ	
商号又は名称	
代表者又は個人の氏名のフリガナ	
代表者又は個人の氏名	
主たる営業所の所在地	
主たる営業所の電話番号	
当期減価償却実施額	.　.　.　(千円)
前期減価償却実施額	.　.　.　(千円)

（備考欄）

連絡先

所属等　　　氏名　　　電話番号　　　ファックス番号

記載要領

1　「申請者」の欄は、この申請書により経営状況分析を受けようとする建設業者（以下「申請者」という。）の他に申請書又は第19条の４第１項各号に掲げる添付書類を作成した者（財務書類を調製した者等を含む。以下同じ。）がある場合には、申請者に加え、その者の氏名も併記し、押印すること。この場合には、作成に係る委任状の写しその他の作成等に係る権限を有することを証する書面を添付すること。

2　太枠（備考欄）の枠内には記載しないこと。

3　「申請年月日」の欄は、登録経営状況分析機関に申請書を提出する年月日を記載すること。

4　「申請時の許可番号」の欄の「国土交通大臣／知事」及び「般／特」は、不要のものを消すこと。

5　「申請時の許可番号」の欄の「大臣／知事コード」は、申請時に許可を受けている行政庁について別表(1)の分類に従い、該当するコードを記入すること。

「許可番号」及び「許可年月日」は、現在２以上の建設業の許可を受けている場合で許可を受けた年月日が複数あるときは、そのうち最も古いものについて記載すること。

6　「前回の申請時の許可番号」の欄は、前回の申請時の許可番号と申請時の許可番号が異なつている場合についてのみ記載すること。

7　「審査基準日」の欄は、審査の申請をしようとする日の直前の事業年度の終了の日（別表(2)の分類のいずれかに該当する場合で直前の事業年度の終了の日以外の日を審査基準日として定めるときは、その日）を記載すること。

8　「審査対象事業年度」の欄の「至平成　　年　　月　　日」は審査基準日等を、「自平成　　年　　月　　日」は審査基準日の１年前の日の翌日等を次の表の例により記載すること。

また、「処理の区分」の①は、次の表の分類に従い、該当するコードを記入すること。

コード	処　理　の　種　類
00	12か月ごとに決算を完結した場合 （例）平成15年４月１日から平成16年３月31日までの事業年度について申請する場合 自平成15年４月１日～至平成16年３月31日
01	６か月ごとに決算を完結した場合 （例）平成15年10月１日から平成16年３月31日までの事業年度について申請する場合 自平成15年４月１日～至平成16年３月31日

02	商業登記法（昭和38年法律第125号）の規定に基づく組織変更の登記後最初の事業年度その他12か月に満たない期間で終了した事業年度について申請する場合 （例１）合名会社から株式会社への組織変更に伴い平成15年10月１日に当該組織変更の登記を行つた場合で平成16年３月31日に終了した事業年度について申請するとき 自平成15年４月１日～至平成16年３月31日 （例２）申請に係る事業年度の直前の事業年度が平成15年３月31日に終了した場合で事業年度の変更により平成19年12月31日に終了した事業年度について申請するとき 自平成15年１月１日～至平成15年12月31日
03	事業を承継しない会社の設立後最初の事業年度について申請する場合 （例）平成15年10月１日に会社を新たに設立した場合で平成16年３月31日に終了した最初の事業年度について申請するとき 自平成15年10月１日～至平成16年３月31日
04	事業を承継しない会社の設立後最初の事業年度の終了の日より前の日に申請する場合 （例）平成15年10月１日に会社を新たに設立した場合で最初の事業年度の終了の日（平成16年３月31日）より前の日（平成15年11月１日）に申請するとき 自平成15年10月１日～至平成15年10月１日

また、「処理の区分」の②は、別表⑵の分類のいずれかに該当する場合は、同表の分類に従い、該当するコードを記入すること。

9　「審査対象事業年度の前審査対象事業年度」の欄は、「審査対象事業年度」の欄の「自平成　　年　　月　　日」に記載した日の直前の審査対象事業年度の期間及び処理の区分を８の例により記載すること。

10　「審査対象事業年度の前々審査対象事業年度」の欄は、「審査対象事業年度の前審査対象事業年度」の欄の「自平成　　年　　月　　日」に記載した日の直前の審査対象事業年度の期間及び処理の区分を８の例により記載すること。

11　「前回の申請の有無」の欄は、審査対象事業年度の直前の審査対象事業年度について経営状況分析を受けた登録経営状況分析機関と同一の機関に申請をする場合は「１」を、そうでない場合は「２」を記入すること。

12　「単独決算又は連結決算の別」の欄は、申請者が会社法（平成17年法律第86号）第２条第６号の規定に基づく大会社であり、かつ、金融商品取引法（昭和23年法律第25号）第24条の規定に基づき、有価証券報告書を内閣総理大臣に提出しなければならない者である場合は「２」を、そうでない場合は「１」を記入すること。

13　「商号又は名称のフリガナ」の欄は、カタカナで記載すること。

14　「商号又は名称」の欄は、法人の種類を表す文字については次の表の略号を用いて、記載すること。

種　類	略　号
株式会社	（株）
特例有限会社	（有）
合名会社	（名）
合資会社	（資）
合同会社	（合）
協同組合	（同）
協業組合	（業）
企業組合	（企）

15　「代表者又は個人の氏名のフリガナ」の欄は、カタカナで記載すること。

16　「代表者又は個人の氏名」の欄は、申請者が法人の場合はその代表者の氏名を、個人の場合はその者の氏名を記載すること。

17　「主たる営業所の所在地」の欄は、都道府県、市区町村、町名、街区符号及び住居番号等を、「丁目」、「番」及び「号」については－（ハイフン）を用いて、記載すること。

18　「主たる営業所の電話番号」の欄は、市外局番、局番及び番号をそれぞれ－（ハイフン）で区切り、記載すること。

19　「当期減価償却実施額」の欄は、「単独決算又は連結決算の別」の欄に「１」と記入した者は、審査対象事業年度に係る減価償却実施額（未成工事支出金に係る減価償却費、販売費及び一般管理費に係る減価償却費、完成工事原価に係る減価償却費、兼業事業売上原価に係る減価償却費その他減価償却費として費用を計上した額をいう。以下同じ。）を記載すること。「２」と記入した者は、記載を要しない。

記載すべき金額は、千円未満の端数を切り捨てて表示すること。

ただし、会社法第２条第６号に規定する大会社にあつては、百万円未満の端数を切り捨てて表示することができる。この場合、単位は千円とし、百万円未満は「０」を記入すること。

20　「前期減価償却実施額」の欄は、審査対象事業年度の前審査対象事業年度に係る減価償却実施額を19の例により記載すること。

ただし、「前回の申請の有無」の欄に「１」と記入し、かつ、前回の「当期減価償却実施額」の欄の内容に変更がないものについては、記載を省略することができる。

21　「連絡先」の欄は、この申請書又は添付書類を作成した者その他この申請の内容に係る質問等に応答できる者の氏名、電話番号等を記載すること。

別表(1)

00	国土交通大臣	12	千葉県知事	24	三重県知事	36	徳島県知事
01	北海道知事	13	東京都知事	25	滋賀県知事	37	香川県知事
02	青森県知事	14	神奈川県知事	26	京都府知事	38	愛媛県知事
03	岩手県知事	15	新潟県知事	27	大阪府知事	39	高知県知事
04	宮城県知事	16	富山県知事	28	兵庫県知事	40	福岡県知事
05	秋田県知事	17	石川県知事	29	奈良県知事	41	佐賀県知事
06	山形県知事	18	福井県知事	30	和歌山県知事	42	長崎県知事
07	福島県知事	19	山梨県知事	31	鳥取県知事	43	熊本県知事
08	茨城県知事	20	長野県知事	32	島根県知事	44	大分県知事
09	栃木県知事	21	岐阜県知事	33	岡山県知事	45	宮崎県知事
10	群馬県知事	22	静岡県知事	34	広島県知事	46	鹿児島県知事
11	埼玉県知事	23	愛知県知事	35	山口県知事	47	沖縄県知事

別表(2)

コード	処理の種類
10	申請者について会社の合併が行われた場合で合併後最初の事業年度の終了の日を審査基準日として申請するとき
11	申請者について会社の合併が行われた場合で合併期日又は合併登記の日を審査基準日として申請するとき
12	申請者について建設業に係る事業の譲渡が行われた場合で譲渡後最初の事業年度の終了の日を審査基準日として申請するとき
13	申請者について建設業に係る事業の譲渡が行われた場合で譲受人である法人の設立登記日又は事業の譲渡により新たな経営実態が備わつたと認められる日を審査基準日として申請するとき
14	申請者について会社更生手続開始の申立て、民事再生手続開始の申立て又は特定調停手続開始の申立てが行われた場合で会社更生手続開始決定日、会社更生計画認可日、会社更生手続開始決定日から会社更生計画認可日までの間に決算日が到来した場合の当該決算日、民事再生手続開始決定日、民事再生手続開始決定日から民事再生計画認可日までの間に決算日が到来した場合の当該決算日又は特定調停手続開始申立日から調停条項受諾日までの間に決算日が到来した場合の当該決算日を審査基準日として申請するとき

15	申請者が、国土交通大臣の定めるところにより、外国建設業者の属する企業集団に属するものとして認定を受けて申請する場合
16	申請者が、国土交通大臣の定めるところにより、その属する企業集団を構成する建設業者の相互の機能分担が相当程度なされているものとして認定を受けて申請する場合
17	申請者が、国土交通大臣の定めるところにより、建設業者である子会社の発行済株式の全てを保有する親会社と当該子会社からなる企業集団に属するものとして認定を受けて申請する場合
18	申請者について会社分割が行われた場合で分割後最初の事業年度の終了の日を審査基準日として申請するとき
19	申請者について会社分割が行われた場合で分割期日又は分割登記の日を審査基準日として申請するとき
20	申請者について事業を承継しない会社の設立後最初の事業年度の終了の日より前の日に申請する場合
21	申請者が、国土交通大臣の定めるところにより、一定の企業集団に属する建設業者（連結子会社）として認定を受けて申請する場合

本様式…追加〔昭63建令10〕、一部改正〔平元建令３〕、一部改正・旧様式25号の10…繰上〔平６建令16〕、一部改正〔平９建令21〕、全部改正〔平11建令５〕、一部改正〔平12建令41・平15国交令86〕、全部改正〔平16国交令１〕、一部改正〔平18国交令60・平18国交令76〕、全部改正〔平20国交令３〕、一部改正〔平20国交令84〕

様式第二十五号の九（第十九条の四関係）

（用紙Ａ４）

兼業事業売上原価報告書

自平成　　年　　月　　日

至平成　　年　　月　　日

（会社名）

		千円
兼業事業売上原価		
期首商品（製品）たな卸高		×××
当期商品仕入高		×××
当期製品製造原価		×××
合計		××××
期末商品（製品）たな卸高	△	×××
兼業事業売上原価		×××
（当期製品製造原価の内訳）		
材料費		×××
労務費		×××
経費		×××
（うち　外注加工費）		（　××）
小計（当期総製造費用）		×××
期首仕掛品たな卸高		×××
計		××××
期末仕掛品たな卸高	△	×××
当期製品製造原価		×××

記載要領

1　建設業以外の事業を併せて営む場合における当該建設業以外の事業（以下「兼業事業」という。）に係る売上原価について記載すること。

2　二以上の兼業事業を営む場合はそれぞれの該当項目に合算して記載すること。

3　「（当期製品製造原価の内訳）」は、当期製品製造原価がある場合に記載すること。

4　「兼業事業売上原価」は損益計算書の兼業事業売上原価に一致すること。

5　記載すべき金額は、千円未満の端数を切り捨てて表示すること。

ただし、会社法（平成17年法律第86号）第２条第６号に規定する大会社にあつては、百万円未満の端数を切り捨てて表示することができる。この場合、「千円」とあるのは「百万円」として記載すること。

本様式…追加〔平12建令10〕、全部改正〔平15国交令110・平16国交令１〕、一部改正〔平16国交令103・平18国交令60・平18国交令76・平20国交令３〕

様式第二十五号の十（第十九条の五関係）

（用紙Ａ４）
10006

経営状況分析結果通知書

平成　年　月　日

登録経営状況分析機関
登録番号
登録年月日　平成　年　月　日

殿　登録経営状況分析機関代表者　印

経営状況分析の結果を通知します。
この経営状況分析結果通知書の記載事項は、事実に相違ありません。

注）「処理の区分」の欄は、建設業法施行規則別記様式第25号の８の記載要領の別表(2)の分類に従い、経営状況分析を行った処理の区分を表示してあります。

許可番号　－　号
審査基準日　平成　年　月　日
電話番号　－　－
処理の区分

項番		
	資本金	（千円）
7101	売上高に占める完成工事高の割合	％
7102	単独決算又は連結決算の別	〔1.単独決算、2.連結決算〕

経営状況分析	数値		数値
7103 純支払利息比率		自己資本対固定資産比率	
7104 負債回転期間		自己資本比率	
7105 総資本売上総利益率		営業キャッシュフロー	
7106 売上高経常利益率		利益剰余金	
経営状況点数（Ａ）＝			
7107 経営状況分析結果（Ｙ）＝			

	金額（千円）		金額（千円）
7108 固定資産		売上高	
7109 流動負債		売上総利益	
7110 固定負債		受取利息配当金	
7111 利益剰余金		支払利息	
7112 自己資本		経常（事業主）利益	
7113 総資本（当期）		営業キャッシュフロー（当期）	
7114 総資本（前期）		営業キャッシュフロー（前期）	

本様式…追加〔平16国交令１〕、一部改正〔平18国交令76〕、全部改正〔平20国交令３〕

様式第二十五号の十一（第十九条の七、第二十条、第二十一条の二関係）

（用紙Ａ４）
2 0 0 0 1

経営規模等評価申請書
経営規模等評価再審査申立書
総合評定値請求書

平成　　年　　月　　日

建設業法第27条の26第２項の規定により、経営規模等評価の申請をします。
建設業法第27条の28の規定により、経営規模等評価の再審査の申立をします。
建設業法第27条の29第１項の規定により、総合評定値の請求をします。

この申請書及び添付書類の記載事項は、事実に相違ありません。

地方整備局長
北海道開発局長
知事　殿

申請者＿＿＿＿＿＿＿＿＿＿＿＿＿＿＿＿＿＿＿＿印

行政庁側記入欄	項番	請求年月日　　土木事務所コード 整理番号
申請年月日	01	平成□□年□□月□□日　平成□□年□□月□□日　□□－□□□□□□
申請時の許可番号	02	大臣／知事 コード□□　国土交通大臣／知事 許可（般／特－□□）第□□□□□□号　許可年月日 平成□□年□□月□□日
前回の申請時の許可番号	03	大臣／知事 コード□□　国土交通大臣／知事 許可（般／特－□□）第□□□□□□号　許可年月日 平成□□年□□月□□日
審査基準日	04	平成□□年□□月□□日
申請等の区分	05	□
処理の区分	06	□□ □□
資本金額又は出資総額	07	□,□□□,□□□,□□□（千円）　法人又は個人の別□（1. 法人　2. 個人）
商号又は名称のフリガナ	08	□（40桁）
商号又は名称	09	□（40桁）
代表者又は個人の氏名のフリガナ	10	□（20桁）
代表者又は個人の氏名	11	□（10桁）
主たる営業所の所在地市区町村コード	12	□□□□□
主たる営業所の所在地	13	□（40桁）
郵便番号	14	□□□－□□□□　電話番号 □□□□□□□□□□□□□□
		土 建 大 左 と 石 屋 電 管 タ 鋼 筋 ほ し ゅ 板 ガ 塗 防 内 機 絶 通 園 井 具 水 消 清
許可を受けている建設業	15	□（28桁）（1. 一般　2. 特定）
経営規模等評価等対象建設業	16	□（28桁）

項番　審査対象

自己資本額	17	□,□□□,□□□,□□□ (千円)	13 □ (1.基準決算 2.2期平均)	基準決算	(千円)
				直前の審査基準日	(千円)
利益額（2期平均）	18	□,□□□,□□□,□□□ (千円)	利益額（利払前税引前償却前利益）= 営業利益+減価償却実施額		

審査対象事業年度		審査対象事業年度の前審査対象事業年度	
営業利益	(千円)	営業利益	(千円)
減価償却実施額	(千円)	減価償却実施額	(千円)

技術職員数　19　□□□,□□□ (人)

登録経営状況分析機関番号　20　□□□□□□□　　経営状況分析を受けた機関の名称

工事種類別完成工事高、工事種類別元請完成工事高については別紙一による。
技術職員名簿については別紙二による。
その他の審査項目（社会性等）については別紙三による。

経営規模等評価の再審査の申立を行う者については、次に記載すること。

審査結果の通知番号	審査結果の通知の年月日
第　　号	平成　年　月　日
再審査を求める事項	再審査を求める理由

連絡先
所属等
ファックス番号　　氏名　　電話番号

記載要領

1　「経営規模等評価申請書
　　経営規模等評価再審査申立書
　　総合評定値請求書」、
　「建設業法第27条の26第2項の規定により、経営規模等評価の申請をします。
　　建設業法第27条の28の規定により、経営規模等評価の再審査の申立をします。
　　建設業法第27条の29第1項の規定により、総合評定値請求をします。」、
　「地方整備局長
　　北海道開発局長
　　知事」、「国土交通大臣
　　知事」及び「般
　　特」については、不要のものを消すこと。

2　「申請者」の欄は、この申請書により経営規模等評価の申請、経営規模等評価の再審査の申立又は総合評定値の請求をしようとする建設業者（以下「申請者」という。）の他に申請書又は第19条の4第1項各号に掲げる添付書類を作成した者（財務書類を調製した者等を含む。以下同じ。）がある場合には、申請者に加え、その者の氏名も併記し、押印すること。この場合には、作成に係る委任状の写しその他の作成等に係る権限を有することを証する書面を添付すること。

3　太線の枠内には記入しないこと。

4　□□□□で表示された枠（以下「カラム」という。）に記入する場合は、1カラムに1文字ずつ丁寧に、かつ、カラムからはみ出さないように記入すること。数字を記入する場合は、例えば□□1 2のように右詰めで、また、文字を記入する場合は、例えば甲建設工業□□のように左詰めで記入すること。

5　0 2「申請時の許可番号」の欄の「大臣
　　知事」コードのカラムには、申請時に許可を受けている行政庁について別表(1)の分類に従い、該当するコードを記入すること。

　「許可番号」及び「許可年月日」は、例えば0 0 1 2 3 4又は0 1月0 1日のように、カラムに数字を記入するに当たつて空位のカラムに「0」を記入すること。

　なお、現在2以上の建設業の許可を受けている場合で許可を受けた年月日が複数あるときは、そのうち最も古いものについて記入すること。

6　0 3「前回の申請時の許可番号」の欄は、前回の申請時の許可番号と申請時の許可番号が異なつている場合についてのみ記入すること。

7　[0][4]「審査基準日」の欄は、審査の申請をしようとする日の直前の事業年度の終了の日（別表(2)の分類のいずれかに該当する場合で直前の事業年度の終了の日以外の日を審査基準日として定めるときは、その日）を記入し、例えば審査基準日が平成15年３月31日であれば、[1][5]年[0][3]月[3][1]日のように、カラムに数字を記入するに当たつて空位のカラムに「０」を記入すること。

8　[0][5]「申請等の区分」の欄は、次の表の分類に従い、該当するコードを記入すること。

コード	申請等の種類
1	経営規模等評価の申請及び総合評定値の請求
2	経営規模等評価の申請
3	総合評定値の請求
4	経営規模等評価の再審査の申立及び総合評定値の請求
5	経営規模等評価の再審査の申立

9　[0][6]「処理区分」の欄の左欄は、次の表の分類に従い、該当するコードを記入すること。

コード	処理の種類
00	12か月ごとに決算を完結した場合 （例）平成15年４月１日から平成16年３月31日までの事業年度について申請する場合
01	６か月ごとに決算を完結した場合 （例）平成15年10月１日から平成16年３月31日までの事業年度について申請する場合
02	商業登記法（昭和38年法律第125号）の規定に基づく組織変更の登記後最初の事業年度その他12か月に満たない期間で終了した事業年度について申請する場合 （例１）合名会社から株式会社への組織変更に伴い平成15年10月１日に当該組織変更の登記を行つた場合で平成16年３月31日に終了した事業年度について申請するとき （例２）申請に係る事業年度の直前の事業年度が平成15年３月31日

	に終了した場合で事業年度の変更により平成15年12月31日に終了した事業年度について申請するとき
03	事業を承継しない会社の設立後最初の事業年度について申請する場合 （例）平成15年10月１日に会社を新たに設立した場合で平成16年３月31日に終了した最初の事業年度について申請するとき
04	事業を承継しない会社の設立後最初の事業年度の終了の日より前の日に申請する場合 （例）平成15年10月１日に会社を新たに設立した場合で最初の事業年度の終了の日（平成16年３月31日）より前の日（平成15年11月１日）に申請するとき

また、「処理の区分」の右欄は、別表⑵の分類のいずれかに該当する場合は、同表の分類に従い、該当するコードを記入すること。

10　07「資本金額又は出資総額」の欄は、申請者が法人の場合にのみ記入し、株式会社にあつては資本金額を、それ以外の法人にあつては出資総額を記入し、申請者が個人の場合には記入しないこと。

11　08「商号又は名称のフリガナ」の欄は、カタカナで記入し、その際、濁音又は半濁音を表す文字については、例えばギ又はパのように１文字として扱うこと。なお、株式会社等法人の種類を表す文字についてはフリガナは記入しないこと。

12　09「商号又は名称」の欄は、法人の種類を表す文字については次の表の略号を用いて、記入すること。

（例□(株)□甲建設□

乙建設□(有)□□）

種　類	略　号
株式会社	（株）
特例有限会社	（有）
合名会社	（名）
合資会社	（資）
合同会社	（合）
協同組合	（同）
協業組合	（業）
企業組合	（企）

13　10「代表者又は個人の氏名のフリガナ」の欄は、カタカナで姓と名の間に１カラム空けて記入し、その際、濁音又は半濁音を表す文字については、例えばギ又はパのように１文字として扱うこと。

14　11「代表者又は個人の氏名」の欄は、申請者が法人の場合はその代表者の氏名を、個人の場合はその者の氏名を、それぞれ姓と名の間に1カラム空けて記入すること。

15　12「主たる営業所の所在地市区町村コード」の欄は、都道府県の窓口備付けのコードブック（総務省編「全国地方公共団体コード」）により、主たる営業所の所在する市区町村の該当するコードを記入すること。

16　13「主たる営業所の所在地」の欄には、15により記入した市区町村コードによつて表される市区町村に続く町名、街区符号及び住居番号等を、「丁目」、「番」及び「号」についてはー（ハイフン）を用いて、例えば霞が関2－1－13□のように記入すること。

17　14「電話番号」の欄は、市外局番、局番及び番号をそれぞれー（ハイフン）で区切り、例えば03－5253－8111□のように記入すること。

18　15「許可を受けている建設業」の欄は、申請時に許可を受けている建設業が一般建設業の場合は「１」を、特定建設業の場合は「２」を次の表の（　）内に示された略号のカラムに記入すること。

土木工事業(土)	鋼構造物工事業(鋼)	熱絶縁工事業(絶)
建築工事業(建)	鉄筋工事業(筋)	電気通信工事業(通)
大工工事業(大)	ほ装工事業(ほ)	造園工事業(園)
左官工事業(左)	しゆんせつ工事業(しゆ)	さく井工事業(井)
とび・土工工事業(と)	板金工事業(板)	建具工事業(具)
石工事業(石)	ガラス工事業(ガ)	水道施設工事業(水)
屋根工事業(屋)	塗装工事業(塗)	消防施設工事業(消)
電気工事業(電)	防水工事業(防)	清掃施設工事業(清)
管工事業(管)	内装仕上工事業(内)	
タイル・れんが・ブロック工事業(タ)	機械器具設置工事業(機)	

19　16「経営規模等評価等対象建設業」の欄は、経営規模等評価等を申請する建設業（総合評定値の請求のみを行う場合にあつては、経営規模等評価の結果の通知を受けた建設業）について18の表の（　）内に示された略号のカラムに「９」と記入すること。

20　17「自己資本額」の欄は、審査基準日の決算（以下「基準決算」という。）における自己資本の額又は基準決算及び前回の申請時における審査基準日（以下「直前の審査基準日」という。）の決算における自己資本の額の平均の額（以下

「平均自己資本額」という。）を記入し、「審査対象」のカラムに「１」又は「２」を記入すること。また、平均自己資本額を記入した場合は、表内のカラムに基準決算における自己資本の額及び直前の審査基準日の決算における自己資本の額をそれぞれ記入すること。

記入すべき金額は、千円未満の端数を切り捨てて表示すること。

ただし、会社法（平成17年法律第86号）第２条第６号に規定する大会社にあつては、百万円未満の端数を切り捨てて表示することができる。ただし、「自己資本額」の欄に平均自己資本額を記入するときは、平均自己資本額を計算する際に生じる百万円未満の端数については切り捨てずにそのまま記入すること。カラムに数字を記入するに当たつては、単位は千円とし、例えば□,□□1,234,000のように百万円未満の単位に該当するカラムに「０」を記入すること。

21　18「利益額（２期平均）」の欄は、審査対象事業年度における利益額及び審査対象事業年度の前審査対象事業年度の利益額の平均の額を記入すること。また、表内のカラムに審査対象事業年度及び審査対象事業年度の前審査対象事業年度における営業利益の額及び減価償却実施額をそれぞれ記入すること。

記入すべき金額は、千円未満の端数を切り捨てて表示すること。

ただし、会社法第２条第６号に規定する大会社にあつては、百万円未満の端数を切り捨てて表示することができる。ただし、「利益額（２期平均）」を計算する際に生じる百万円未満の端数については切り捨てずにそのまま記入すること。

22　19「技術職員数」の欄は、別紙二で記入した技術職員の人数の合計を記入すること。

23　20「登録経営状況分析機関番号」の欄は、経営状況分析を受けた登録経営状況分析機関の登録番号を記入し、例えば000001のように、カラムに数字を記入するに当たつて空位のカラムに「０」を記入すること。

24　「連絡先」の欄は、この申請書又は添付書類を作成した者その他この申請の内容に係る質問等に応答できる者の氏名、電話番号等を記載すること。

別表(1)

00	国土交通大臣	12	千葉県知事	24	三重県知事	36	徳島県知事
01	北海道知事	13	東京都知事	25	滋賀県知事	37	香川県知事
02	青森県知事	14	神奈川県知事	26	京都府知事	38	愛媛県知事
03	岩手県知事	15	新潟県知事	27	大阪府知事	39	高知県知事
04	宮城県知事	16	富山県知事	28	兵庫県知事	40	福岡県知事
05	秋田県知事	17	石川県知事	29	奈良県知事	41	佐賀県知事
06	山形県知事	18	福井県知事	30	和歌山県知事	42	長崎県知事
07	福島県知事	19	山梨県知事	31	鳥取県知事	43	熊本県知事
08	茨城県知事	20	長野県知事	32	島根県知事	44	大分県知事
09	栃木県知事	21	岐阜県知事	33	岡山県知事	45	宮崎県知事
10	群馬県知事	22	静岡県知事	34	広島県知事	46	鹿児島県知事
11	埼玉県知事	23	愛知県知事	35	山口県知事	47	沖縄県知事

別表(2)

コード	処　理　の　種　類
10	申請者について会社の合併が行われた場合で合併後最初の事業年度の終了の日を審査基準日として申請するとき
11	申請者について会社の合併が行われた場合で合併期日又は合併登記の日を審査基準日として申請するとき
12	申請者について建設業に係る事業の譲渡が行われた場合で譲渡後最初の事業年度の終了の日を審査基準日として申請するとき
13	申請者について建設業に係る事業の譲渡が行われた場合で譲受人である法人の設立登記日又は事業の譲渡により新たな経営実態が備わつたと認められる日を審査基準日として申請するとき
14	申請者について会社更生手続開始の申立て、民事再生手続開始の申立て又は特定調停手続開始の申立てが行われた場合で会社更生手続開始決定日、会社更生計画認可日、会社更生手続開始決定日から会社更生計画認可日までの間に決算日が到来した場合の当該決算日、民事再生手続開始決定日、民事再生手続開始決定日から民事再生計画認可日までの間に決算日が到来した場合の当該決算日又は特定調停手続開始申立日から調停条項受諾日までの間に決算日が到来した場合の当該決算日を審査基準日として申請するとき
15	申請者が、国土交通大臣の定めるところにより、外国建設業者の属する企業集団に属するものとして認定を受けて申請する場合
16	申請者が、国土交通大臣の定めるところにより、その属する企業集団を構成する建設業者の相互の機能分担が相当程度なされているものとして認定を受けて申請する場合
17	申請者が、国土交通大臣の定めるところにより、建設業者である子会社の発行済株式の全てを保有する親会社と当該子会社からなる企業集団に属するものとして認定を受けて申請する場合
18	申請者について会社分割が行われた場合で分割後最初の事業年度の終了の日を審査基準日として申請するとき
19	申請者について会社分割が行われた場合で分割期日又は分割登記の日を審査基準日として申請するとき
20	申請者について事業を承継しない会社の設立後最初の事業年度の終了の日より前の日に申請する場合
21	申請者が、国土交通大臣の定めるところにより、一定の企業集団に属する建設業者（連結子会社）として認定を受けて申請する場合

別紙一

（用紙Ａ４）

2 0 0 0 2

工事種類別完成工事高
工事種類別元請完成工事高

項番	審査対象事業年度の前審査対象事業年度又は前審査対象事業年度及び前々審査対象事業年度	審査対象事業年度	計算基準の区分
3 1	自 年 月 至 年 月	自 年 月 至 年 月	（1. 2年平均 2. 3年平均）
	審査対象事業年度の前審査対象事業年度　年　月～　年　月 審査対象事業年度の前々審査対象事業年度　年　月～　年　月		

業種コード	完成工事高（千円）	元請完成工事高（千円）	完成工事高（千円）	元請完成工事高（千円）
3 2				
工事の種類 工事	完成工事高計算表 審査対象事業年度の前審査対象事業年度 審査対象事業年度の前々審査対象事業年度	元請完成工事高計算表 審査対象事業年度の前審査対象事業年度 審査対象事業年度の前々審査対象事業年度		
3 2				
工事の種類 工事	完成工事高計算表 審査対象事業年度の前審査対象事業年度 審査対象事業年度の前々審査対象事業年度	元請完成工事高計算表 審査対象事業年度の前審査対象事業年度 審査対象事業年度の前々審査対象事業年度		
3 2				
工事の種類 工事	完成工事高計算表 審査対象事業年度の前審査対象事業年度 審査対象事業年度の前々審査対象事業年度	元請完成工事高計算表 審査対象事業年度の前審査対象事業年度 審査対象事業年度の前々審査対象事業年度		
3 2				
工事の種類 工事	完成工事高計算表 審査対象事業年度の前審査対象事業年度 審査対象事業年度の前々審査対象事業年度	元請完成工事高計算表 審査対象事業年度の前審査対象事業年度 審査対象事業年度の前々審査対象事業年度		
3 3 その他				
工事の種類 その他　工事	完成工事高計算表 審査対象事業年度の前審査対象事業年度 審査対象事業年度の前々審査対象事業年度	元請完成工事高計算表 審査対象事業年度の前審査対象事業年度 審査対象事業年度の前々審査対象事業年度		
3 4 合計				

契約後ＶＥに係る完成工事高の評価の特例　（ 1. 有　2. 無 ）

記載要領

1　□□□□で表示された枠（以下「カラム」という。）に記入する場合は、１カラムに１文字ずつ丁寧に、かつ、カラムからはみ出さないように数字を記入すること。例えば□□①②のように右詰めで記入すること。

2　③①「審査対象事業年度」の欄は、次の例により記入すること。

⑴　12か月ごとに決算を完結した場合

（例）平成15年４月１日から平成16年３月31日までの事業年度について申請する場合

自平成15年04月～至平成16年03月

⑵　６か月ごとに決算を完結した場合

（例）平成15年10月１日から平成16年３月31日までの事業年度について申請する場合

自平成15年04月～至平成16年03月

⑶　商業登記法（昭和38年法律第125号）の規定に基づく組織変更の登記後最初の事業年度その他12か月に満たない期間で終了した事業年度について申請する場合

（例１）合名会社から株式会社への組織変更に伴い平成15年10月１日に当該組織変更の登記を行った場合で平成16年３月31日に終了した事業年度について申請するとき

自平成15年04月～至平成16年03月

（例２）申請に係る事業年度の直前の事業年度が平成15年３月31日に終了した場合で事業年度の変更により平成15年12月31日に終了した事業年度について申請するとき

自平成15年01月～至平成15年12月

⑷　事業を承継しない会社の設立後最初の事業年度について申請する場合

（例）平成15年10月１日に会社を新たに設立した場合で平成16年３月31日に終了した最初の事業年度について申請するとき

自平成15年10月～至平成16年03月

⑸　事業を承継しない会社の設立後最初の事業年度の終了の日より前の日に申請する場合

（例）平成15年10月１日に会社を新たに設立した場合で最初の事業年度の終了

の日（平成16年３月31日）より前の日（平成15年11月１日）に申請するとき

自平成15年10月～至平成00年00月

3　③①「審査対象事業年度の前審査対象事業年度又は前審査対象事業年度及び前々審査対象事業年度」の欄は、「審査対象事業年度」の欄に記入した期間の直前の審査対象事業年度の期間を２の例により記入すること。

ただし、審査対象事業年度及び審査対象事業年度の直前２年の審査対象事業年度の完成工事高及び元請完成工事高について申請する場合にあつては、直前２年の各審査対象事業年度の期間を２の例により記入し、下欄に直前２年の各審査対象事業年度の期間をそれぞれ記入すること。

4　③②「業種コード」の欄は、次のコード表により該当する工事の種類に応じ、該当するコードをカラムに記入すること。

なお、「土木一式工事」について記入した場合においてはその次の「業種コード」の欄は「プレストレストコンクリート工事」のコード「011」を記入し、「完成工事高」の欄には「土木一式工事」の完成工事高のうち「プレストレストコンクリート工事」に係るものを記入することとし、当該工事に係る実績がない場合においてはカラムに「０」を記入すること。また、「元請完成工事高」の欄には「土木一式工事」の元請完成工事高のうち「プレストレストコンクリート工事」に係るものを記入することとし、当該工事に係る実績がない場合においてはカラムに「０」を記入すること。同様に、「とび・土工・コンクリート工事」に記入した場合においては「業種コード」の欄に「法面処理工事」のコード「051」を記入し、「鋼構造物工事」に記入した場合においては「業種コード」の欄に「鋼橋上部工事」のコード「111」を記入し、それぞれの工事に係る完成工事高及び元請完成工事高を記入すること。

「完成工事高」の欄は、③①で記入した各審査対象事業年度ごとに完成工事高を記入すること。また、「元請完成工事高」の欄においても同様に、各審査対象事業年度ごとに元請完成工事高を記入すること。

ただし、審査対象事業年度及び審査対象事業年度の直前２年の審査対象事業年度について申請する場合にあつては、完成工事高においては審査対象事業年度の直前２年の各審査対象事業年度の完成工事高の合計を２で除した数値を記入し、「完成工事高計算表」に直前２年の審査対象事業年度ごとに完成工事高を記載すること。同様に、元請完成工事高においても審査対象事業年度の直前２年の各審査対象事業年度の元請完成工事高の合計を２で除した数値を記入し、「元請完成工事高計算表」に直前２年の審査対象事業年度ごとに元請完成工事高を記載すること。

コード	工事の種類	コード	工事の種類	コード	工事の種類
010	土木一式工事	100	タイル・れんが・ブロック工事	200	機械器具設置工事
011	プレストレストコンクリート工事	110	鋼構造物工事	210	熱絶縁工事
020	建築一式工事	111	鋼橋上部工事	220	電気通信工事
030	大工工事	120	鉄筋工事	230	造園工事
040	左官工事	130	ほ装工事	240	さく井工事
050	とび・土工・コンクリート工事	140	しゆんせつ工事	250	建具工事
051	法面処理工事	150	板金工事	260	水道施設工事
060	石工事	160	ガラス工事	270	消防施設工事
070	屋根工事	170	塗装工事	280	清掃施設工事
080	電気工事	180	防水工事		
090	管工事	190	内装仕上工事		

5　33「その他工事」の欄は、審査対象建設業以外の建設業に係る建設工事の完成工事高及び元請完成工事高をそれぞれ記入すること。

6　34「合計」の欄は、完成工事高においては、32及び33に記入した完成工事高の合計を記入すること。同様に、元請完成工事高においては、元請完成工事高の合計を記入すること。

7　この表は審査対象建設業に係る４のコード表中の工事の種類４つごとに作成すること。この場合、「その他工事」及び「合計」は最後の用紙のみに記入すること。また、用紙ごとに、契約後ＶＥ（施工段階で施工方法等の技術提案を受け付ける方式をいう。以下同じ。）に係る工事の完成工事高について、契約後ＶＥによる縮減変更前の契約額で評価をする特例の利用の有無について記入すること。

8　記入すべき金額は、千円未満の端数を切り捨てて表示すること。

ただし、会社法（平成17年法律第86号）第２条第６号に規定する大会社にあつては、百万円未満の端数を切り捨てて表示することができる。この場合、カラムに数字を記入するに当たつては、例えば□,□□1,234,000のように、百万円未満の単位に該当するカラムに「０」を記入すること。

別紙二

（用紙Ａ４）

2 0 0 0 5

技　術　職　員　名　簿

頁　　　項番 数 6 1　　□□□ 頁

通番	氏　　名	生年月日		業種コード	有資格区分コード	講習受講	業種コード	有資格区分コード	講習受講	監理技術者資格者証交付番号
1			6 2							
2			6 2							
3			6 2							
4			6 2							
5			6 2							
6			6 2							
7			6 2							
8			6 2							
9			6 2							
10			6 2							
11			6 2							
12			6 2							
13			6 2							
14			6 2							
15			6 2							
16			6 2							
17			6 2							
18			6 2							
19			6 2							
20			6 2							
21			6 2							
22			6 2							
23			6 2							
24			6 2							
25			6 2							
26			6 2							
27			6 2							
28			6 2							
29			6 2							
30			6 2							

記載要領

1　この名簿は、04「審査基準日」に記入した日（以下「審査基準日」という。）において在籍する技術職員（第18条の3第2項第1号又は第2号に該当する者。以下同じ。）に該当する者全員について作成すること。なお、一人の技術職員につき技術職員として申請できる建設業の種類の数は2までとする。

2　□□□□で表示された枠（以下「カラム」という。）に記入する場合は、1カラムに1文字ずつ丁寧に、かつ、カラムからはみ出さないように数字を記入すること。例えば□□12のように右詰めで記入すること。

3　61「頁数」の欄は、頁番号を記入すること。例えば技術職員名簿の枚数が3枚目であれば003、12枚目であれば012のように、カラムに数字を記入するに当たつて空位のカラムに「0」を記入すること。

4　「業種コード」の欄は、経営規模等評価等対象建設業のうち、技術職員の数の算出において対象とする建設業の種類を次の表から2つ以内で選び該当するコードを記入すること。

コード	建設業の種類	コード	建設業の種類	コード	建設業の種類
01	土木工事業	11	鋼構造物工事業	21	熱絶縁工事業
02	建築工事業	12	鉄筋工事業	22	電気通信工事業
03	大工工事業	13	ほ装工事業	23	造園工事業
04	左官工事業	14	しゆんせつ工事業	24	さく井工事業
05	とび・土工工事業	15	板金工事業	25	建具工事業
06	石工事業	16	ガラス工事業	26	水道施設工事業
07	屋根工事業	17	塗装工事業	27	消防施設工事業
08	電気工事業	18	防水工事業	28	清掃施設工事業
09	管工事業	19	内装仕上工事業		
10	タイル・れんが・ブロック工事業	20	機械器具設置工事業		

5　「有資格区分コード」の欄は、技術職員が保有する資格のうち、「業種コード」の欄で記入したコードに対応する建設業の種類に係るものについて別表㈣及び別表㈤の分類に従い、該当するコードを記入すること。

6　「講習受講」の欄は、法第15条第2号イに該当する者が、法第27条の18第1項の規定により監理技術者資格者証の交付を受けている場合であつて、法第26条の4から第26条の6までの規定により国土交通大臣の登録を受けた講習を受講した場合は「1」を、その他の場合は「2」を記入すること。

7　「監理技術者資格者証交付番号」の欄は、法第27条の18第1項の規定により監理技術者資格者証の交付を受けている者についてその交付番号を記載すること。

別紙三

（用紙Ａ４）
2 0 0 0 4

その他の審査項目（社会性等）

労働福祉の状況

	項番		
雇用保険加入の有無	41	□	〔1. 有、2. 無、3. 適用除外〕
健康保険及び厚生年金保険加入の有無	42	□	〔1. 有、2. 無、3. 適用除外〕
建設業退職金共済制度加入の有無	43	□	〔1. 有、2. 無〕
退職一時金制度若しくは企業年金制度導入の有無	44	□	〔1. 有、2. 無〕
法定外労働災害補償制度加入の有無	45	□	〔1. 有、2. 無〕

建設業の営業年数

営業年数　46　□□□（年）

初めて許可（登録）を受けた年月日	休業等期間	備考（組織変更等）
昭和 平成　年　月　日	年　か月	

防災活動への貢献の状況

防災協定の締結の有無　47　□　〔1. 有、2. 無〕

法令遵守の状況

営業停止処分の有無　48　□　〔1. 有、2. 無〕

指示処分の有無　49　□　〔1. 有、2. 無〕

建設業の経理の状況

監査の受審状況　50　□　〔1. 会計監査人の設置、2. 会計参与の設置、3. 経理処理の適正を確認した旨の書類の提出、4. 無〕

公認会計士等の数　51　□.□□□（人）

二級登録経理試験合格者の数　52　□.□□□（人）

研究開発の状況

研究開発費（2期平均）　53　□.□□□.□□□.□□□（千円）

審査対象事業年度	審査対象事業年度の前審査対象事業年度
□□□□□□□□□□（千円）	□□□□□□□□□□（千円）

記載要領

1　□□□□で表示された枠（以下「カラム」という。）に記入する場合は、１カラムに１文字ずつ丁寧に、かつ、カラムからはみ出さないように数字を記入すること。例えば□□[1][2]のように右詰めで記入すること。

2　[4][1]「雇用保険加入の有無」の欄は、その雇用する労働者が雇用保険の被保険者となつたことについての資格取得届を公共職業安定所の長に提出している場合は「１」を、提出していない場合は「２」を、従業員が１人もいないため雇用保険の適用が除外される場合は「３」を記入すること。

3　[4][2]「健康保険及び厚生年金保険加入の有無」の欄は、従業員が健康保険及び厚生年金保険の被保険者の資格を取得したことについての社会保険事務所長（健康保険にあつては、健康保険組合を含む。）に対する届出を行つている場合は「１」を、行つていない場合は「２」を、個人事業者で、かつ、従業員が４人以下であるため健康保険及び厚生年金保険の適用が除外される場合は「３」を記入すること。

4　[4][3]「建設業退職金共済制度加入の有無」の欄は、審査基準日において、勤労者退職金共済機構との間で、特定業種退職金共済契約を締結している場合は「１」を、締結していない場合は「２」を記入すること。

5　[4][4]「退職一時金制度もしくは企業年金制度導入の有無」の欄は、審査基準日において、次のいずれかに該当する場合は「１」を、いずれにも該当しない場合は「２」を記入すること。

⑴　労働協約若しくは就業規則に退職手当の定めがあること又は退職手当に関する事項についての規則が定められていること。

⑵　勤労者退職金共済機構との間で特定業種退職金共済契約以外の退職金共済契約が締結されていること。

⑶　所得税法施行令（昭和40年政令第96号）に規定する特定退職金共済団体との間で退職金共済についての契約が締結されていること。

⑷　厚生年金基金が設立されていること。

⑸　法人税法（昭和40年法律第34号）に規定する適格退職年金の契約が締結されていること。

⑹　確定給付企業年金法（平成13年法律第50号）に規定する確定給付企業年金が導入されていること。

⑺　確定拠出年金法（平成13年法律第88号）に規定する企業型年金が導入されていること。

6　[4][5]「法定外労働災害補償制度加入の有無」の欄は、審査基準日において、㈶

建設業福祉共済団、㈳建設業労災互助会、全国中小企業共済協同組合連合会又は保険会社との間で、労働者災害補償保険法（昭和22年法律第50号）に基づく保険給付の基因となつた業務災害及び通勤災害（下請負人に係るものを含む。）に関する給付についての契約を、締結している場合は「１」を、締結していない場合は「２」を記入すること。

7　④⑥「営業年数」の欄は、審査基準日までの建設業の営業年数（建設業の許可又は登録を受けて営業を行つていた年数をいい、休業等の期間を除く。）を記入し、表内の年号については不要のものを消すこと。

8　④⑦「防災協定の締結の有無」の欄は、審査基準日において、国、特殊法人等（公共工事の入札及び契約の適正化の促進に関する法律（平成12年法律第127号）第２条第１項に規定する特殊法人等）又は地方公共団体との間で、防災活動に関する協定を締結している場合は「１」を、締結していない場合は「２」を記入すること。

9　④⑧「営業停止処分の有無」の欄は、審査対象年において、法第28条の規定による営業の停止を受けたことがある場合は「１」を、受けたことがない場合は「２」を記入すること。

10　④⑨「指示処分の有無」の欄は、審査対象年において、法第28条の規定による指示を受けたことがある場合は「１」を、受けたことがない場合は「２」を記入すること。

11　⑤⓪「監査の受審状況」の欄は、審査基準日において、会計監査人の設置を行つている場合は「１」を、会計参与の設置を行つている場合は「２」を、公認会計士、会計士補及び税理士並びにこれらとなる資格を有する者並びに一級登録経理試験の合格者が経理処理の適正を確認した旨の書類に自らの署名を付したものを提出している場合は「３」を、いずれにも該当しない場合は「４」を記入すること。

12　⑤①「公認会計士等の数」及び⑤②「二級登録経理試験合格者の数」の欄のうち、公認会計士等の数については、公認会計士、会計士補及び税理士並びにこれらとなる資格を有する者並びに一級登録経理試験の合格者の人数の合計を記入すること。

13　⑤③「研究開発費（２期平均)」の欄は、審査対象事業年度及び審査対象事業年度の前審査対象事業年度における研究開発費の額の平均の額を記入すること。ただし、会計監査人設置会社以外の建設業者はカラムに「０」を記入すること。また、表内のカラムに審査対象事業年度及び審査対象事業年度の前審査対象事業年度における研究開発費の額を記入すること。

記入すべき金額は、千円未満の端数を切り捨てて表示すること。

ただし、会社法（平成17年法律第86号）第２条第６号に規定する大会社にあつては、百万円未満の端数を切り捨てて表示することができる。ただし、研究開発費（２期平均）を計算する際に生じる百万円未満の端数については切り捨てずにそのまま記入すること。

本様式…追加〔平16国交令１〕、一部改正〔平17国交令113・平18国交令60・平18国交令76〕、全部改正〔平20国交令３〕、一部改正〔平20国交令84〕

様式第二十五号の十二（第十九条の九、第二十一条の四関係）

（用紙Ａ４）

経営規模等評価結果通知書
総合評定値通知書

許可　　　号
審査基準日　平成　年　月　日

殿

電話番号
市区町村コード
資本金額
完成工事高／売上高（％）
行政庁記入欄

〔金額単位：千円〕

許可区分	建設工事の種類	総合評定値（P）	完成工事高		元請完成工事高及び技術職員数						
			年平均	評点（X1）	元請完成工事高	技術職員数					評点（Z）
					年平均	一級	（講習受講）	基幹	二級	その他	
	010 土木一式										
	011 プレストレストコンクリート										
	020 建築一式										
	030 大工										
	040 左官										
	050 とび・土工・コンクリート										
	051 法面処理										
	060 石										
	070 屋根										
	080 電気										
	090 管										
	100 タイル・れんが・ブロック										
	110 鋼構造物										
	111 鋼橋上部										
	120 鉄筋										
	130 ほ装										
	140 しゆんせつ										
	150 板金										
	160 ガラス										
	170 塗装										
	180 防水										
	190 内装仕上										
	200 機械器具設置										
	210 熱絶縁										
	220 電気通信										
	230 造園										
	240 さく井										
	250 建具										
	260 水道施設										
	270 消防施設										
	280 清掃施設										
	その他										
	合計										

自己資本額及び利益額	数値	点数
自己資本額		
利益額		
評点（X2）		

その他の審査項目（社会性等）	数値等	点数
雇用保険加入の有無		
健康保険及び厚生年金保険加入の有無		
建設業退職金共済制度加入の有無		
退職一時金制度若しくは企業年金制度導入の有無		
法定外労働災害補償制度加入の有無		
労働福祉の状況		
営業年数	年	
建設業の営業年数		
防災協定の締結の有無		
防災活動への貢献の状況		
営業停止処分の有無		
指示処分の有無		
法令遵守の状況		
監査の受審状況		
公認会計士等の数		
二級登録経理試験合格者の数		
建設業の経理の状況		
研究開発費		
研究開発の状況		
評点（W）		

経営規模等評価の結果
総合評定値
を通知します。

平成　年　月　日

印

（参考）

経営状況	決算	経営状況	決算
純支払利息比率		自己資本対固定資産比率	
負債回転期間		自己資本比率	
総資本売上総利益率		営業キャッシュフロー	
売上高経常利益率		利益剰余金	
		評点（Y）	

科目	決算	科目	決算
固定資産		売上高	
流動負債		売上総利益	
固定負債		受取利息配当金	
利益剰余金		支払利息	
自己資本		経常利益	
総資本（当期）		営業ｷｬｯｼｭﾌﾛｰ（当期）	
総資本（前期）		営業ｷｬｯｼｭﾌﾛｰ（前期）	

本様式…追加〔平16国交令１〕、全部改正〔平17国交令113〕、一部改正〔平18国交令60〕、全部改正〔平20国交令３〕

様式第二十五号の十三（第二十一条の五関係）

（用紙Ａ４）

<table>
<tr><td colspan="4">登録経営状況分析機関登録申請書</td></tr>
<tr><td rowspan="2">登録の種類</td><td rowspan="2">新 規 ・ 更 新</td><td>※登録番号</td><td></td></tr>
<tr><td>※登録年月日</td><td>年　月　日</td></tr>
<tr><td colspan="4">この申請書により、建設業法第27条の24第１項の登録を申請します。
年　月　日
申請者　　　　印

国土交通大臣　殿</td></tr>
<tr><td>フ リ ガ ナ
氏名又は名称</td><td colspan="3"></td></tr>
<tr><td>住　　所</td><td colspan="3">郵便番号（　―　）
電話番号（　）　―</td></tr>
<tr><td>経営状況分析の業務を行う事務所の所在地</td><td colspan="3">郵便番号（　―　）
電話番号（　）　―</td></tr>
<tr><td>法人である場合の
フリガナ
代表者の氏名</td><td colspan="3"></td></tr>
<tr><td colspan="2">経営状況分析の業務を開始しようとする年月日</td><td colspan="2">年　月　日</td></tr>
</table>

備考

1　※印のある欄には、記載しないこと。

2　「新規・更新」については、不要のものを消すこと。

本様式…追加〔平16国交令１〕、一部改正〔平20国交令84〕

（用紙Ａ４）

報　告　書

営状況分析の結果を報告します。

平成　　年　　月　　日

登録経営状況分析機関名

登録番号

定　　科　　目　　等		
審査対象事業年度の前々審査対象事業年度	審査対象事業年度の前審査対象事業年度	審査対象事業年度

られた場合におけるその内容確認の結果については別紙による。

様式第二十五号の十四（第二十一条の九関係）

経営状況分析結果

建設業法施行規則第21条の9第1項の規定により、経

国土交通大臣　殿

結果通知日	
申請者名	
許可番号	
審査基準日	
法人又は個人の別	
単独決算又は連結決算の別	
特記事項	

経営状況	
	点数
純支払利息比率	
負債回転期間	
総資本売上総利益率	
売上高経常利益率	
自己資本対固定資産比率	
自己資本比率	
営業キャッシュフロー	
利益剰余金	
経営状況の評点（Y）	

	勘
	売掛債権
	未成工事支出金
	材料貯蔵品
	販売用資産
	短期貸付金
	前払費用
	仮払金
	繰延税金資産
	未収入金
	その他流動資産
	貸倒引当金（「流動資産」の部に計上されたものに限る。）
	建設仮勘定
	繰延税金資産（長期）
	貸倒引当金（「投資その他の資産」の部に計上されたものに限る。）
*	固定資産合計
	資産合計
	仕入債務
	有利子負債
	（うち受取手形割引高）
	未払金
	未払費用
	繰延税金負債
	未成工事受入金
	前受収益
	引当金（「流動負債」の部に計上されたものに限る。）
	仮受金
	その他流動負債
*	流動負債合計
	繰延税金負債（長期）
	引当金（「固定負債」の部に計上されたものに限る。）
	その他固定負債
*	固定負債合計
*	利益剰余金合計
*	少数株主持分
*	純資産合計
*	負債純資産合計
	受取手形裏書譲渡高
*	売上高
	（うち完成工事高）
	売上原価
	（うち完成工事原価）
*	売上総利益又は売上総損失
	販売費及び一般管理費
	営業外収益
*	（うち受取利息配当金）
	営業外費用
*	（うち支払利息）
*	経常利益又は経常損失（申請者が個人の場合は事業主利益又は事業主損失）
	特別利益
	特別損失
	法人税住民税及び事業税
	法人税等調整額
	過年度税効果調整額
	減価償却実施額
*	営業活動によるキャッシュ・フロー

「勘定科目等」の欄に記載した内容が建設業法施行規則第21条の6第2号の規定により真正なものでない疑いがあると認め

記載要領

1　「結果通知日」の欄は、申請者に対して経営状況分析の結果を通知した日を記載すること。

2　「申請者名」の欄は、経営状況分析の結果を通知した建設業者の商号又は名称を、「許可番号」の欄は当該建設業者に係る許可番号を記載すること。

3　「審査基準日」の欄は、経営状況分析の申請があつた日の直前の事業年度の終了の日（別記様式第25号の８の記載要領の別表(2)の各欄のいずれかに該当する場合で直前の事業年度の終了の日以外の日を審査基準日として定めるときは、その日）を記載すること。

4　「法人又は個人の別」の欄は、別記様式第25号の８の「法人又は個人の別」の欄に応じて、「法人」又は「個人」と記載すること。

5　「単独決算又は連結決算の別」の欄は、経営状況分析に用いた財務諸表に応じて、「単独決算」又は「連結決算」と記載すること。

6　「特記事項」の欄は、別記様式第25号の８の記載要領の別表(2)の各欄のいずれかに該当する場合においては、「合併時経審」等、その旨を記載すること。

7　「経営状況」の欄は、申請者に対して通知した経営状況分析の結果に係る数値を記載すること。

8　「勘定科目等」の欄は、審査対象事業年度、審査対象事業年度の前審査対象事業年度及び審査対象事業年度の前々審査対象事業年度について、経営状況分析の結果の算出に用いた勘定科目等に係る金額のうち、左欄に掲げる項目に係るものを記載すること。ただし、「単独決算又は連結決算の別」の欄に「連結決算」と記載した場合は、項目にアスタリスクを表示しているものについてのみ記載すること。

別紙

（用紙A4）

疑 義 項 目 報 告 書

平成　年　月　日

登録経営状況分析機関名
登録番号

申請者名	許可番号	審査基準日	疑義項目	確認書類	真正な金額であると判断した理由等

記載要領

1　「申請者名」の欄は経営状況分析の結果を通知した建設業者の商号又は名称を、「許可番号」の欄は当該建設業者に係る許可番号を記載すること。

2　「審査基準日」の欄は、経営状況分析の申請があった日の直前の事業年度の終了の日（別記様式第 25 号の８の記載要領の別表(2)の各欄のいずれかに該当する場合で直前の事業年度の終了の日以外の日を審査基準日として定めるときは、その日）を記載すること。

3　「疑義項目」の欄は、第 21 条の６第２号の規定により真正なものでない疑いがあると認められた勘定科目等を記載すること。

4　「確認書類」の欄は、第 21 条の６第２号の規定により確認した書類を記載すること。

5　「真正な金額であると判断した理由等」の欄は、第 21 条の６第２号の規定により真正なものであると判断した理由等について、以下を参考に記載すること。

（例１）税務申告書類に添付した決算書と照合した結果、真正。

（例２）有利子負債を期末に返済。

6　申請者ごとに区分して記載すること。

本様式…追加〔平16国交令１〕、一部改正〔平16国交令103・平18国交令60・平18国交令76〕、全部改正〔平20国交令３〕、一部改正〔平20国交令84〕

様式第二十六号（第二十三条の三関係）　　　　（用紙Ａ４）

建設業者監督処分簿

1．処分を受けた建設業者に関する事項

商号又は名称		代表者氏名	
主たる営業所の所在地			
許可番号	国土交通大臣（般－　）第　号 知事（特－　）	許可を受けている建設業の種類	

2．処分に関する事項

処分年月日	平成　年　月　日	処分を行つた者	
根拠法令	該当		
処分の内容			
処分の原因となつた事実			
その他参考となる事項			

本様式…追加〔平６建令33〕、一部改正〔平12建令41〕、旧様式26号の２…繰上〔平16国交令１〕

様式第二十七号（様式第二十四条関係）

（用紙Ｂ８）

表面

第　　号

平成　年　月　日交付

建設業法第三十一条第二項の規定による立入検査証

所属局部課名

身分及び職名　氏　名

生年月日

国土交通大臣、地方整備局長、北海道開発局長又は都道府県知事　印

裏面

建設業法摘要

第三十一条　国土交通大臣は、建設業を営むすべての者に対して、都道府県知事は、当該都道府県の区域内で建設業を営む者に対して、特に必要があると認めるときは、その業務、財産若しくは工事施工の状況につき、必要な報告を徴し、又は当該職員をして営業所その他営業に関係のある場所に立ち入り、帳簿書類その他の物件を検査させることができる。

2　当該職員は、前項の規定により立入検査をする場合においては、その身分を示す証票を携帯し、関係人の請求があつたときは、これを呈示しなければならない。

3　当該職員の資格に関し必要な事項は、政令で定める。

本様式…一部改正〔昭二八建令一九〕、旧様式三号…繰下〔昭三六建令二九〕、一部改正・旧様式一二号…繰下〔昭四七建令一〕、一部改正〔昭五〇建令一一・平元建令三・平六建令四・平一二建令四一〕

様式第二十八号（第二十五条関係）

建設業の許可を受けた建設業者が標識を店舗に掲げる場合

建設業の許可票			
商号又は名称			
代表者の氏名			
一般建設業又は特定建設業の別	許可を受けた建設業	許可番号	許可年月日
		国土交通大臣 知事 許可（　）第　号	
		国土交通大臣 知事 許可（　）第　号	
		国土交通大臣 知事 許可（　）第　号	
		国土交通大臣 知事 許可（　）第　号	
		国土交通大臣 知事 許可（　）第　号	
		国土交通大臣 知事 許可（　）第　号	
		国土交通大臣 知事 許可（　）第　号	
この店舗で営業している建設業			

35cm以上

40cm以上

記載要領

「国土交通大臣 知事」については、不要のものを消すこと。

本様式…追加〔昭36建令29〕、全部改正・旧様式13号…繰下〔昭47建令１〕、一部改正〔昭50建令11・平12建令41〕

様式第二十九号（第二十五条関係）

建設業の許可を受けた建設業者が標識を建設工事の現場に掲げる場合

建設業の許可票			
商号又は名称			
代表者の氏名			
主任技術者の氏名	専任の有無		
資格名	資格者証交付番号		
一般建設業又は特定建設業の別			
許可を受けた建設業			
許可番号	国土交通大臣 知事　許可（　）第　　号		
許可年月日			

（縦）40cm以上　（横）40cm以上

記載要領

1 「主任技術者の氏名」の欄は、法第26条第２項の規定に該当する場合には、「主任技術者の氏名」を「監理技術者の氏名」とし、その監理技術者の氏名を記載すること。
2 「専任の有無」の欄は、法第26条第３項の規定に該当する場合に、「専任」と記載すること。
3 「資格名」の欄は、当該主任技術者又は監理技術者が法第７条第２号ハ又は法第15条第２号イに該当する者である場合に、その者が有する資格等を記載すること。
4 「資格者証交付番号」の欄は、法第26条第４項に該当する場合に、当該監理技術者が有する資格者証の交付番号を記載すること。
5 「許可を受けた建設業」の欄には、当該建設工事の現場で行つている建設工事に係る許可を受けた建設業を記載すること。
6 「国土交通大臣／知事」については、不要のものを消すこと。

本様式…追加〔昭36建令29〕、全部改正・旧様式14号…繰下〔昭47建令１〕、一部改正〔昭50建令11〕、全部改正〔昭63建令10〕、一部改正〔平６建令４・平12建令41〕

様式第三十号（第十八条の三の六関係）

（表面）

（登録基幹技能者講習の種目）講習修了証

修了証番号　第　　　号

写　真

30.00ミリメートル

24.00ミリメートル

氏名

（生年月日　　年　　月　　日）

この者は、建設業法施行規則第18条の3第2項第2号の登録基幹技能者講習を修了した者であることを証します。

修了年月日　　年　　月　　日

（登録基幹技能者講習実施機関の名称）　　印

（登録番号　第　　番）

53.92ミリメートル以上
54.03ミリメートル以下

85.47ミリメートル以上
85.72ミリメートル以下

（裏面）

備考

備考

1　材質は、プラスチック又はこれと同等以上の耐久性を有するものとすること。

本様式…追加〔平20国交令3〕

（別　表）㈠

00	国土交通大臣	12	千葉県知事	24	三重県知事	36	徳島県知事
01	北海道知事	13	東京都知事	25	滋賀県知事	37	香川県知事
02	青森県知事	14	神奈川県知事	26	京都府知事	38	愛媛県知事
03	岩手県知事	15	新潟県知事	27	大阪府知事	39	高知県知事
04	宮城県知事	16	富山県知事	28	兵庫県知事	40	福岡県知事
05	秋田県知事	17	石川県知事	29	奈良県知事	41	佐賀県知事
06	山形県知事	18	福井県知事	30	和歌山県知事	42	長崎県知事
07	福島県知事	19	山梨県知事	31	鳥取県知事	43	熊本県知事
08	茨城県知事	20	長野県知事	32	島根県知事	44	大分県知事
09	栃木県知事	21	岐阜県知事	33	岡山県知事	45	宮崎県知事
10	群馬県知事	22	静岡県知事	34	広島県知事	46	鹿児島県知事
11	埼玉県知事	23	愛知県知事	35	山口県知事	47	沖縄県知事

本表…追加〔昭62建令１〕、一部改正〔平12建令41〕

（別　表）(二)

	コード	資格区分
	01	法第７条第２号イ該当
	02	法第７条第２号ロ該当
	03	法第15条第２号ハ該当（同号イと同等以上）
	04	法第15条第２号ハ該当（同号ロと同等以上）
建設業法	11	一級建設機械施工技士
	12	二級　〃　（第１種～第６種）
	13	一級土木施工管理技士
	14	二級　〃　（土木）
	15	〃　（鋼構造物塗装）
	16	〃　（薬液注入）
	20	一級建築施工管理技士
	21	二級　〃　（建築）
	22	〃　（軀《く》体）
	23	〃　（仕上げ）
	27	一級電気工事施工管理技士
	28	二級　〃
	29	一級管工事施工管理技士
	30	二級　〃
	33	一級造園施工管理技士
	34	二級　〃
建築士法	37	一級建築士
	38	二級　〃
	39	木造　〃
技術士法	41	建設・総合技術監理（建設）
	42	建設「鋼構造及びコンクリート」・総合技術監理（建設「鋼構造物及びコンクリート」）
	43	農業「農業土木」・総合技術監理（農業「農業土木」）
	44	電気電子・総合技術監理（電気電子）
	45	機械・総合技術監理（機械）
	46	機械「流体工学」又は「熱工学」・総合技術監理（機械「流体工学」又は「熱工学」）
	47	上下水道・総合技術監理（上下水道）
	48	上下水道「上水道及び工業用水道」・総合技術監理（上下水道「上水道及び工業用水道」）
	49	水産「水産土木」・総合技術監理（水産「水産土木」）
	50	森林「林業」・総合技術監理（森林「林業」）
	51	森林「森林土木」・総合技術監理（森林「森林土木」）
	52	衛生工学・総合技術監理（衛生工学）
	53	衛生工学「水質管理」・総合技術監理（衛生工学「水質管理」）
	54	衛生工学「廃棄物管理」・総合技術監理（衛生工学「廃棄物管理」）

電気工事士法 電気事業法	55	第一種電気工事士	
	56	第二種　〃	3年
	58	電気主任技術者（第1種～第3種）	5年

電気通信事業法	59	電気通信主任技術者	5年

水道法	65	給水装置工事主任技術者	1年

消防法	68	甲種消防設備士	
	69	乙種　〃	

職業能力開発促進	71	建築大工（1級）	
		〃　（2級）	3年
	72	左官（1級）	
		〃（2級）	3年
	73	とび・とび工・型枠施工・コンクリート圧送施工（1級）	
		〃　〃　〃　〃　（2級）	3年
	66	ウェルポイント施工（1級）	
		〃　（2級）	3年
	74	冷凍空気調和機器施工・空気調和設備配管（1級）	
		〃　〃　（2級）	3年
	75	給排水衛生設備配管（1級）	
		〃　（2級）	3年
	76	配管・配管工（1級）	
		〃　〃　（2級）	3年
	77	タイル張り・タイル張り工（1級）	
		〃　〃　（2級）	3年
	78	築炉・築炉工（1級）・れんが積み	
		〃　〃　（2級）	3年
	79	ブロック建築・ブロック建築工（1級）・コンクリート積みブロック施工	
		〃　〃　（2級）	3年
	80	石工・石材施工・石積み（1級）	
		〃　〃　〃　（2級）	3年
	81	鉄工・製罐《かん》（1級）	
		〃　〃　（2級）	3年
	82	鉄筋組立て・鉄筋施工（1級）	
		〃　〃　（2級）	3年
	83	工場板金（1級）	
		〃　（2級）	3年
	84	板金「建築板金作業」・建築板金・板金工「建築板金作業」（1級）	
		〃　〃　〃　（2級）	3年
	85	板金・板金工・打出し板金（1級）	
		〃　〃　〃　（2級）	3年
	86	かわらぶき・スレート施工（1級）	
		〃　〃　（2級）	3年
	87	ガラス施工（1級）	
		〃　（2級）	3年
	88	塗装・木工塗装・木工塗装工（1級）	
		〃　〃　〃　（2級）	3年
	89	建築塗装・建築塗装工（1級）	

法		〃　　〃　（2級）	3年
	90	金属塗装・金属塗装工（1級）	
		〃　　〃　（2級）	3年
	91	噴霧塗装（1級）	
		〃　（2級）	3年
	67	路面標示施工	
	92	畳製作・畳工（1級）	
		〃　〃　（2級）	3年
	93	内装仕上げ施工・カーテン施工・天井仕上げ施工・床仕上げ施工・表装・表具・表具工（1級）	
		〃　〃　〃　〃　〃　〃　〃　（2級）	3年
	94	熱絶縁施工（1級）	
		〃　（2級）	3年
	95	建具製作・建具工・木工・カーテンウォール施工・サッシ施工（1級）	
		〃　〃　〃　〃　〃　（2級）	3年
	96	造園（1級）	
		〃　（2級）	3年
	97	防水施工（1級）	
		〃　（2級）	3年
	98	さく井（1級）	
		〃　（2級）	3年

61	地すべり防止工事	1年
62	建築設備士	1年
63	計装	1年
99	その他	

備考

資格区分の欄の右端に記載されている年数は、当該欄に記載されている資格を取得するための試験に合格した後法第7条第2号ハに該当するものとなるために必要な実務経験の年数である。

本表…追加〔昭62建令1〕、全部改正〔昭63建令10・昭63建令24・平10建令27〕、一部改正〔平12建令46・平14国交令32・平15国交令14・平16国交令56・平17国交令113〕

（別　表）㈢

01	北海道	13	東京都	25	滋賀県	37	香川県
02	青森県	14	神奈川県	26	京都府	38	愛媛県
03	岩手県	15	新潟県	27	大阪府	39	高知県
04	宮城県	16	富山県	28	兵庫県	40	福岡県
05	秋田県	17	石川県	29	奈良県	41	佐賀県
06	山形県	18	福井県	30	和歌山県	42	長崎県
07	福島県	19	山梨県	31	取鳥県	43	熊本県
08	茨城県	20	長野県	32	島根県	44	大分県
09	栃木県	21	岐阜県	33	岡山県	45	宮崎県
10	群馬県	22	静岡県	34	広島県	46	鹿児島県
11	埼玉県	23	愛知県	35	山口県	47	沖縄県
12	千葉県	24	三重県	36	徳島県	48	その他

本表…追加〔昭63建令10〕

（別　表）㈣

	コード	資格区分
	001	法第7条第2号イ該当
	002	法第7条第2号ロ該当
	003	法第15条第2号ハ該当（同号イと同等以上）
	004	法第15条第2号ハ該当（同号ロと同等以上）
建設業法	111	一級建設機械施工技士
	212	二級　〃　（第1種～第6種）
	113	一級土木施工管理技士
	214	二級　〃　（土木）
	215	〃　（鋼構造物塗装）
	216	〃　（薬液注入）
	120	一級建築施工管理技士
	221	二級　〃　（建築）
	222	〃　（躯《く》体）
	223	〃　（仕上げ）
	127	一級電気工事施工管理技士
	228	二級　〃
	129	一級管工事施工管理技士
	230	二級　〃
	133	一級造園施工管理技士
	234	二級　〃
建築士法	137	一級建築士
	238	二級　〃
	239	木造　〃

技術士法	141	建設・総合技術監理（建設）	
	142	建設「鋼構造及びコンクリート」・総合技術監理（建設「鋼構造物及びコンクリート」）	
	143	農業「農業土木」・総合技術監理（農業「農業土木」）	
	144	電気電子・総合技術監理（電気電子）	
	145	機械・総合技術監理（機械）	
	146	機械「流体工学」又は「熱工学」・総合技術監理（機械「流体工学」又は「熱工学」）	
	147	上下水道・総合技術監理（上下水道）	
	148	上下水道「上水道及び工業用水道」・総合技術監理（上下水道「上水道及び工業用水道」）	
	149	水産「水産土木」・総合技術監理（水産「水産土木」）	
	150	森林「林業」・総合技術監理（森林「林業」）	
	151	森林「森林土木」・総合技術監理（森林「森林土木」）	
	152	衛生工学・総合技術監理（衛生工学）	
	153	衛生工学「水質管理」・総合技術監理（衛生工学「水質管理」）	
	154	衛生工学「廃棄物管理」・総合技術監理（衛生工学「廃棄物管理」）	

電気工事士法	155	第一種電気工事士	
	256	第二種 〃	3年
電気事業法	258	電気主任技術者（第1種～第3種）	5年

電気通信事業法	259	電気通信主任技術者	5年

水道法	265	給水装置工事主任技術者	1年

消防法	168	甲種消防設備士	
	169	乙種 〃	

職業能力開発促進法	171	建築大工（1級）	
	271	〃 （2級）	3年
	172	左官（1級）	
	272	〃 （2級）	3年
	173	とび・とび工・型枠施工・コンクリート圧送施工（1級）	
	273	〃 〃 〃 〃 （2級）	3年
	166	ウェルポイント施工（1級）	
	266	〃 （2級）	3年
	174	冷凍空気調和機器施工・空気調和設備配管（1級）	
	274	〃 〃 （2級）	3年
	175	給排水衛生設備配管（1級）	
	275	〃 （2級）	3年
	176	配管・配管工（1級）	
	276	〃 〃 （2級）	3年
	177	タイル張り・タイル張り工（1級）	
	277	〃 〃 （2級）	3年
	178	築炉・築炉工（1級）・れんが積み	
	278	〃 〃 （2級）	3年
	179	ブロック建築・ブロック建築工（1級）・コンクリート積みブロック施工	
	279	〃 〃 （2級）	3年

180	石工・石材施工・石積み（1級）	
280	〃　〃　〃（2級）	3年
181	鉄工・製罐《かん》（1級）	
281	〃　〃（2級）	3年
182	鉄筋組立て・鉄筋施工（1級）	
282	〃　〃（2級）	3年
183	工場板金（1級）	
283	〃（2級）	3年
184	板金「建築板金作業」・建築板金・板金工「建築板金作業」（1級）	
284	〃　〃　〃（2級）	3年
185	板金・板金工・打出し板金（1級）	
285	〃　〃　〃（2級）	3年
186	かわらぶき・スレート施工（1級）	
286	〃　〃（2級）	3年
187	ガラス施工（1級）	
287	〃（2級）	3年
188	塗装・木工塗装・木工塗装工（1級）	
288	〃　〃　〃（2級）	3年
189	建築塗装・建築塗装工（1級）	
289	〃　〃（2級）	3年
190	金属塗装・金属塗装工（1級）	
290	〃　〃（2級）	3年
191	噴霧塗装（1級）	
291	〃（2級）	3年
167	路面標示施工	
192	畳製作・畳工（1級）	
292	〃　〃（2級）	3年
193	内装仕上げ施工・カーテン施工・天井仕上げ施工・床仕上げ施工・表装・表具・表具工（1級）	
293	〃　〃　〃　〃　〃　〃　〃（2級）	3年
194	熱絶縁施工（1級）	
294	〃（2級）	3年
195	建具製作・建具工・木工・カーテンウォール施工・サッシ施工（1級）	
295	〃　〃　〃　〃　〃（2級）	3年
196	造園（1級）	
296	〃（2級）	3年
197	防水施工（1級）	
297	〃（2級）	3年
198	さく井（1級）	
298	〃（2級）	3年

061	地すべり防止工事	1年
062	建築設備士	1年
063	計装	
064	基幹技能者	1年
099	その他	

備考

資格区分の欄の右端に記載されている年数は、当該欄に記載されている資格を取得するための試験に合格した後法第7条第2号ハに該当する者となるために必要な実務経験の年数である。

本表…追加〔昭63建令10〕、全部改正〔平6建令16・平10建令27〕、一部改正〔平12建令46・平14国交令32・平15国交令14・平16国交令56・平17国交令113・平20国交令3〕

（別　表）㈤

コード	資　格　区　分	
301	土木工事業について１級技術者と同等以上の潜在的能力があると国土交通大臣が認定した者に該当	
302	建築工事業	〃
303	大工工事業	〃
304	左官工事業	〃
305	とび・土工工事業	〃
306	石工事業	〃
307	屋根工事業	〃
308	電気工事業	〃
309	管工事業	〃
310	タイル・れんが・ブロック工事業	〃
311	鋼構造物工事業	〃
312	鉄筋工事業	〃
313	ほ装工事業	〃
314	しゆんせつ工事業	〃
315	板金工事業	〃
316	ガラス工事業	〃
317	塗装工事業	〃
318	防水工事業	〃
319	内装仕上工事業	〃
320	機械器具設置工事業	〃
321	熱絶縁工事業	〃
322	電気通信工事業	〃
323	造園工事業	〃
324	さく井工事業	〃
325	建具工事業	〃
326	水道施設工事業	〃
327	消防施設工事業	〃
328	清掃施設工事業	〃

401	土木工事業について２級技術者と同等以上の潜在的能力があると国土交通大臣が認定した者に該当	
402	建築工事業	〃
403	大工工事業	〃
404	左官工事業	〃
405	とび・土工工事業	〃
406	石工事業	〃
407	屋根工事業	〃
408	電気工事業	〃
409	管工事業	〃
410	タイル・れんが・ブロック工事業	〃

411	鋼構造物工事業	〃
412	鉄筋工事業	〃
413	ほ装工事業	〃
414	しゆんせつ工事業	〃
415	板金工事業	〃
416	ガラス工事業	〃
417	塗装工事業	〃
418	防水工事業	〃
419	内装仕上工事業	〃
420	機械器具設置工事業	〃
421	熱絶縁工事業	〃
422	電気通信工事業	〃
423	造園工事業	〃
424	さく井工事業	〃
425	建具工事業	〃
426	水道施設工事業	〃
427	消防施設工事業	〃
428	清掃施設工事業	〃

501	土木工事業についてその他の技術者と同等以上の潜在的能力があると国土交通大臣が認定した者に該当	
502	建築工事業	〃
503	大工工事業	〃
504	左官工事業	〃
505	とび・土工工事業	〃
506	石工事業	〃
507	屋根工事業	〃
508	電気工事業	〃
509	管工事業	〃
510	タイル・れんが・ブロック工事業	〃
511	鋼構造物工事業	〃
512	鉄筋工事業	〃
513	ほ装工事業	〃
514	しゆんせつ工事業	〃
515	板金工事業	〃
516	ガラス工事業	〃
517	塗装工事業	〃
518	防水工事業	〃
519	内装仕上工事業	〃
520	機械器具設置工事業	〃
521	熱絶縁工事業	〃
522	電気通信工事業	〃
523	造園工事業	〃

524	さく井工事業	〃
525	建具工事業	〃
526	水道施設工事業	〃
527	消防施設工事業	〃
528	清掃施設工事業	〃

601	登録基幹技能者講習を修了した者と同等以上の潜在的能力があると国土交通大臣が認定した者に該当

備考

1級技術者…法第15条第2号イに該当する者

2級技術者…法第27条第1項の技術検定その他の法令の規定による試験で当該試験に合格することによつて直ちに法第7条第2号ハに該当することとなるものに合格した者又は他の法令の規定による免許若しくは免状の交付（以下「免許等」という。）で当該免許等を受けることによつて直ちに同号ハに該当することとなるものを受けた者であつて1級技術者及び登録基幹技能者講習を修了した者以外の者

その他の技術者…法第7条第2号イ、ロ若しくはハ又は法第15条第2号ハに該当する者で1級技術者、登録基幹技能者講習を修了した者及び2級技術者以外の者

登録基幹技能者講習を修了した者…第18条の3第2項第2号の登録を受けた講習を終了した者で1級技術者以外の者

本表…追加〔平6建令16〕、一部改正〔平17国交令113〕、全部改正〔平20国交令3〕

［改訂４版］
三段式 建設業法令集

1979年10月10日　第１版第１刷発行
2009年４月10日　第４版第１刷発行

編　著　建設業法研究会

発行者　松　林　久　行

発行所　株式会社大成出版社

東京都世田谷区羽根木１—７—11
〒156-0042　電話 03(3321)4131(代)
http://www.taisei-shuppan.co.jp/

印刷　亜細亜印刷

ISBN 978－4－8028－2875－8